RIEMANN
VERLAG

Christian Schwägerl

Die analoge Revolution

Wenn Technik lebendig wird
und die Natur mit dem Internet verschmilzt

RIEMANN
VERLAG

Dank

Mein herzlicher Dank geht an alle, die mich bei diesem Buch und bei meinen weiteren Projekten unterstützt haben und unterstützen.

Mein besonderer Dank gilt Frank Schirrmacher (1959–2014).

Inhalt

I. Mononetz

Szenario: Googlonia

Auf diesen Blick hatte Ben sich den ganzen Weg gefreut. Vor ihm die Stubaier Alpen, diese mächtige Kette emporgestoßener Erdplatte, überzogen mit Wäldern, Häusern, Weiden. Hinter ihm die bizarr gefalteten Karwendelberge, eine trockene Felswüste, an deren Rand er von Innsbruck her seit dem Morgen entlanggelaufen war. Doch als er die Mandlscharte hochgeklettert war, das letzte steile Stück vor dem Ausblick, spürte er einen Stich am Ohr, genau dort, wo der Bügel seiner Brille auflag. Eine Mücke auf dieser Höhe, um diese Jahreszeit? Ein bisschen Kratzen geht, Alarm gibt es erst nach sechzig Sekunden, dachte er, nahm die Brille ab und legte sie neben sich auf einen Stein am Rand des Wanderwegs.

Ein Vogel kam von hinten angeschossen wie aus dem Nichts, schnappte sich seine Brille und flog hinab in den steilen Abhang vor ihm. Es war eine Alpendohle, das erkannte er noch, er sah sie ein paar Sekunden segeln, dann verschmolz der Vogel mit dem Dunkelgrün der Bäume weiter unten. Ben riss sich seinen Rucksack herunter und griff in das Fach mit seiner Ersatzbrille, noch war Zeit, und er konnte sich ein paar zehntausend Minuspunkte sparen. Das Fach war leer. Die zweite Brille musste ihm unterwegs herausgefallen sein. Es war sinnlos, sie zu suchen; der Wind hatte das feine Ding längst weggeweht.

Noch mehr Blut schoss in seinen vom Anstieg roten Kopf, Wut machte sich in seinem Bauch breit, nicht auf das Tier, sondern auf sich selbst. Er hätte wissen müssen, dass diese Vögel auf Glitzer stehen, er, der Vogelbeobachter, in dessen System Tausende Stunden Trips in Naturschutzgebiete, Zehntausende Vogelbeobachtungen festgehalten waren. Er hätte die Brille nie abnehmen und nie auf diesen Stein legen dürfen, so nah an dem Abhang, wie eine Einladung an die Dohle, sie mitzunehmen. Er hätte den Reißverschluss des Rucksacks prüfen müssen.

Nun würde er endgültig der GSI auffallen, dachte er, mir passiert immer das, wovor ich am meisten Angst habe, meine Ängste sind Navigationssysteme.

Als Kind hatte er sich vor Hunden gefürchtet, und er war unter seinen Freunden der Einzige, der je gebissen wurde. Als Student fürchtete er sich vor dem West-Nil-Virus und holte sich die Krankheit in den Isarauen. Heute hatte er vor nichts mehr Angst gehabt, als ins Visier der GSI zu kommen.

Die Brille war weg, und das System hatte es bestimmt bemerkt, ihn als Absetzer registriert, ihn lokalisiert. Irgendeines der unzähligen elektronischen Augen am Himmel fokussierte ihn gerade. Er schaute nach oben in den Himmel, besann sich, schaute zu Boden. Wer zeigte, dass er die Beobachtung bewusst wahrnahm, den rechneten die Algorithmen nach vorne, an die Oberfläche des Systembewusstseins, dann kümmerte sich die GSI persönlich um einen, und das Ranking ging in den Keller.

Wie unfassbar ruhig es nun war. Der Dauersound der Brille war verschwunden, klang für ein paar Minuten als Ohrenfiepen nach, dann machte sich Stille breit: keine Werbung, keine Nachrichten, keine Navigationsinfos und Wettervorhersagen. Er lauschte dem Wind, wie er über die Steine streifte, dem Summen der Bienen auf den Gebirgsblumen am Hang. Über ihm knarrte noch eine Alpendohle herum. Er sah den ersten freien Fetzen blauen Himmels seit langem. Keine Drohnen wie in München, wo der Himmel ein einziges Flirren war, nicht einmal das kleine Logo »Don't be evil«, das morgens als Erstes da war, wenn er aufwachte.

Er hatte diese Brille vom ersten Tag an gehasst. Jetzt, wo sie weg war, bekam er Angst. Er war nicht mit dem System verbunden, hatte sein eigenes kleines Loch geschaffen – durch ein bescheuertes Versehen.

Wie lange es wohl dauern würde, bis er seine Ersatzbrille hatte? Die letzte Werbung hatte ihm das System beim Aufstieg eingespielt, vor etwa fünfzehn Minuten: Weil er so geschwitzt hatte und die Sensoren dies registrierten, wurde ihm ein nanobiologisches T-Shirt offeriert – Qualitätsprodukt aus China, Sonderangebot, das Schweiß sofort in einen frischen Duft verwandelte, voraussichtliche Lieferzeit 45 Minuten. Er hatte die Werbung ignoriert – warum sollte man beim Wandern nicht schwitzen? –, aber sich bemüht, keine sichtbaren Zeichen von Ärger zu zeigen. Nicht das System reizen.

Dreißig Minuten, das dürfte also ungefähr die Zeit sein, die er jetzt hier sitzen und auf die Drohne mit der Ersatzbrille warten würde. Dreißig Minuten, in denen er sich fühlen konnte wie ein Mensch in dieser fernen, unvorstellbaren Vergangenheit, als es noch nicht per Gesetz vorgeschrieben war, rund um die Uhr GSI-Brillen zu tragen. Weil er seine Ersatzbrille verloren hatte, war er zu einem digitalen Nackten geworden.

Die nackte Vorzeit, dachte Ben, hatte es sie je gegeben? Seine Großmutter kam ihm in den Sinn, die Frau seiner Kindheit, die auf das Funkloch in ihrem Dorf stolz war und das Smartphone, das seine Eltern ihr aufgedrückt hatten, bei einem Spaziergang mit ihm einfach in einen See geworfen hatte. Es erschien ihm jetzt, inmitten dieser ungewohnten Leere, unglaublich, dass seine Großmutter wegen illegaler Müllentsorgung belangt worden war und nicht dafür, offline zu sein. Man durfte damals alles abschalten, einfach so. Eine fremde, andere Welt. Sie hätten ihre Funklöcher damals unter Naturschutz stellen sollen, dachte er. Meine Kinder kennen mich nur mit Brille.

Die ersten Träger der digitalen Brillen wurden noch belächelt und als »glassholes« beschimpft, manche wurden attackiert, Mitmenschen rissen ihnen die Brillen aus dem Gesicht. Aber dann waren die Menschen ohne Datenbrillen und Datenlinsen die Rückständigen, die Verweigerer, die Ewiggestrigen. Wie Idioten standen sie in den Läden, wussten nicht, was sie kaufen sollten, mussten an den Kassen extra Personal holen lassen, statt einfach den Empfehlungen zu folgen und automatisch zu bezahlen. Sie mussten an Bahnhöfen und Flughäfen endlos auf Sicherheitschecks warten, während Brillenträger durchgewinkt wurden. Behaupteten, jemand habe dies oder jenes gesagt, während ihre Gegenüber die Szenen einfach vorspielen ließen. Bald galten Leute ohne Brillen als asozial, weil sie in Bars dumme Fragen stellten, während die anderen über das System sofort gemeinsame Interessen fanden. Man konnte mit dem Brillentragen Einkaufsgutscheine, Securitypunkte und ein besseres Sozialranking verdienen. Millionen Menschen ließen ihre Netzhaut freiwillig erfassen, um den individualisierten Service aus der Datenwolke zu nutzen.

Ben war Elektroingenieur, er arbeitete für eine Firma, die Produktionsmaschinen fertigte. Er liebte Technik, doch in seiner

Freizeit wollte er sich ein paar Stunden ohne sie bewahren. Er hatte zu dem »widerspenstigen Drittel« gehört, von dem in den Medien die Rede war. Dann passierten die Anschläge von Berlin und Paris – Bomben, geladen mit Giftmüll, gingen auf zahlreichen Plätzen und in Bahnhöfen in die Luft, Tausende Menschen kamen ums Leben. Weltweit machte sich Panik breit, dass die pakistanischen Islamisten, die sich zu den Attacken bekannten, wieder zuschlagen könnten. Die amerikanische Regierung veröffentlichte Fahndungsfotos von Tatverdächtigen, bei denen nach Namen und Alter stand: »trägt keine Datenbrille«. Und sie bot eine App mit den biometrischen Merkmalen der mutmaßlichen Täter an. Eine kollektive Rasterfahndung setzte ein, und der Kreis der Verdächtigen wurde weiter: Menschen, die den Tätern entfernt ähnlich sahen und von der App markiert wurden, landeten in Untersuchungshaft. Wer keine Brille trug oder die App nicht nutzte, geriet in den Verdacht, Sympathien für die Terroristen zu hegen.

Der amerikanische Präsident, ein radikaler Republikaner, verkündete einen Monat nach den Anschlägen eine »neue Ära im Kampf gegen Terrorismus«. Die Nationale Sicherheitsagentur NSA und die vier größten IT-Konzerne Google, Facebook, Apple und Amazon würden unter der Führung von Google fusioniert. Für jeden Amerikaner werde es Pflicht, rund um die Uhr Datenbrillen zu tragen, »um Sicherheitslücken zu schließen«. Ein neues Computersystem werde in Betrieb gehen: die Brain Cloud, die dem menschlichen Gehirn nachempfunden sei und die Daten im Dienst des Gemeinwohls verarbeiten werde. Der Präsident bot an, jedes Land könne sich unter den Schutzschild der neuen Public-Private-Partnership begeben. Von echten Partnerländern werde das erwartet. Außer China und Russland, die ihre eigenen Anti-Terror-Systeme unterhielten, werde künftig jeder Staat außerhalb des GSI-Schilds als potenzielle Bedrohung angesehen.

Es dauerte nicht lange, bis die Europäische Union um Aufnahme bat. Schließlich hatte sich der schlimmste Anschlag in Berlin ereignet, und die Europäer lebten mit den Amerikanern ohnehin in einer Freihandelszone. Wer nichts zu verbergen habe, brauche von dem System nichts zu befürchten, sagte die EU-Präsidentin, Millionen Menschen hätten die Brillen bereits freiwillig getragen. Sie pries die Google-Ingenieure dafür, dass sie »ein Rechnersystem mit menschlichen Zügen« entwickelt hätten.

Öffentliche Kritik an dem Brillenzwang gab es kaum. Niemand wollte den Verdacht erregen, mit den Terroristen zu sympathisieren.

Noch 25 Minuten dürfte die GSI-Drohne brauchen, die Packstation war bestimmt unten in Innsbruck.

Lea. Die letzte Nacht vor dem »G-Day«, an dem das Brillentragen Bürgerpflicht wurde. Sie hatten sich in den Armen gelegen und tief in die Augen geschaut, wissend, dass sie sich vielleicht nie wieder so sehen würden. Die Brille war hauchdünn, fast unsichtbar. Aber sie war da, ein feines, glitzerndes Etwas, das sich in die Wirklichkeit aller Menschen schob und das eigene Sichtfeld in einen Bildschirm verwandelte, von dem sie bereits wussten, dass er nie ganz leer sein würde. Lea weinte, sie sagte, sie werde sich nie daran gewöhnen können.

Als sie die Brille wie vorgeschrieben am nächsten Morgen pünktlich um neun Uhr aufsetzten, stand seiner Frau die Angst ins Gesicht geschrieben, und die Kinder begannen zu schreien. Er versuchte, ruhig zu wirken, obwohl er sehr nervös war. Eine Melodie ertönte, die sie kurz zum Lachen brachte, weil sie so bescheuert klang, dann ein personalisierter Willkommensgruß, dann der Slogan, der fortan überall auftauchen würde. Tausende leuchtender Drohnen schrieben ihn jeden Abend in den Himmel: »Don't be evil.«

Sie mussten die Geschäftsbedingungen bestätigen. Das System prüfte in einem Rhythmus von fünf Minuten durch einen Scan der Netzhaut, ob die Brille getragen wird. Das gesamte Sichtfeld sowie alle Tonaufnahmen wurden an die GSI übertragen und unbegrenzt gespeichert. Die GSI konnte jederzeit nicht nur Mitteilungen wie Terrorwarnungen und Verhaltensregeln einblenden, sondern auch Werbung. Nur so war die Erweiterung des Sicherheitssystems um Hunderte Millionen Menschen zu finanzieren. Eine werbefreie Version kostete 45 000 Euro pro Jahr. Alle Einkäufe, Bewegungen, Handlungen und Gespräche dienten dazu, verschiedene Algorithmen zu berechnen, die dem Gemeinwohl dienten. Ein Besuch beim Augenarzt war drei Tage vorab zu beantragen. Es gab einen Sofortservice bei Unfällen aller Art, das Unternehmen versprach, dass Erste-Hilfe-Drohnen binnen einer Minute vor Ort sein würden. Eine Option, die Geschäftsbedingungen abzulehnen, gab es nicht. Es gab auch keinen Ausschaltknopf. Das Linse war zugleich eine Solarzelle und versorgte das Gerät fortlaufend mit Strom.

In der ersten Nacht mit Brille lagen Lea und er zusammen im Bett und schauten sich an. Es war ein fremder Anblick. Sie redeten sich beide gut zu, dass sie sich daran gewöhnen würden. Am nächsten Morgen begrüßte ihn Werbung für ein Schlafmedikament, eine warme Frauenstimme pries an, dass das Produkt seine Tiefschlafphase verlängern und seine Leistungen in der Arbeit und zu Hause steigern könnte. Bens Wutausbruch produzierte Werbung für Beruhigungspillen. Schnell gab er auf. Lea und er begannen, »zu Hause« mit dem gleichen lasziven Ton auszusprechen wie die Frau in der Werbung. Es war ihre kleine gemeinsame Form, das neue System zu kritisieren. Sie glaubten, das würde nicht auffallen.

Über das System wusste Google Security International seit dem G-Day von jedem Menschen in der westlichen Welt fast alles und mehr, als die Menschen selbst über sich wussten. Die Firma hatte alle Daten über Interessen, Vorlieben, Bewegungsmuster, Einkäufe, Wünsche, Gewohnheiten, Krankheiten aus vielen Jahrzehnten, sie hatte Zugriff zu allen staatlichen Archiven, und sie hatte den satten Echtzeit-Datenstrom aus den individualisierten Brillen. Anfangs versuchten vor allem Deutsche, gefälschte Brillen ohne Datenverbindung zu tragen. Sie wurden durch Crowdsourcing rasch identifiziert und bestraft.

Die GSI konnte auf alles zugreifen, was Menschen sahen, wie lange sie es betrachteten, worauf sich ihre Aufmerksamkeit richteten. Dass diese Daten auch benutzt wurden, spürte bald jeder Mensch. Im Sichtfeld tauchten grüne Pfeile auf, um auf interessante Produkte hinzuweisen, rote Kreise, um vor Allergenen und Gefahren im Straßenverkehr zu warnen. Ungefragt tauchten Avatare auf. Menschen, die das Brillentragen chronisch stresste, bekamen Meditationslehrer aus dem »Search-Inside«-Programm von Google zur Seite gestellt. Übergewichtige erhielten Besuch von Fitnesstrainern. Im Display von schlechten Schülern tauchten Nachhilfelehrer auf, die nicht wichen, bis die Hausaufgaben erledigt waren. Ben bekam eine Vorladung.

Der Raum im Inneren des Bürogebäudes am Rand von Garching war weiß wie in einem Krankenhaus. Die Servicekraft, die ihn begrüßte, sah aus wie eine Krankenschwester. Wie eine hübsche Krankenschwester. Sie hatte große Augen, eine Stupsnase und einen schönen Mund, der nicht künstlich wirkte. Irgendwie sah sie Lea ähnlich, Lea mit zwanzig. Sie stellte sich als Siri vor und beglückwünschte ihn, dass er zu den Ersten gehörte, die an einem neuen Premiumprogramm teilnehmen durften. Als sie Ben aufforderte, wahrheitsgemäß zu antworten, verspannten sich seine Gesichtszüge, er lief rot an, sein Puls stieg. Siri fokussierte sich auf seine Augen.

»Beruhigen Sie sich, Sie haben nichts zu befürchten«, sagte sie, »es geht allein darum, Ihr Initialranking zu ermitteln. Wollen wir weitermachen?«

Ben zögerte eine Sekunde, er fragte sich, was mit dem Initialranking gemeint war.

»Um unsere Gesellschaft transparent zu machen und den Menschen zu helfen, ihr Potenzial zu entfalten, führen wir ein neues System ein«, sagte Siri, »die 2,7 Milliarden Menschen im GSI-System werden nach ihrem algorithmischen Status geordnet und können erkennen, ob sie sich nach oben oder nach unten bewegen.«

Er wusste, dass Widerstand zwecklos war. Siri stellte ihm merkwürdige Fragen zu seinen Kinderkrankheiten, zu Filmen, die er gesehen hatte, zu Fußballspielen, bei denen er im Stadion gewesen war, zu seinen beruflichen Plänen, zur Demenz seiner Großmutter, zu den Schulproblemen seiner Kinder. Siri fragte ihn nach Menschen, mit denen er offenbar früher auf Facebook Kontakt hatte, an die meisten konnte er sich nicht erinnern.

Ben musste noch einen Tropfen Blut abgeben und einen kurzen Körperscan über sich ergehen lassen. Nach einer halben Stunde stand er wieder auf der Straße, es war ein merkwürdig diesiger Frühlingstag, Staub aus der Sahara ging über Bayern nieder, und es gelang ihm nicht, sich einen Reim auf die Fragen zu machen, außer, dass sie eher einem Gedächtnistest ähnelten als einem amtlichen Fragebogen.

Lea war nur wenige Tage nach ihm vorgeladen. Ein Jahr später tauchten in ihren Displays Zahlen auf. Bens Initialranking lag bei 767 878 909, Leas bei 968 878 889. Im Freundeskreis gab es kein anderes Thema mehr. Die GSI nutzte ihre Daten dazu, die Menschen so einzustufen, wie bisher Produkte eingestuft worden waren. Es wurde zum Volkssport herauszufinden, was die Algorithmen bewerteten, denn darüber schwieg die GSI. Beförderungen, tägliches Shopping, größere Anschaffungen, harmonisches Familienleben, ehrenamtliches Engagement hießen bald »Upper«, finanzielle Probleme, schlechte Bewertungen im Job, aggressives Verhalten waren »Downer«. Lea war überzeugt, dass sie zweihundert Millionen Menschen hinter Ben lag, weil er das Geld verdiente und die größeren Ausgaben über seine Kreditkarte liefen. Ben merkte bald etwas anderes: Sein Ranking fiel steil, seit er sich wieder mit seinen alten Freunden traf. Sie hatten sich in ihrer Jugend beim Chatten über Politik kennengelernt und trafen sich nun wieder abends in ihrem alten Café im Glockenbachviertel.

Sie wollten über Politik sprechen, wie sie es früher getan hatten, merkten aber schnell, wie verklemmt jeder war. Eine Weile verlegten sie sich aufs Kartenspielen. Dann lud Moritz sie zu sich nach Hause ein und führte ihnen eine neue Methode vor: Wenn alle das Permalink gleichzeitig unterbrachen und die Brillen wegschlossen, konnte man sich über handgeschriebene Zettel verständigen.

So erfuhr Ben von Einzelgängern, die verschwunden waren, ohne eine Spur zu hinterlassen, Menschen, die plötzlich nicht mehr zur Arbeit kamen und über Nacht aus jedem Adressverzeichnis verschwanden, als hätte es sie nie gegeben. Er las von Gebieten, denen man besser nicht näher kam, den »schwarzen Zonen«, Rechenzentren, Satellitenempfangsstationen, Brillenfabriken, auch Gefängnisse, in denen die rebellischen Absetzer landeten. Sie tauschten Gerüchte aus über einen von Roboter und Drohnen bewachten Zehn-Kilometer-Streifen entlang der europäischen Außengrenzen, den niemand mehr betreten durfte, über eine Kopie des alten, freien Internets, das irgendwo in den Alpen in einem tiefen Bunker verwahrt sein sollte, über neuartige Maschinen-Lebewesen, die GSI bald freisetzen werde.

Es dauerte nicht lange, und sie erhielten Besuch von GSI-Polizisten, die ihnen Therapiegespräche anboten, um sie vor psychischen Krankheiten und politischem Extremismus zu bewahren. Die Polizisten trugen schwarz-gelbe Uniformen und Helme mit getönten Sichtblenden. Ihre Gesichter waren nicht zu sehen, und es gab Gerüchte, sie seien Roboter, keine Menschen, aber das ließ sich nicht herausfinden. Sie hatten keine Namensschilder, aber zwei Logos: »Don't be evil« stand auf der Brust, auf dem Rücken »Oderint dum metuant« (»Sie sollen mich ruhig hassen, solange sie mich fürchten«). Manchmal standen die Polizisten nur schweigend vor der Tür, manchmal holten sie zu Vorträgen aus, warum es asozial war, der Gesellschaft Daten vorzuenthalten. Ben und seine Freunde verlegten sich wieder darauf, Karten zu spielen.

Ein halbes Jahr später rief Moritz' Freundin an, erzählte in einem nüchternen, fast kalten Ton, was geschehen war. Es gehe um ein staatliches Therapieangebot, darum, psychische Probleme, die bei manchen Mitbürgern infolge der Brillennutzung auftraten, zu lindern oder zu beseitigen. Es sei unklar, wann Moritz wiederkommen würde. Die Freundin hatte noch nie so teilnahmslos über ihren Partner geredet – Ben wurde klar, dass sie ihre Stimme verstellte, um nicht aufzufallen.

In seinem Sichtfeld tauchte ein neues Zeichen auf, ein kleines schwarz-gelbes Symbol. Eine GSI-Polizistin erschien im Display und teilte ihm in freundlichem Ton mit, dass er zu Schulungszwecken für angehende Polizisten ausgewählt worden war. Sein Sichtfeld würde immer dann, wenn das Symbol auftauchte, direkt von Menschen analysiert anstatt wie sonst von Maschinen. Die Mitarbeiterin beglückwünschte Ben. Als Bonus für seine Mithilfe beim Prime-Projekt, das den Service der GSI optimieren half, bekam er von Premiumpartnern monatlich Einkaufsgutscheine im Wert von zwanzig Euro.

Das Symbol leuchtete auf, wenn er allein durch Naturschutzgebiete wanderte, um Vögel zu beobachten, wie er das seit seiner Kindheit getan hatte. Dem System war Einsamkeit suspekt. Ihm war klar gewesen, dass seine Wanderung ins Karwendel ihn ein paar Millionen Rankingpunkte kosten konnte. Sein Ranking war ihm, nach allem, was geschehen war, gleichgültig geworden.

Ben ärgerte er sich darüber, dass dieser ganze Vergangenheitsfilm in seinem Gedächtnis abrollte, er sollte viel lieber den Augenblick genießen, diesen Moment der Freiheit, der vielleicht noch fünfzehn, zwanzig Minuten dauern würde. Aber er konnte die Gedanken nicht abwehren, die digitale Nacktheit machte ihn wütend. Der blaue Himmel, die reinen Geräusche der Natur, der unverstellte Anblick der Berge liefen an ihm vorbei. Er fühlte sich wie betäubt, seine Sinne sträubten sich gegen die nackte, informationsfreie Landschaft. Der silbrige Glanz der Felswände ließ ihn an den silbrigen Glanz seines Brillengestells denken.

Nun würde er wohl endgültig als notorischer Absetzer geführt, nach dem Zwischenfall im Café war das unvermeidlich. Er versuchte, sich zu beruhigen. Seine Streams waren clean, soweit er das überblicken konnte, es waren hier oben auch keine restriktiven Zonen in der Nähe, zumindest hatte er auf den offiziellen Karten keine gesehen.

Ihm war heiß und unwohl, er schwitzte noch mehr als beim Aufstieg, der Stich an seinem Ohr schmerzte, Übelkeit machte sich in seinem Körper breit. Ich werde nicht nach einer Bedrohung aussehen, ich habe doch alles getan, um unauffällig zu bleiben, dachte er. Täglich kamen Erfolgsmeldungen, dass wieder ein Terrorist geschnappt worden war, erst gestern hatten sie ihm die Bilder aus London immer und immer wieder auf die Linse gespielt, wie ein Typ in einem Netz durch die Luft geschleppt wurde, wie er zappelte und schrie. Die roten Flashnachrichten häuften sich: »Trennen ist Terrorismus.«

Er hatte es trainiert, seinen Puls und seine Pupillen zu kontrollieren, wenn solche Nachrichten flashten, ruhig zu bleiben, um die Algorithmen nicht aufzuwecken, um keinen Schnüffelbesuch der GSI zu provozieren. Dass das Warnungen gewesen sein könnten, die in seinem Sehfeld aufflackerten, Elemente einer algorithmischen Prävention, dass sein Risikowert bei der GSI in den letzten Wochen in das orangefarbene Spektrum geklettert war, weil das System seine uralten Kommentare gegen die NSA mit seinen aktuellen Verhaltensmustern kombinierte, das war ihm nicht in den Sinn gekommen. Er hatte vor vielem Angst, und er war immer blind für das, was wirklich gefährlich für ihn war.

So weit war er noch nie von einer Drohnenstation entfernt gewesen. Er legte seine Hände auf seine Lider. Er spürte, wie der Wind in sein Gesicht blies, ohne von der Brille abgelenkt zu werden. Das Gefühl von Ruhe dauerte nur einen Moment, dann fiel ihm ein, dass die GSI ihm gerade mindestens 3000 Euro für die Lieferung der neuen Brille abbuchte, hundert Euro pro Minute kostete es, länger als sechzig Sekunden offline zu sein, und das Ranking ging um ein paar zehntausend Punkte nach unten.

Ihm blieben vielleicht noch fünfzehn Minuten. Die Übelkeit wurde schlimmer. Jetzt bitte nicht krank werden, mitten im Gebirge, dachte er. Er ging durch, was er in den letzten Tagen gegessen hatte, nichts Besonderes.

Ohne Display sah die Welt leer aus. Der kleine grüne Kreis fehlte, der permanent die Lage der Hütte angezeigt hatte. Die Avatarin war weg, die junge, durchtrainierte Frau, die er sich als Begleiterin ausgesucht hatte, um die Strecke im richtigen Tempo zurückzulegen. In der Sonne war kein Countdown, der die

Zeit bis zu ihrem Untergang anzeigte. So war es, nicht mit der Wolke verbunden zu sein, mit den Rechenzentren der digitalen Luft. Er fühlte sich unvollständig, als fehlte etwas an seinem Körper.

Er konnte diese Landschaft mit niemandem teilen, ihm würden keine anderen Erinnerungen an die 45 Minuten offline bleiben als ein paar Fetzen in seinem Gehirn, er würde nicht zurückgehen und ein Detail suchen können, das ihm entgangen war, nichts heranzoomen, noch mal anschauen. Mit Brille konnte er nachschauen, was seine Kinder vor einem Jahr zu ihm gesagt haben, ohne war er mit seinem lausigen Gedächtnis allein. Er dachte an seine Kinder und wie sie ihm fehlten, seit Lea mit ihnen ausgezogen war. Noch vor einer Stunde hätte er sein Kontingent nutzen und sich bei ihnen ins Bild schalten können, um zu sehen, was sie gerade sahen, hörten, taten. Sie bekamen ein kleines Foto von ihm in ihrem Sichtfeld eingeblendet und mussten nur nicken, um sich zu verbinden. Drei Stunden im Monat konnte er sich zu ihnen schalten, zwischen den obligatorischen Wochenenden. Jetzt, ohne Brille, schienen die Kinder unerreichbar weit weg.

Entzugserscheinungen, dachte er, kein Wunder, wenn man etwas immer tragen musste und es sich anfühlte, als gehörte es zum Körper. Als Lea und er keinen Sex mehr hatten, weil sie es nicht packte, dass der Stream immer mitlief und sie schwiegen, bis es zu spät war, kamen zuerst Angebote von Liebesfilmen. Dann Pornowerbung. Das war der Moment, in dem endgültig etwas zerbrach in seinem normalen Alltag als Elektroingenieur, Familienvater, Normalo.

Er fing an, die Brille ständig die erlaubten fünfzig Sekunden abzusetzen und erst wieder online zu gehen, wenn die Ziffern des Countdowns bereits rot waren. Er hatte sich in der Firma ein kleines geschütztes Etui gebastelt, in das er die Brille in dieser Zeit steckte, damit keine Bildsignale übertragen würden. Als er das einmal gedankenverloren in einem Café machte, starrten ihn alle wie einen Aussätzigen an, nach ein paar Minuten waren zwei GSI-Polizisten da, um ihn zu befragen. Als sie wieder weg waren und er hinaus in den dämmrigen Park ging, spürte er Schritte hinter sich. Jemand trat ganz nah von hinten an ihn heran und tippte an den Bügel seiner Brille.

Er nahm die Brille ab, dieser Jemand reichte ihm einen Zettel: »Nicht umdrehen, nichts sagen, schau in den Himmel.« Er verstaute den Zettel in seiner linken Hosentasche, setzte die Brille wieder auf und schaute hinauf in das dichte Kronendach, das sie von den Augen der größeren Drohnen abschirmte. Da spürte er, wie eine schmale Frauenhand ihm einen weiteren Zettel in seine rechte Hosentasche schob und sich mit schnellen, leichten Schritten entfernte. Als die Schritte verklungen waren, blickte Ben sich um. Er sah Bäume und Gras.

Der Zettel war in einer grazilen, fein geschwungenen Handschrift verfasst, die er in Fünfzig-Sekunden-Intervallen las, als er wieder zu Hause war:

#1: Berlin und Brasília = GSI
#2: Kampagne gegen Absetzer läuft, zwei Millionen Menschen verschleppt
#3 Dr. Anhauer@Karwendel

Nachdem er zu Ende gelesen hatte, steckte er den Zettel in den Mund und schluckte ihn hinunter, weil er das in seiner Kindheit einmal in einem Agentenfilm so gesehen hatte und weil er wusste, dass er wahrscheinlich ziemlich schnell von einem GSI-Roboter abgeholt würde, wenn das System den Inhalt der Botschaft irgendwie zu sehen bekam. Er atmete tief durch, um seinen Pulsschlag zu senken, versuchte, seinen Lidschlag zu beruhigen, begann zu pfeifen. Nichts geschah, er war froh, dass nicht einmal das schwarz-gelbe Symbol in seinem Blickfeld aufblinkte.

Ben wollte nicht glauben, dass das, was auf dem Zettel stand, die Wahrheit sein sollte. Das war etwas für Verschwörungstheoretiker, für Paranoide, für Extremisten. Seine Großmutter hatte auf der Demenzstation immer geschrien, dass die NSA sie mit »Angry Birds« überwachte.

Dass die GSI hinter den Anschlägen stecken sollte, hielt er für absurd. Aber der Rest, der auf dem Zettel stand, sprach ihn an. Moritz war nicht der einzige Freund gewesen, der verschwunden war.

Er wartete einen Monat, dann begann er, nach Dr. Anhauer zu suchen. Das System direkt zu befragen war zu gefährlich. Bücher und Bibliotheken waren komplett digitalisiert worden, und es war Vorschrift, alle gedruckten Bücher zum Rohstoffrecycling abzugeben. Dass er das Gerücht gehört hatte, es gebe vom alten Internet eine Kopie irgendwo in einer unterirdischen Festung tief in den Alpen, half ihm jetzt wenig. Ihm fiel eine alte gelbe Telefonzelle ein, die in der Kommunikationsabteilung des Deutschen Museums stand. Wirklich fand er noch einen zerfledderten Rest des Münchner Telefonbuchs, vergilbte Blätter in einem schwarzen Pappeinband, an denen sich schon viele Schulklassen zu schaffen gemacht hatten. Die Seiten mit den Arztadressen waren noch intakt. Ben schaffte es, sich die Adresse in 48 brillenfreien Sekunden herauszusuchen.

Er wartete wieder ein halbes Jahr, bis er die Adresse nachschlug. Er baute die Suche in seine Routine ein, Vogelbeobachtungen im Stadtplan zu vermerken, und hoffte, dass er sich so tarnen konnte. Das Gebäude, das er im Livestream sah, lag in Schutt und Asche, bewacht von zwei GSI-Polizisten. Die Süddeutschen G-News spielten ihm eine Sendung ein, in der es um eine Bombenwerkstatt von Terroristen ging, die sich offenbar versehentlich selbst in die Luft gesprengt hatten, samt der Praxis eines unbeteiligten Augenarztes namens Michael Anhauer, eines Experten für Retina-Transplantationen, der mit ums Leben gekommen war. Ben las: »Immer wieder reißen Terroristen unschuldige Menschen in den Tod – der Fall des Augenarztes Anhauer ist ein tragischer Beweis für ihre Skrupellosigkeit …« Er ließ den Artikel verschwinden.

Die letzte Verbindung, die ihm blieb, war das Karwendel. Wieder ein halbes Jahr später wanderte er viele Nächte mit seiner Avatarin durch das Gebirge, und irgendwann spätnachts landete er in einem Video von Menschen, die im dunkelbraun-gemütlichen Inneren der Hütte Spinatknödel aßen, vom Hüttenwart, der Solarzellen auf dem Dach installierte. Erst beim zweiten Hinsehen fiel ihm auf, dass auf den Bildern eine junge Frau keine Datenbrille trug. Die Aufnahmen stammten aus der Zeit vor Berlin und Brasília. Dann lief ein Mann wie betrunken durchs Bild und schrie: »Das schönste Funkloch der Welt! Es ist das schönste Funkloch der Welt!«

Ben ließ der Gedanke nicht mehr los, dass durch irgendeinen technischen Zufall ein kleines Loch im System existierte. Vielleicht konnte man dort für einen Augenblick wirklich unsichtbar werden, das System überlisten. Vielleicht hatte dieser Dr. Anhauer eine Technik erfunden, mit der sich die Netzhaut nachmachen ließ, sodass es möglich würde, die Brillen länger abzunehmen und echte Gespräche zu führen? Vielleicht hatte er sein Wissen weitergegeben, bevor die GSI ihn ausgeknipst hatte? Diese Möglichkeiten trieben ihn dazu, mit dem Zug nach Innsbruck zu fahren und den Weg zur Hütte zu suchen. Er wusste nicht einmal, was er dort eigentlich suchte.

Er hatte den warmen Atem der Frau aus dem Park noch lange in seinem Nacken gespürt, lange nachdem sie bereits in der

Dämmerung verschwunden war. Aber das sagte er seiner Avatarin nicht. Er hatte sich die Frau, die ihn gerade noch begleitet hatte, bis zu dem Punkt, an dem die Alpendohle mit seiner Brille weggeflogen war, so gebaut, wie er sich die Frau mit dem Zettel vorstellte: Sie sah ein wenig aus wie Lea, aber ihre Nase war vornehmer, sie war muskulöser und durchtrainierter. Manchmal hatte er während der Wanderung mit ihr geredet, harmloses Zeug, wie weit es noch war und ob sie nicht auch schwitze und was man eine Avatarin eben fragte. Ihre Antworten waren gewitzt, für einen Moment hatte er vergessen, dass da keine echte Frau an seiner Seite war, dass Lea gerade irgendwo war, wo er nicht sein durfte, seit in ihrem Kopf er und die Brille zu ein und demselben Problem geworden waren und seit sie sich vor einem Mann fürchtete, dessen Ranking weit unter ihres gefallen war.

Er war jetzt noch eine dreiviertel Stunde von der Hütte entfernt. Sobald seine Brille da war, würde er umkehren, es war sinnlos, so weiterzumachen. Ihm war unendlich schlecht, und sein Herz raste. War es die Aufregung, hatte das System ihn wirklich verrückt gemacht?

Ein schwarzer Punkt stieg aus dem Tal auf und kam mit hoher Geschwindigkeit auf ihn zu. Ziemlich pünktlich, dachte er, ich stöpsle mich wieder ein, dann geht es weiter. Als der schwarze Punkt näher kam, erkannte er, dass es sich nicht um eine Drohne handelte, sondern um eine Alpendohle, die in gerader Bahn auf ihn zukam. Der Vogel setzte sich vor ihn auf den Felsvorsprung und ließ seine Brille fallen. Ben griff sie hastig und setzte sie sich auf. Das Bild sprang an, aber das einzige, was Ben sah, war sein Ranking: es befand sich in freiem Fall. Der Vogel öffnete seinen metallischen Schnabel, eine Männerstimme sagte: »FISA 2867878 terminiert, lösche file.« Die Federn waren in einem perfekten geometrischen Muster angeordnet. Wo schwarze

Augen sein sollten, schimmerte rubinrotes Glas. Auf dem Kopf des Raben saß ein Mikroroboter, der aussah wie eine Mücke. Ben stand auf, griff nach einem Stein, holte aus. Ein stechender Schmerz schoss durch seinen ganzen Körper. Er sank in sich zusammen, kippte vornüber, den steilen Hang hinab.

Im GSI-Kontrollzentrum in Oberpfaffenhofen setzten in diesem Moment zwei Offiziere ihre Steuerungshauben ab, sie hatten Feierabend. Der Ältere klopfte dem Jüngeren auf die Schulter. »Großartig, Michael, zehn an einem Tag, wie sauber das jetzt mit den Symbio-Drohnen läuft«, sagte er, »ich war bei den Mücken am Anfang skeptisch und hatte echt Schwierigkeiten, sie zu steuern, aber ich muss zugeben, die Ingenieure hatten recht.« »Wir können beim nächsten Mal gerne tauschen«, sagte der Jüngere, »dann fliegst du den Verifikationsraben und ich den Injektor, ich muss mit denen noch Flugstunden sammeln.« »Einen derart naiven Idioten hatten wir lange nicht mehr, oder? Das war wahrscheinlich der letzte, der noch an die 60 Sekunden geglaubt hat, solche Leute wird es in Googlonia nicht mehr geben.« Sie bestellten Orangensaft, erzählten sich von ihren Kindern und sprachen über Sport. Die künstliche Intelligenz, die wenige Jahre später die Geschäfte von Googlonia übernahm, orientierte in diesem Moment ein paar ihrer Algorithmen so, dass solche erholsamen Gespräche später in ihren Simulationen von Drohnenpiloten auftauchten.

Der Griff nach dem ganzen Leben

> *»If a church or a government were doing these things,*
> *it would feel authoritarian,*
> *but when technologists are the culprits,*
> *we seem hip, fresh, inventive.«*
>
> Jaron Lanier[1]

Dass das Internet die Zukunft ist, und zwar von fast allem, was im Zusammenleben von Menschen passiert, war für viele Jahre eine fast ungetrübte, wunderbare Vorstellung: ein Netz, das Milliarden Menschen verbindet, das Informationen und Wissen frei verfügbar macht, das die Erdkugel und alles auf ihr erschließt, das neue Foren, eine neue Öffentlichkeit schafft, das die Kreativität von Künstlern, Wissenschaftlern und Unternehmern beflügelt, das der Forschung Zugang zu Datenmengen gibt, aus denen sich neue Erkenntnisse gewinnen lassen. Utopien, die über Jahrhunderte gehegt worden waren, verwandelten sich in nur einem Vierteljahrhundert zuerst in Wirklichkeit, dann in Selbstverständlichkeit, in eine neue Form von Natur, die Menschen umgibt.

Luft ist heute nicht mehr nur Luft aus Stickstoff, Sauerstoff, Kohlendioxid, sondern auch ein Strom von Daten aus Satelliten, Maschinen, Sensoren, der die Menschen überall umgibt. Das Magnetfeld der Erde verfeinert sich und produziert im Nanosekundentakt Billiarden kleinste Veränderungen, mit denen Leben sich in Daten verwandelt und zurück. Millionen Tonnen Gestein werden in Fabriken zu Computern, Smartphones, Servern, Glasfaserkabeln, die wie eine Welle um den Globus schwappen. Bug, Cloud, Maus, Rooter, DNS, *farm*, *surfing*, *trail*, *tree*, *virus*, *web*, *worm* – im Netz wimmelt es von Naturbegriffen, und das sind mehr als Metaphern.[2]

Dass das Internet und alles, was es hervorbringt, die Zukunft ist, bleibt wahr. Im Jahr 2000 gab es nur 350 Millionen Internetnutzer, 2010 waren es bereits mehr als zwei Milliarden, und gerade wächst die Infrastruktur heran, dass ungefähr 2025 alle acht Milliarden Menschen online sein können. Die Zahl der Mobilfunkverträge übersteigt bald die Zahl der Menschen auf der Erde. Das digitale Netz hat eine wunderbar magnetische Kraft, und bald wird es alle Menschen verbinden.

Aber welche Zukunft wird das sein?

Es ist noch nicht lange her, da wäre das Szenario eines Mannes, der mitten in Europa von einem Staatskonzern mit einer tiergleichen Drohne gejagt und getötet wird, pure Science-Fiction gewesen, ein miesepetriger Versuch, die Freude an der digitalen Revolution zu trüben.[3] Die digitale Revolution, das waren weltweit bewunderte Instant-Milliardäre aus Kalifornien. Das waren praktische Geräte, die sich wundersam in unser Leben einfügten, als wären sie schon immer da gewesen und als hätte das Leben auf der Erde nie ohne sie auskommen können. Die digitale Revolution, das war eine unvergleichliche kreative, wissenschaftliche, wirtschaftliche und auch demokratische Blüte. »Wie Kopernikus haben wir das Privileg, dem Entstehen einer neuen Art von Raum beizuwohnen«, schrieb Margaret Wertheim 1999.[4] Dieser Raum, der Cyberspace, zog und zieht Milliarden Menschen mit einer ans Magische grenzenden Macht an. Er ist die moderne Attraktion schlechthin. Das Internet ist Zugang zu Freunden, Politik, Spielen, Weltgeschehen. In der Türkei wurde Twitter 2014 zum Symbol für den freien Meinungsaustausch des Volkes. Auch in der Arabellion und der Kiewer Revolution spielten soziale Netzwerke eine große Rolle.

Es gibt Schattenseiten: Spielsucht bei Jugendlichen, Handel mit Kinderpornografie, Cyber-Mobbing, entgrenzte Arbeitszeiten. Aber das waren zunächst Erscheinungen am Rande, Nebenwirkungen einer großartigen, unangreifbaren und vor allem unumkehrbaren Umwälzung.

Da lagen die Menschen morgens um halb sieben im Bett mit dem Smartphone in der Hand, weil die erste Dosis WhatsApp, Weltnachrichten, Twitter, Likes dem Gehirn wichtiger geworden war als Koffein. Sie ließen ihre Gesichter in der U-Bahn, im Restaurant, beim Spazierengehen, beim Abendessen mit Freunden von unten beleuchten, weil nichts um uns herum mehr interessanter und angenehmer erschien als das, was auf den Bildschirmen vor sich ging. Sie klickten neue Nutzungsbedingungen ungelesen weg, glitten von Satelliten geleitet durch die Welt, ließen sich gute Restaurants und billige Produkte empfehlen, erlebten die schönsten Momente des Lebens durch den Sucher der Taschenkameras, verschwanden in virtuellen Weiten.

Eine Minderheit wunderte sich darüber, wie so vieles plötzlich kostenlos sein konnte, staunte über die Werbung, die immer besser zum Inhalt ihrer E-Mails und Suchanfragen passte, nahm wahr, wie vertraute Läden zumachten, während Discounter sich ausbreiteten und immer mehr Paketzusteller durch die Wohnviertel rannten, fragte sich, wo die Facebook-Freunde waren, die der Algorithmus ihnen vorenthielt, ärgerte sich über die Apple-Käufe, die nur mit anderen Apple-Käufen zusammenpassten, und merkte auf, als plötzlich von digitalen Zwillingen mit einem unkontrollierbaren Eigenleben die Rede war. Für die meisten war das nun eben einfach so. Das Dopamin hörte nicht auf zu fließen. Es gab so viel zu sehen und so viel zu tun auf diesen immer neuen Oberflächen, in diesen Mikrowelten, die alle in ihre Taschen steckten, die so vieles leichter machten und die Menschen mit so vielen wichtigen und tollen anderen Menschen verbanden. Unglaubliche positive Dinge entstanden mit Hilfe des Netzes, Revolten gegen Autokraten, politische Umbrüche hin zu mehr Demokratie, Verbünde von Menschen, die sich für gute Zwecke einsetzen, neue Erzählplattformen von Journalisten und Autoren.

Als nach einem Flugzeugabsturz der malaysischen Maschine MH370 im März 2014 Menschen aus aller Welt gemeinsam Satellitenbilder nach Wrackteilen absuchten, verwirklichte sich die »Fernstenliebe«, von der die Ethiker des 20. Jahrhunderts nur träumen konnten. Die Crowdsourcing-Suche führte zwar nicht zum Flugzeug, aber sie zeigte, dass weltweit Menschen ihre Zeit opfern wollten, um einem digitalen Schwarm und anderen zu helfen, die sie nicht kannten. Das Internet ist zur Plattform geworden, um Crowdfunding für soziale Zwecke zu betreiben, uns die Lebenswirklichkeiten von weit entfernt lebenden Menschen nahezubringen, fließende Verbünde von Menschen aus aller Welt zu schaffen. Junge Inderinnen können auf dem Land online an Kursen von Eliteuniversitäten teilnehmen, Wissenschaftler auf das gesamte Vorwissen ihrer Disziplinen zugreifen, Museen ihre Sammlungen einem globalen Publikum vorführen, Umweltschützer Fischtrawler rund um den Globus verfolgen, Ingenieure in weltweiten Teams kooperieren. Das Ausmaß der Kreativität, das sich im Netz materialisiert, ist ein Spiegelbild für die Fähigkeit des Menschen, mit neuen Ideen die Welt zu verändern. Dass bereits ein erheblicher Teil von Beziehungen online angebahnt wird, zeigt auf romantische Weise, wie hybridisiert digitale und analoge Welten bereits sind.

Es brauchte einen mutigen 29-jährigen Software-Ingenieur namens Edward Snowden, um ein weniger romantisches Gesicht der digitalen Revolution zu enthüllen, das all die Jahre im Verborgenen gelegen hatte: ein hässliches, ein brutales Gesicht.[5] Die NSA-Überwachung und Erkenntnisse über die wachsende Macht der IT-Oligarchien haben die Aussichten auf die Zukunft des Internets seither stark eingetrübt.[6]

Die Snowden-Files enthüllten, dass das gesamte öffentliche und nichtöffentliche Leben, das sich elektromagnetischer Signale und Lichtwellenleitern bedient, nicht ziviler Natur ist, sondern in eine militärische Matrix eingebettet existiert. Die Menschen lernten, dass das Symbol der technologischen Freiheit von einem Geflecht von Geheimdiensten und Armeen nicht nur überwacht, sondern auch manipuliert wird. Vor den Enthüllungen von Edward Snowden hieß es oft, das US-Militär sei schon deswegen eine gute Sache, weil es über das »Arpanet« die Grundlage des Internets gelegt habe. Nach Snowden steht die Frage im Raum, ob das Internet jemals wirklich ein ziviles Projekt geworden war oder nur so ausgesehen hatte. Vor Snowden erschien es einigermaßen glaubwürdig, dass die Autos von Google Streetview eine Weile lang wirklich »versehentlich« im Vorbeifahren über ungesicherte WiFi-Verbindungen riesige Mengen privater Daten eingesammelt haben. Nach Snowden konnte man sich auch eine andere Variante vorstellen. Vor Snowden klang es vage beunruhigend, als Google-Chef Eric Schmidt sagte, wenn jemand etwas zu verbergen habe, dann solle er es besser nicht tun. Nach Snowden klang das wie das erste Gebot des totalen Überwachungsstaates.

Das Gesicht der digitalen Revolution verwandelte sich vor aller Augen vom postpubertären Geek, der beim Jointrauchen eine geniale Idee hat, zum 62-jährigen Vier-Sterne-General mit *licence to kill*, für den das Internet ein Instrument der Kriegsführung ist. Die Öffentlichkeit lernte, dass nicht nur China, Russland und andere autokratische Länder die Internetnutzung ihrer Bürger total überwachten: Die NSA, die mit ihr verbundenen Geheimdienste, die »Five Eyes« und assoziierte Armeen beschränkten sich bei der Suche nach Terroristen und anderen Gefahren nicht auf die Nadeln im Heuhaufen, sie wollten den ganzen Heuhaufen, das gesamte Online-Leben. Ähnlich nutzten Regimes und repressive Regierungen digitale Daten ihrer Bürger zur Repression. Doch diese Aktivitäten sind nur eine Facette. Sie bilden die Fassade für ein weitaus größeres Unterfangen: der möglichst umfassenden sozialen und ökonomischen Kontrolle durch eine überschaubare Gruppe von klar eingrenzbaren Institutionen, Unternehmen, Privatmenschen und Militärs.

Zwar wiesen Google und die meisten anderen großen IT-Konzerne vehement zurück, dass sie aktiv mit der NSA kollaboriert hätten, außer bei richterlichen Anordnungen.[7] An dieser Darstellung gibt es aber Zweifel. Wenn sie stimmt, zeigt das, wie schlecht geschützt die zivile Infrastruktur des Internets ist. Wie eng oder distanziert die Beziehung zwischen Privatfirmen und NSA wirklich war und ist, werden wahrscheinlich weitere Veröffentlichungen von Snowden und neuen Whistleblowern zeigen: in jedem Fall existieren zwei gigantische Systeme, die Daten akkumulieren, ein privates, das die digitalen Extrakte aus dem Leben von Hunderten Millionen Menschen in Einnahmen aus Werbung und sozialen Technologien verwandelt, und ein militärisches, das jeden Menschen nicht primär als Bürger, sondern als ein kontinuierlich zu quantifizierendes Sicherheitsrisiko begreift.

Die Enthüllungen ließen es in einem neuen Licht erscheinen, dass Google nicht primär eine Suchmaschine ist, Facebook kein soziales Netzwerk und Apple kein Computerhersteller, sondern dass eine andere Logik ihre Strategien bestimmt: Wissen und Informationen so zu strukturieren, dass es Werbeeinnahmen maximiert, Kunden so zu bearbeiten, dass sie ihre Biografie, ihre Vorlieben, Geheimnisse, Ängste, Abneigungen vermarktungsfähig preisgeben, und im angeblich offenen Netz geschlossene digitale Imperien zu etablieren.

Ihr Geschäft zu optimieren und zu maximieren liegt in der Logik von Aktiengesellschaften. Doch nun hat sich der Kontext verändert, in dem das geschieht. Um weiter mit gezielter Werbung Geld zu verdienen, wollen die Unternehmen möglichst viel über ihre Kunden, die Datenproduzenten, wissen. Sie wollen ihre Vorlieben kennen, ihre Meinungen, ihre Krankheiten, ihre sozialen Strukturen, ihre geheimen Wünsche, ihre Gewohnheiten, ihre Bewegungsmuster. Damit das gelingt, müssen Daten möglichst permanent sein, also dauerhaft ausgewertet werden können. Wer Zugang zu diesen Daten hat, kommt nicht nur an individuelle digitale Zwillinge, sondern an ein digitales Abbild der Gesellschaft heran.

Die Datenmacht ist eine höchst reale Macht. Was sie für gut und wichtig hält, muss nicht das sein, was dem Gemeinwohl dient. Das zeigte sich im Frühjahr 2014 schon darin, dass Medienberichten zufolge die NSA zwei Jahre lang von einer schwerwiegenden Lücke im Sicherungssystem von Internetverbindungen wusste, die jeden Internetnutzer anfällig gegen Hackerangriffe und organisierte Kriminalität machte, dieses Wissen aber für sich behielt, um selbst Verbindungen auszuschnüffeln, die ihre Nutzer für geschützt hielten. Die NSA und die amerikanische Regierung dementierten dies zwar, aber die Nachrichtenagentur Bloomberg verwies auf zuverlässige Quellen zum »Heartbleed Bug«.[8]

L'Internet c'est moi

Die Warnungen, die alle diese Erkenntnisse erzeugten, fielen dramatisch aus: Martin Schulz, der Präsident des EU-Parlaments, der demokratischen Vertretung von immerhin 500 Millionen Menschen, malte einen »technologischen Totalitarismus« an die Wand, der im Begriff zu entstehen sei.[9] Shoshana Zuboff warnte vor einer Machtübernahme des »militärisch-informationellen Komplexes«.[10] Bezeichnenderweise war es ein Vertreter der Republikaner, der Partei des militärisch-industriellen Komplexes, der den wichtigsten Grund, misstrauisch zu sein, am besten auf den Punkt gebracht hat. Im März 2014 verband US-Senator Rand Paul seine Kritik an der massiven Überwachung durch die NSA mit einer dunklen Warnung: Die Macht über die Daten müsse »in Grenzen bleiben, weil niemand weiß, wer als Nächstes an der Macht ist«.[11]

Präsidenten wechseln durch Wahlen, Großkonzerne sind anders strukturiert. Sie sind, sofern sie keine Genossenschaften sind oder die Aktien sich komplett in Streubesitz befinden, nicht demokratisch organisiert. Google zum Beispiel stellt sicher, dass seine beiden Gründer stets das Sagen behalten, egal wie viele Menschen sich finanziell an dem Unternehmen beteiligen.[12]

Wie total der Anspruch auf das Netz ist, machte der Chef des Verwaltungsrates von Google, Eric Schmidt, ausgerechnet dann klar, als er im April 2014 versuchte, Kritik zu widerlegen. In einem Namensbeitrag warf er Kritikern von Google-Praktiken vor, sie kritisierten »letztlich das Internet als solches und die Möglichkeit, dass jeder, egal von welchem Ort aus, Informationen abrufen kann, die noch vor nicht allzu langer Zeit kaum auffindbar waren«.[13] Deutlicher kann man das Ziel nicht formulieren, dass Google mit dem Internet identisch werden soll und dass Kritik an der Aktiengesellschaft aus Amerika ein Angriff auf das Netz selbst und den freien Fluss von Informationen sei. Völlig unverblümt bekannte sich Schmidt zum Datentotalitarismus, gerade als er die Angst vor ihm zu entkräften versuchte: »L'Internet c'est moi.«

Immerhin ist Schmidt ehrlich: »Wir sind überzeugt, dass Portale wie Google, Facebook, Amazon oder Apple weitaus mächtiger sind, als die meisten Menschen ahnen, und dass unsere Zukunft durch ihre weltweite Nutzung geprägt sein wird«, schrieb er 2013 zusammen mit Jared Cohen, dem Direktor von »Google Ideas«. »Mit Ausnahme von biologischen Viren gibt es nichts, was sich mit derartiger Geschwindigkeit, Effizienz und Aggressivität ausbreitet wie diese Technologieplattformen, und dies verleiht auch ihren Machern, Eigentümern und Nutzern neue Macht.«[14]

Diese Macht strahlen die Firmengründer Larry Page und Sergey Brin bei ihren Auftritten ungeniert aus. Sie gehören zweifelsohne zu den genialsten Firmenstrategen der Industriegeschichte, zu den kreativsten Köpfen der Hightech-Branche und zu den enthusiastischsten Freunden von Wissenschaft und Innovation. Doch wenn sie darüber sprechen, wie Google die Welt verbessern soll, ist ihr Gutmenschentum durchwirkt mit unverhohlenen Weltbeherrschungsfantasien.[15] Zu dieser Macht gehört, dass die großen IT-Firmen es schaffen, die größten Vermögenszuwächse in der Wirtschaftsgeschichte zu erzielen und dafür kaum Steuern zu bezahlen. Apple zahlte zuletzt auf seinen Vorsteuergewinn 2 Prozent Steuern, Amazon bezahlte für 8,7 Milliarden Euro Umsatz in Deutschland 3,2 Millionen an den deutschen Staat, und Google entrichtete 2010 auf internationale Gewinne in Höhe von 5,8 Milliarden Dollar nur 174 Millionen Dollar Steuern.[16] Ein System von Tochtergesellschaften im Niedrigsteuerland Irland und in Steuerparadiesen rund um die Welt sowie von internen Lizenzgebühren und Gewinnverrechnungen sorgt dafür, dass die größten Verdiener weltweit kaum etwas an die Nationalstaaten abgeben.

Das ist alles legal, doch es steht für eine Haltung: über diesen Nationalstaaten zu stehen, ja souverän von ihnen zu sein. Auch das gehört zur »unterschätzten Macht«. Im ersten Jahrzehnt des 21. Jahrhunderts sind Gebilde entstanden, die Anspruch auf das ganze Leben der Menschen erheben, aber zu keinen Verpflichtungen gegenüber der Gemeinschaft willens sind. Eric Schmidt bringt auch diese Arroganz gegenüber der Politik unverblümt zum Ausdruck: Von wenigen Ausnahmen abgesehen, verstünden die heutigen Politiker das Internet nicht, weder in seiner Struktur noch in seinen vielfältigen Nutzungsmöglichkeiten. Ominös ist es da, wenn er die Gründung von »virtuellen Staaten« voraussieht.

Nach den Snowden-Enthüllungen warnte Sir Tim Berners-Lee, der Mann, der als der »Erfinder des Internets« gilt, weil er am Forschungsinstitut CERN die grundlegende Sprache und Struktur des heutigen Webs entwickelt hat, vor weitreichenden Fehlentwicklungen: »Es ist jetzt die Zeit, eine große gemeinsame Entscheidung zu treffen«, sagte er Anfang 2014 der BBC, »wir haben zwei Straßen vor uns, welchen Weg sollen wir gehen?«[17]

Die Entdeckung, dass Menschen im »rechnenden Raum«, von dem Konrad Zuse sprach, nur glauben, selbst zu rechnen, aber eigentlich von anderen gerechnet werden, war hart. Die Einsicht, dass in erster Linie nicht sie selbst sehen, sondern dass sie gesehen werden, war äußerst unangenehm. Die Erkenntnis, dass sie im Internet nicht von postpubertären Genies bedient werden, sondern von einem bis an die Zähne bewaffneten militärisch-informationellen Komplex, verursachte Unwohlsein. Deshalb haben so viele Menschen diese Erkenntnisse, Entdeckungen, Einsichten auch so schnell wieder verdrängt. Die Menschen hörten weg. Es geschah, nachdem die üblichen Rituale der Empörung vorüber waren, nichts. Bundesinnenminister Thomas de Maizière beschwerte sich, die USA handelten »ohne Maß«. Bundeskanzlerin Angela Merkel bewies Weitsicht und Kenntnis, als sie das Internet als »Neuland« bezeichnete. Aber sie opferte eine Politik, die auf dieser Analyse aufbauen könnte, schnell dem transatlantischen Bündnis. Ohne großen Widerspruch begrub sie Pläne, den USA wenigstens ein »No-Spy-Abkommen« abzuverlangen. Sie hatte dem Innenminister Friedrich nicht widersprochen, während der die NSA-Affäre für beendet erklärte, als sie gerade erst begonnen hatte. Es geschah seit den Snowden-Enthüllungen kaum etwas, was es unwahrscheinlicher machen würde, dass Google und Geheimdienste ihre Macht in Zukunft noch weiter steigern würden. In den USA wurden geringfügige Einschränkungen für die NSA verfügt, aber nur in Bezug auf die eigenen Bürger. Der Rest der Welt gilt als digitale Biomasse, als Menschheit zweiter Klasse, mit der man nach Belieben verfahren kann. Die Krim-Krise schmiedete im Frühjahr 2014 die entfremdeten Freunde Amerika und Europa wieder zusammen. Auch die Enttarnung eines US-Spions beim Bundesnachrichtendienst sorgte nur kurzzeitig für Erregung. In der Summe aber schien es, als ob nichts geschehen sei.

Im Juli 2014 raffte sich die Bundesregierung nach der Entdeckung eines weiteren US-Spions dann doch zu einer harten Reaktion auf und forderte den Chef-Geheimdienstler der USA, der in der Botschaft am Pariser Platz beschäftigt war, auf, das Land zu verlassen. In den USA führte das zu erstaunten Reaktionen über so viel Aufmüpfigkeit. Doch nichts geschah, was die flächendeckende Überwachung und die enormen Datensammlungen durch Militär, Geheimdienst und IT-Konzerne grundlegend verändern würde ...

In den Jahren 2013/14 nahm womöglich eine Art neuerlicher digitale Revolution ihren Lauf. Sie war anderer Natur als Konrad Zuses Z3, John von Neumanns Speicherkonzepte, IBMs Großrechner, das erste Arpanet, der Homebrew Computer Club, der erste PC oder die erste WWW-Seite durch Tim Berners-Lee 1989. Das alles waren aktive Vorgänge, aber der Umbruch, der 2013/14 nach den Snowden-Veröffentlichungen passierte, war rein passiv: Dieses Nichts – das Schweigen und Verdrängen, die leeren Plätze vor den US-Botschaften, das schnelle Einknicken Europas vor der NSA und vor Google – könnte sich im Rückblick als eigentlicher Startpunkt einer langen und finsteren Entwicklung erweisen, als Beginn einer dunklen digitalen Revolution.

Was früher geheim geschah, könnte künftig, durch Verdrängung legitimiert, immer stärker öffentlich geschehen.

Weil Überwachung, Selbstzensur und Manipulation von den westlichen Gesellschaften geschluckt wurden, können diese Praktiken nun prägend dafür werden, wie Gesellschaften in den kommenden Jahrzehnten funktionieren.[18] Die Änderungen, die US-Präsident Barack Obama an der Telefonüberwachung im Inland verfügte, waren nur kosmetischer Natur – für den Rest der Welt, der in den USA wahlweise *out there*, *in the field*, *on the ground* oder *overseas* heißt, veränderte sich nichts, außer vielleicht, dass Regierungschefs befreundeter Nationen für eine Weile von den Radarschirmen der NSA verschwinden.

Der militärisch-informationelle Komplex, der allein in den USA aus vielen Millionen Geheimnisträgern in Militär und Geheimdiensten, einflussreichen Rüstungs- und Energiefirmen sowie den großen IT- und Telekommunikationskonzernen besteht, hat allen Grund anzunehmen, dass das *business as usual* weitergehen kann. Dieses *business as usual* hat eigene Gesetze, die nur bedingt mit den Grundwerten freier und offener Gesellschaften übereinstimmen. Solange Firmen im Wettbewerb stehen und überschaubar groß sind, ist auch das Problem überschaubar groß. Wenn die Firmen aber zu globalen Mächten mit monopol- oder oligopolartiger Marktbeherrschung werden, sieht das anders aus.

Um im Geschäft mit den Daten einen strategischen Vorteil zu bewahren, dürfen die großen IT-Konzerne nie das tun, was Demokratien ausmacht, nämlich ihre Karten auf den Tisch legen und die Bürger an Entscheidungen wirklich beteiligen. Bürger müssen Nutzer bleiben, die sich agglomerieren und nach Regeln strukturieren lassen, die nur diejenigen kennen, die den Algorithmen-Programmierern Anweisungen geben. Facebook hat den neuen Standard spürbar gemacht: Du darfst dich sozial vernetzen, aber was du zu sehen bekommst, wer bei dir auftaucht und wer deine wirklichen Freunde sind, das entscheiden wir. Googles Interesse daran, das Wissen der gesamten Welt zu erschließen, liegt nicht im Wissen selbst, sondern darin, unsere Sprache und unser Denken als Begleiterscheinung von Werbung zu instrumentalisieren.

Noch weniger demokratisch ist das *business as usual* des Geheimdienstkomplexes: Um seine Millionen Arbeitsplätze, die Milliardenaufträge und die Billionenbudgets aufrechtzuerhalten, müssen immer ausreichend Risiken, Bedrohungen, Terroristen, Feinde in der Welt sein, denn nur das rechtfertigt die eigene Existenz.

Der »Krieg gegen den Terror« war die Matrize für eine gewaltige Expansion dieses Apparats, des »tiefen Staates«. Die Zahl der Geheimnisträger, die Fülle der Geheimgremien, der Geheimgefängnisse, der Geheimbudgets und anderer geheimer Strukturen nahm extrem zu. Dieser tiefe Staat hat ein anderes Entscheidungs- und Wertesystem als die zivile Gesellschaft. Sein Budget ist gewaltig: Von den 1,15 Billionen Dollar, die US-Präsident Obama im Jahr 2014 für freie Ausgaben zur Verfügung hat, gehen 57 Prozent an das Militär und 6 Prozent in die Versorgung von Veteranen. Der frei verfügbare US-Haushalt, also das Geld, das nicht in gesetzlich verpflichtenden Budgets gebunden ist, besteht zu fast zwei Dritteln aus Kriegsausgaben. Auf Bildung entfallen 6 Prozent, auf Wissenschaftsförderung 3 Prozent.[19] Die USA gaben 2013 mit 480 Milliarden Dollar immer noch dreimal so viel für Rüstung aus wie China.[20] Es ist angesichts dieser Proportionen angemessen, das Land als »Militärstaat« zu bezeichnen.

Schon die Folterlager, die die US-Regierung weltweit unterhielt und unterhält, die Bilder aus Abu-Ghuraib, die hohe Zahl von Zivilisten, die bei amerikanischen Drohneneinsätzen in Ländern wie Pakistan und dem Jemen ums Leben kamen, und die Schaffung von Geheimgerichten, die Geheimdiensten die Arbeit erleichterten, hatten Zweifel geweckt, was genau denn eigentlich die vielbeschworene »westliche Wertegemeinschaft« wirklich ist.[21] Aber wie wird das Geheimdienst-Militär-System beim nächsten Großkonflikt reagieren? Kaum jemand glaubt, dass die Kriege und Kampagnen seit 2001 die Welt dauerhaft sicherer gemacht haben. Dafür wurden neue Standards gesetzt: Statt sie vor Gericht zu stellen und ihrer verdienten harten Strafe zuzuführen, wurden Diktatoren und Chefterroristen in Kommandoaktionen getötet – und der fortgesetzte Drohnenkrieg fordert immer neue zivile Opfer, so viele, dass in Pakistan inzwischen großformatige Bilder von Kindern auf die Erde gelegt werden, um die Drohnen-Operateure in den USA darauf hinzuweisen, dass sie es mit Menschen zu tun haben und nicht mit Insekten, wie der offenbar verwendete Begriff des *bug splats* für das Töten von oben nahelegt.[22]

Warum sollten Drohnenangriffe eigentlich immer nur auf Somalia, Pakistan, Afghanistan und den Jemen beschränkt bleiben?[23] Nichts am »War on Terror« hat die Spirale von Hass und Gegenhass durchbrochen. Das Risiko ist gleichbleibend groß, dass neue, ebenso schreckliche 9/11s entstehen, die zu neuen, noch drakonischeren Reaktionen führen, nun aber potenziert und ermächtigt mit den Werkzeugen der totalen Überwachung. »Wir sind die erste Generation von Menschen mit einer unauslöschbaren Akte«, sagt Eric Schmidt im Namen der Google-Spitze und fügt warnend hinzu: »Da Informationen dazu tendieren, ans Licht zu kommen, sollten Sie also nichts abspeichern, was

Sie nicht irgendwann in einer Anklageschrift oder auf der Titelseite einer Zeitung lesen wollen ... In Zukunft wird dies nicht nur auf jedes geschriebene und gesprochene Wort zutreffen, sondern auch auf jede Internetseite, die Sie besuchen, auf jeden ›Freund‹ in Ihrem Netzwerk, auf jedes ›Like‹ und auf alles, was Ihre Freunde tun, sagen und veröffentlichen.«[24] Die »analoge Lücke«, die heute noch Informationen verbirgt, soll es Schmidt zufolge künftig nicht mehr geben.

Es soll also keiner sagen, er sei nicht gewarnt worden. »Oderint dum metuant« war der Leitspruch des römischen Kaisers Caligula und ist nun das Motto, das auf den Armabzeichen einer Sondereinheit des US-Militärs steht.[25] Das spricht offen aus, dass es dem militärisch-informationellen Komplex nicht darauf ankommt, Bedrohungen dauerhaft zu lösen, denn Strategien zu entwickeln, Hass, Terror und Kriegsursachen zu verstehen und zu überwinden, würde das eigene Geschäftsmodell untergraben. Ein Albtraum für den Komplex wäre es gewesen, wenn die US-Regierung nach den Anschlägen vom 11. September 2001 statt eines »War on Terror« eine globale Versöhnungsinitiative ausgerufen hätte, wenn sie die Billionen Dollar, die seither in den Krieg geflossen sind, in Bildung, Ernährungssicherheit, kulturellen Dialog, Infrastruktur und Umweltschutz investiert hätte. Der größte Albtraum dieses Komplexes wäre die Kapitulation von Al-Quaida und eine globale Reformationsbewegung im Islam, die terroristischen und extremistischen Kräften die Unterstützer entzieht. Denn dieses System braucht Feinde, und wenn alte Feinde entfallen, dann schafft es sich im Zweifelsfall neue. Es geht darum, die Krisen so zu dosieren, dass die Öffentlichkeit weiter mitspielt und das Geld fließt.

Die Eigendynamik, vor der bereits 1956 der amerikanische Soziologe Charles Wright Mills und dann 1961 der scheidende US-Präsident Dwight D. Eisenhower in seiner berühmten Rede gewarnt hat, ist vielleicht erst in ihrem Anfangsstadium. Man kann sich ja nun auf die Jahre 2013/14 berufen: Es hat euch doch gereicht, dass wir euch versichern, eure Regierungschefs nicht mehr abzuhören. Und es wird denkbar, dass das bisherige Nebeneinander von IT-Branche und NSA-Komplex in etwas Neues mündet: in die Formalisierung eines komplementären Geschäftsmodells der privaten und militärischen Datenmächte. Dass Anfang 2014 ausgerechnet Condoleezza Rice, eine Architektin des Terrorkriegs und der Überwachungskampagnen von George W. Bush, in den Vorstand von Dropbox wechselte, spricht Bände.[26] Wie glaubwürdig kann sie Datenschutz garantieren? Ausgerechnet Facebook-Gründer Mark Zuckerberg nutzte Anfang 2014 ein Treffen mit US-Präsident Obama, um das Recht auf Privatsphäre einzufordern – was an sich schon einen hohen Ironiefaktor hat –, doch er musste sich der Ansage fügen, dass es keine substanziellen Änderungen an der umfassenden Überwachung geben wird.

NSA, CIA und andere militärische und geheimdienstliche Institutionen haben den IT-Konzernen nach den Snowden-Veröffentlichungen klar zu erkennen gegeben, wer im Umgang mit Daten und Informationen Koch und wer Kellner ist. Der Chef des Google-Verwaltungsrats, Eric Schmidt, macht keinen Hehl daraus, dass es für ihn hauptsächlich darauf ankommt, dass die USA die weitere Entwicklung kontrollieren. »Stellen Sie sich mal vor, die Chinesen hätten das Internet erfunden. Sie hätten flächendeckende Überwachung und Zensur, flächendeckende Deep Packet Inspection«, sagte er im März 2014 bei einem Treffen der IT-Branche in Austin, Texas.[27] Dass es kurz zuvor noch unvorstellbar gewesen ist, in welchem Ausmaß das Netz von den USA kontrolliert wird, und dass seine Aussage, wer etwas zu verbergen hat, solle es eben nicht tun, ein Aufruf zu kultureller Gleichmacherei und Selbstzensur ist, thematisierte er nicht.

Die Menschen tippeln auf ihren Smartphones und streicheln ihre Tablets, als ob nichts geschehen sei.

Digitale Ökosysteme

Die totale Faszination, die das Internet bei Milliarden Menschen, mich eingeschlossen, auslöst, führt dazu, dass wir Billionen Stunden von Lebenszeit, vielleicht schon einen Großteil des Alltags in der einen oder anderen Form »online« verbringen.

Das Netz und alles, was damit zusammenhängt, ist eine gigantische Maschine zur Erzeugung, Verteilung und Kontrolle von Aufmerksamkeit, einer der wertvollsten Fähigkeiten des Gehirns. Auf wen oder worauf sich unser Geist richtet, wie lange er dort verbleibt und was dabei passiert, entscheidet über Lebensqualität, ja über den Verlauf unserer Leben.

Wie tief digitale Techniken in die Aufmerksamkeit eingreifen, hat die frühere IT-Managerin Linda Stone beschrieben.[28] 2007 fiel ihr auf, dass sie jedes Mal, wenn sie eine E-Mail, eine neue Internetseite oder ihren Webkalender öffnete, den Atem anhielt. Als sie sich dessen bewusst wurde, merkte sie, dass sie am Computer oft für sehr lange Zeit arbeitete, ohne zu atmen. Stone fragte sich, ob sie der einzige Mensch auf der Erde war, dem das so ging. Sie begann das Phänomen zu erforschen und stellte fest, dass ein Großteil der Leute, die sie befragte, sich ähnlich verhielt. Die totale Aufmerksamkeit für das Geschehen am Bildschirm raubte Menschen im wahrsten Sinn des Wortes den Atem. Stone nannte das Phänomen fortan »E-Mail-Apnoe«, also »E-Mail-Atemstillstand«. Mediziner beschrieben ihr, dass es nicht gerade gesund ist, sitzend, also mit eingequetschten Organen und nach vorne gebeugt, auch noch für längere Zeit den Atem anzuhalten. »Diese kleine unbewusste Gewohnheit« zeige, dass »Beziehungen, die wir als körperlose Transaktionen von Informationen ansehen, in Wahrheit eine sehr körperliche, physische Dimension haben«, folgerte Alex Soojung-Kim Pang in seinem Ratgeber zum »Conscious Computing«.[29] Darin beschreibt er, wie man Achtsamkeit und Körperbewusstsein in sein digitales Leben integrieren kann.

Die Erwartungen, wie sich das Netz weiterentwickelt, spannen zwischen Dystopie und Utopie ein enorm breites Spektrum auf. [30] Internet-Optimisten, die für das Internet-Projekt der Pew-Stiftung interviewt wurden, setzen auf eine Welt, die voll ist von »planetaren Freundschaften, Rivalitäten, Romanzen, Teams, Studiengruppen und Kooperationen«. Während das Fernsehen es nur erlaubt habe, das globale Dorf anzuschauen, mache das Internet es möglich, ein echter Dorfbewohner zu sein. Das Internet ist in dieser Sichtweise ein Mittel, um sich mit der Umwelt zu verbinden, oder auch dazu, die großen weltweiten Unterschiede beim Zugang zu Gesundheit, Wasser, Bildung und Menschenrechten sichtbar zu machen – und zu beseitigen. Optimisten sehen eine wachsende basisdemokratische Macht von unten, weil Nationalstaaten gar nicht mehr in der Lage sein werden, das weltweite Beziehungsnetz zu kontrollieren.

Die Pessimisten sehen die Entwicklung in die entgegengesetzte Richtung laufen: mehr Macht in der Hand von wenigen, größere Unterschiede – und eine tiefe soziale und psychologische Entfremdung, die das Netz befördert. Ausgerechnet der Chefwissenschaftler einer der größten Telekommunikationsfirmen der Welt, Bob Briscoe von der British Telecom, sieht die Gefahr wachsen, dass das Netz einen Entfremdungsprozess fördert: Die größten Auswirkungen des Internets seien die Nebenwirkungen, die sich schon so hoch aufgetürmt hätten, dass wir sie kaum noch wahrnähmen, sagte er auf die Frage des Pew Research Center, wie sich das Internet in den nächsten 25 Jahren entwickeln werde: »Noch mehr Menschen werden ihre Verflechtung in den Wirklichkeiten von Leben und Arbeit verlieren und jene Aspekte der Welt, die sich leicht in Form von Informationen ausdrücken lassen, für die ganze Welt halten.«[31]

Es ist richtig, diese Risiken zu sehen, aber es wäre falsch, sie für unabwendbares Schicksal zu halten: »Technologien schaffen Möglichkeiten und Potenzial, aber am Ende hängt die Zukunft von Entscheidungen ab, die wir treffen«, schreibt Erik Brynjolfson, Direktor des MIT Center for Digital Business, die Menschheit könne mit den neuen digitalen Technologien »unvergleichliche Schätze und Freiheit gewinnen oder Desaster erzeugen, die größer seien als alles, was die Menschheit je gesehen habe«.[32] Technologie sei kein Schicksal. Genau deshalb sind grundlegende Fragen derzeit offen und gestaltbar: Entscheidet eine kleine Gruppe von IT-Oligarchen in Großkonzernen und Geheimdiensten über die technologisierte Welt der Zukunft – oder die Gesellschaft, die breite Öffentlichkeit? Ist Technologie ein

Mittel zur Durchsetzung enger kapitalistischer und militärischer Interessen – oder eine Plattform für ein gelebtes Weltbürgertum? Verschlingen die Tools, mit denen heute Marketingexperten unsere Aufmerksamkeit und die unserer Kinder anzapfen, unseren Alltag und überspülen ihn mit Kommerz und Gewalt – oder helfen digitale Mittel dabei, ein achtsames, respektvolleres, umsichtiges Leben zu fördern?

Die Völkerwanderung in die Online-Welt bringt bereits Gegenreflexe hervor: Aus Angst davor, süchtig zu sein, unterziehen sich Menschen digitalen Entziehungskuren. »Digital Detox« heißt der Trend – beim »Camp Grounded« in Kalifornien kann man sich in Bogenschießen, Suppenkochen, Yoga und Meditation üben, Autoren experimentieren mit radikalem Offline-Leben.[33]

Doch wer sich damit trösten will, dass er ja im Zweifelsfall sein Handy wegwerfen und auf das Internet verzichten kann, wie Hans Magnus Enzensberger das nahegelegt hat, täuscht sich gewaltig.[34] Ein solcher Schritt würde einen vom sozialen und technischen Fortschritt abschneiden, aber nicht aus der digitalen Sphäre heraustreten lassen. Denn die aktuelle Entwicklung ist unendlich größer und umfassender als das, was auf unseren Bildschirmen passiert. Enzensberger erzeugt auch ohne Handy Daten in Hülle und Fülle: beim Einchecken im Hotel, am Flughafen, in öffentlichen Verkehrsmitteln, beim elektronischen Bezahlen, in der Gesichtserkennungssoftware von Facebook und in Einkaufszentren, beim Arzt. Diese Daten sind wiederum nur ein Bruchteil von dem, was in Zukunft über jeden Menschen bekannt werden könnte.

Es geht bei der weiteren digitalen Revolution um viel mehr als das, was in den Snowden-Files steht und was uns die heutigen Geschäfte der IT-Konzerne – Suchmaschinen, Netzwerke, Telefone und Tablets mit schicken Funktionen – sichtbar machen: Ein mächtiges Zeichen für diesen Übergang vom Rechner zum ganzen Leben ist der Versuch von Google, seine Datenbrille auf den Massenmarkt zu bringen, die Kampagne dafür begann im Frühjahr 2014. Noch sieht sie etwas klobig und allzu auffällig aus, aber so wirkten auch die ersten Mobiltelefone der neunziger Jahre, über deren Funktionen und Rechenkraft Menschen heute lachen, während sie sich körperlich unvollständig fühlen, wenn sie ihre Nachfolger nicht bei sich tragen. Mit der Brille schiebt sich nun die digitale Technologie als »erste Natur« zwischen Mensch und Welt, wenn man Natur als das sieht, was uns prägt und wie selbstverständlich umgibt. Die allgegenwärtige Technosphäre hatte es schon auf den Rang einer zweiten Natur geschafft, indem sie unser Leben sichtbar und unsichtbar ermöglicht, organisiert und zunehmend kontrolliert. Mit der Datenbrille wird Technologie zur neuen Sicht-Weise, zum neuen Welt-Bild der Menschen, die sich ihrer bedienen.

Ein zweites Zeichen ist das entstehende »Internet der Dinge«, die digitale Verknüpfung von Mensch, Internet und den Milliarden Objekten, die uns umgeben, zu einer neuen Umwelt, in der seinen Planern zufolge kommerzielle Warenströme so prägend sein sollen wie das Strömen von Luft und Wasser. Aus diesem Grund hat Google im Januar 2014 für 3,2 Milliarden Euro die Firma »Nest Lab«, einen Hersteller von Rauchmeldern und Temperatursensoren, gekauft. In Zukunft sollen Kühlschränke, Heizungen, Bewegungsmelder und Tausende andere mit Sensoren ausgestattete Geräte ein neues Netz bilden. Ein erheblicher Teil des Datenverkehrs im Internet läuft bereits heute nicht zwischen Menschen, sondern zwischen »Bots«. »Offline« soll es demnach nicht mehr geben. In diese Strategie passen auch neue Techniken, das Konsumverhalten von Menschen online wie offline lückenlos zu verfolgen. »In-Store Attribution Transaction Reporting« ist der etwas komplizierte Name für ein neues Verfahren, mit dem Google seinen Werbekunden nachweisen will, dass der Klick auf eine Annonce dazu geführt hat, dass jemand später in einem Laden etwas kauft. Google will so seine Erlöse steigern, die Werbekunden wollen ihre Annoncen noch gezielter schalten – auf der Strecke bleibt der Konsument, dessen Privatleben zum Daten-Spielball wird.[35]

David Clark vom MIT Computer Science and Artificial Intelligence Laboratory geht davon aus, dass »Geräte zunehmend ihre eigenen Kommunikationsmuster, ihre eigenen ›sozialen Netzwerke‹ haben werden, die sie benutzen, um Informationen zu teilen und anzuhäufen und um Prozesse automatisch zu kontrollieren«.[36] Menschen würden mehr und mehr in einer Welt leben, in der Entscheidungen von einem aktiven Ensemble kooperierender Maschinen getätigt würden. Das Internet und generell die von Computern vermittelte Kommunikation werde alles durchdringen und gleichzeitig weniger erkennbar und sichtbar sein, also im Hintergrund von allem agieren, was wir tun.

3-D-Drucker sind eine weitere Komponente des neuen Netzes, von dem das gesamte Leben umfangen ist. Die Technik ist faszinierend: Die Maschinen, deren Größe zwischen dem eines Kaffeeautomaten und eines Hauses variiert, können digitale Anweisungen mit Metall, Plastik und anderen Materialien in dreidimensionale Objekte umsetzen. Während in der herkömmlichen Herstellung Objekte oftmals aus großen Blöcken herausgearbeitet werden (was viel Abfall erzeugt), ist 3-D-Druck in der Lage, sie direkt in ihrer endgültigen Form herzustellen. Um komplexe Gegenstände zu schaffen, braucht es keine Fabrik mehr. »Mit Hilfe gemeinschaftlich genutzter 3-D-Drucker und Open-Source-Vorlagen ließe sich beispielsweise jedes benötigte Werkzeug nachbauen, und es wäre nicht mehr nötig, auf die langwierige und komplizierte Anlieferung teurer Fertigprodukte zu warten.«[37] Heute benutzen schon Künstler, Architekten, Designer, Möbelhersteller, Prothesenhersteller und Entwicklungsingenieure von Auto- und Flugzeughersteller den 3-D-Druck, um ihre Arbeit zu beflügeln, und die NASA erprobt 3-D-gedruckte Bauteile für Raketen. Auch Biomediziner erkunden, ob sich die Technologie einsetzen lässt, um künstliche Körperteile zu erzeugen. 3-D-Drucker könnten die industrielle Fertigung grundlegend verändern, weshalb bereits von einer »dritten industriellen Revolution« die Rede ist.[38] Jedes Zuhause könnte eine Mikro-Fabrik werden, und es könnte eine neue Form von digitalem (Kunst-)Handwerkertum entstehen.[39]

Diese drei Veränderungen sind schon für sich genommen weitreichend. Doch auch sie sind nur Elemente in einem größeren Geschehen, einem Umbruch, bei dem Technik im wahrsten Sinn des Wortes zum Leben erwacht. Ungeheure Fortschritte in der Cloud-Entwicklung, dem Verstehen neuronaler Netzwerke und der Materialforschung rücken etwas in greifbare Nähe, was seit Jahrzehnten in mehr oder weniger guten Science-Fiction-Filmen vorweggenommen wurde: das Ausschwärmen von Robotern.

»Im Jahr 2050 wird es mehr Roboter und intelligente Maschinen auf der Welt geben als Menschen«, sagt Carl Bass, der Vorstandsvorsitzende des amerikanischen Softwarekonzerns Autodesk.[40] Ist das eine der typischen Vorhersagen von Technikoptimisten, über die man 2050 den Kopf schütteln wird, weil doch alles anders kam? Oder ist Bass ein Realist?

Die Idee, Roboter zu schaffen, ist alt, schon in der griechischen Mythologie baut sich der Schmiedegott Hephaistos zwei mechanische Dienerinnen aus Gold. Um die ersten realen Versuche im 18. Jahrhundert, einen Flötenspieler und eine mechanische Ente von Jacques de Vaucanson sowie den Schachspieler, den Wolfgang von Kempelen vorführte, ranken sich wilde Geschichten.[41] Inzwischen sind Hunderte Millionen stationäre Industrieroboter im Einsatz, ohne dass dies für Aufmerksamkeit sorgen würde. Unser Leben ist bereits in großem Stil von robotischen Systemen in der Produktion, in der Landwirtschaft, in der Logistik und vielen anderen Bereichen abhängig. Das schafft einzelne Probleme, wenn Arbeitsplätze entfallen oder Bauernhöfe zu Fabriken werden, aber nicht in der befürchteten Dimension. Im Gegenteil lässt sich argumentieren, dass Roboter Aufgaben übernehmen, die Menschen ohnehin nicht machen sollten, etwa Giftmüll zu entsorgen. Bisher haben Dystopiker, die eine Übernahme der Menschheit durch Maschinenintelligenz an die Wand gemalt haben, nicht recht behalten.

Doch die Ära der Roboter hat erst begonnen. Die Maschinen, die gerade entstehen, sind in die Internet-Cloud integriert und mit dem Wissen von Neurobiologen und Insektenforschern um optimale Netzwerke und Schwarmeigenschaften gefüttert. So können sie sich autonom steuern oder von zentralen Instanzen in riesigen Verbünden gelenkt werden. Frühere Robotervisionen sind daran gescheitert, dass in den Rechner im Kopf der Maschinen nur ein begrenzter Speicherplatz passte. Künftige Roboter haben das gesamte Internet im Kopf und sind mit Superrechnern an entfernten Orten verbunden.

Die Arena, in der Robotik sich derzeit am raschesten entwickelt, ist der Einsatz für Militär, Geheimdienste und die Strategien der größten IT-Konzerne. Sie werden nicht aussehen wie drollige Roboter aus Kinderfilmen. Sie werden die gesamte Kraft der natürlichen Evolution eingebaut haben und wie Lebewesen funktionieren können. Und nein, sie werden nicht für enthumanisierte Kriege geplant, wo sich nur noch Maschinen gegenseitig zerstören und riesige Schrotthaufen erzeugen, während die Menschen aus sicherer Distanz zusehen.

Der Beginn einer gerichteten Evolution

Biologen definieren Leben mit verschiedenen klassischen Eigenschaften: Es besteht aus organischen Molekülen, die durch Biosynthesen entstehen; es zeichnet sich durch Bewegung, Reizbeantwortung, Ernährung, Wachstum, Entwicklung, Fortpflanzung und Vermehrung aus. Leben vererbt seine Eigenschaften und befindet sich in einer ständigen Evolution, die in Form von Replikation, Mutation und Selektion abläuft. Um uns herum wachsen neue Wesen heran, die viele dieser Eigenschaften haben, vom Computervirus bis zum bionischen Roboter, die sich aber in anderen Eigenschaften vom klassischen Leben unterscheiden: Sie entstehen nicht »blind«, also ohne Schöpfer und ohne Ziel, sondern »gerichtet«, also beladen mit menschlichen und technologischen Intentionen und Zwecken.

Die klassische, zweckfreie und ziellose Evolution, wie Charles Darwin sie beschrieben hat, wird ergänzt durch eine neue Dimension: den menschlichen Geist, der gezüchtete Tiere und Pflanzen, synthetische Organismen, technische Naturimitate sowie sinnlich nicht wahrnehmbare lebensähnliche Konstrukte wie Algorithmen entwickelt, die Lebensprozesse strukturieren und steuern. Die Menschheit steht am Beginn einer gerichteten Evolution.

Koert van Meensvoort und Allison Guy vom Thinktank »Next Nature« beschreiben diese Techno-Natur so: »Wir sehen gerade die sehr frühen Stadien der menschengemachten Technologie, die eines Tages vielleicht genauso hochgradig komplex sein werden wie DNS-basierte Organismen. Sollte die Technologie eines Tages wahre Autonomie beweisen und fähig sein, sich selbst Energie zu beschaffen, sich selbst zu reparieren und zu reproduzieren, dann wäre es schwierig, im guten Glauben dafür zu argumentieren, dass ihre Existenz weniger ›natürlich‹ wäre als die eines Grashüpfers oder einer Anemone. Eine technologische Spezies muss nicht eine organische nachahmen, um existenzfähig zu sein.«[42]

Im April 2014 gründete DARPA, die Forschungsagentur des US-Militärs, eine neue Abteilung für »Biologische Technologien«. Wahrscheinlich hat noch keine Militärinstitution zuvor ein solches Loblied auf Biologie und Natur gesungen. Die Biologie sei der ultimative Innovator der Natur, und jede Agentur, die der Innovation verpflichtet sei, wäre dumm, nicht bei diesem Meister der vernetzten Komplexität nach Inspirationen und Lösungen zu suchen, sagte DARPA-Direktor Arati Prabhakar am 26. März 2014 vor dem Subcommittee on Intelligence, Emerging Threats and Capabilities des US-Repräsentantenhauses. Die DARPA wolle Biologie, Ingenieurswesen und Computerwissenschaften fusionieren, um die Kräfte natürlicher Systeme in den Dienst der nationalen Sicherheit zu stellen. Mit der neuen Abteilung nehme die Biologie eine Hauptrolle in der Zukunft der Verteidigungstechnologien ein. Ziel ist es, Erkenntnisse über »individuelle Zellen, Menschen und andere Organismen und die Gemeinschaften, in denen sie operieren«, in »praktische Werkzeuge und Fertigkeiten zu verwandeln«. Das Portfolio des neuen »Biological Technologies Office (BTO)« geht über Roboter weit hinaus. Aber auf diesem Gebiet sind die Fortschritte besonderes atemberaubend.

Im Jahr 2006 nahm ich auf einem Übungsgelände der Bundeswehr in Nordbayern an einer Leistungsschau von Robotern teil, die militärisch eingesetzt werden können. Schauplatz für »Elrob«, das »European Land Robot Trial«, war das Dorf Bonnland, in dem Schillers Tochter Henriette begraben ist, das aber inzwischen nur noch für Militärübungen benutzt wird. Die deutsche Heeresführung erhoffte sich schon damals, dass unbemannte Fahrzeuge – mit Hilfe aus der Ferne oder noch besser autonom – bald ihre Soldaten im Einsatz unterstützen, ihre Rucksäcke tragen, ihnen durch den Blick in Autos oder um die Hausecke gefährliche Situationen ersparen und mit überlegener Rechenkraft beim Entscheiden helfen. Roboter sollen auch in Deutschland zum festen Element der »NetOpFü«, der vernetzten Operationsführung, werden, also des volldigitalisierten Einsatzes der Zukunft. Die Szenarien gingen schon 2006 so weit, dass Roboter eines Tages eigenständig für Deutschland und die Nato in Kampfhandlungen eingreifen und »wirken« können, wie gezieltes Schießen im Militärjargon heißt.

Zwanzig Mannschaften aus fünf EU-Ländern waren angereist, Firmen und Universitäten waren gleichermaßen vertreten. Die Forscher und Ingenieure holten ihre Roboter so vorsichtig aus Lastwagen und Kisten und handhabten sie so einfühlsam, als wären es Haustiere. An einer möglichst lockeren digitalen Leine – ferngesteuert also, aber mit eigener Wahrnehmung und Lageanalyse – sollten die Roboter durch Bonnland navigieren, über einen Graben, vorbei an Feuer, durch eine Scheune und einen Torbogen, schließlich eine Treppe hinauf in eine Wohnung, wo es einen Schrank zu öffnen galt.

Die Übung geriet zum Debakel. »Ich weiß jetzt auch nicht genau, nach was er sucht und welche Sensoren er benutzt«, sagte einer der Forscher über seinen erstarrten Roboter. Nur wenige Teams vollendeten den Parcours. Die Teilnehmer aus Portugal trugen ihr Gerät vom Platz wie einen depressiven Dackel, der Roboter aus Hannover hatte keine Ahnung von seiner Position und rutschte, vielleicht weil er mit den Signalen von Büschen und Wiese überfordert war, an einer kleinen Brücke ab. Die uniformierten Herren auf den Zuschauertribünen konnten ihr Staunen über die Pannen nicht wirklich verbergen, ein Kichern war zu hören, wenn wieder eine Maschine liegen blieb.[43]

DARPA, die Forschungsagentur des US-Militärs, erlebte im März 2004 in der Mojavi-Wüste in Kalifornien ein ähnliches Debakel. Die Agentur hatte eine »Grand Challenge« ausgerufen, einen Wettbewerb, welches Forscherteam es schaffen würde, dass ein vollautomatisches Fahrzeug selbstständig ein Ziel erreicht. Doch die Roboter auf Rädern scheiterten grandios. Zwei schafften es nicht mal an den Start, einer fiel im Startbereich um, und nach drei Stunden waren nur noch vier Fahrzeuge unterwegs. Selbst der Erstplatzierte hatte am Ende nur 5 Prozent der Gesamtstrecke geschafft.[44]

Keine zehn Jahre später sind weltweit Flugdrohnen der US-Armee im Einsatz, die von Menschen in fernen Luftwaffenbasen gesteuert werden, Menschen, die am Abend ihren Kindern Gutenachtgeschichten vorlesen können, während sie tagsüber Terrorismusverdächtige in Pakistan umgebracht haben oder, was zynischerweise ein systematisch wiederkehrender Irrtum zu sein scheint, Hochzeitsgesellschaften, die in Konvois unterwegs sind oder von denen Freudenschüsse abgegeben werden.[45] Der Drohneneinsatz aus der Luft ist erst der Anfang einer systematischen Automatisierung der amerikanischen und anderer Armeen. Wie fortgeschritten die Technologie im Vergleich zu dem ist, was 2006 in Deutschland zu sehen war, beobachten in regelmäßigen Abständen die Soldaten und Ingenieure, die auf der Joint Base Myer-Henderson Hall im amerikanischen Bundesstaat Virginia zusammenkommen, um LS3 zu testen, das »Legged Squad Support System 3«.[46]

Es ist ein Roboter der besonderen Art, kein Humanoid, wie er so lange die Fantasien von Science-Fiction-Autoren beflügelt hat, sondern ein technisches Rind. Es ist geformt wie eine Kuh und bewegt sich wie eine Kuh, es kann sich hinlegen, ausstrecken, wieder aufstehen, gehen, traben, galoppieren, es kann durch den Wald manövrieren und durch enge Gassen laufen, es kann sehen, hören und noch mehr, je nachdem, welche Sensoren installiert sind. LS3 kann Befehle verstehen und befolgen: »Power on ... follow tight.«

Der vierbeinige Roboter ist ein Gemeinschaftsprojekt der DARPA, des Marine Corps Warfighting Labs und der Firma Boston Dynamics, die als eine Art Generaldienstleister fungiert. LS3 wird seit Juli 2012 im Feldversuch eingesetzt und soll, wie es heißt, Soldaten im Einsatz das Gepäck tragen. Ob es dabei bleiben wird, ist fraglich. So exzessiv, wie Flugroboter in Form von Kampfdrohnen bereits für die Kriegsführung der USA eingesetzt werden, ist es wahrscheinlich nur eine Frage der Zeit, bis vollautomatisierte Kampfsysteme auch am Boden zum Einsatz kommen. Das wird dann geschehen, wenn es billiger ist, einen Roboter zu verlieren als einen Menschen.

Für den europäischen Grenzzaun wird bereits der Einsatz eines Robotersystems namens »Talos« vorbereitet. Die Entwickler betonen, dass eine Ausrüstung mit Waffen von der EU-Grenzschutzbehörde nicht gewünscht sei, aber selbstverständlich jederzeit möglich ist, wenn ein Kunde dies wünscht.[47]

Viele Roboterprojekte sind schon so weit, dass »Feldversuche« beginnen, bei denen sich die Hybride in der freien Natur bewegen dürfen. Forscher an der Harvard School of Engineering and Applied Sciences entwickeln die »RoboBee«, ein Maschinchen mit hauchdünnen Flügeln, Antennen und einem Hochleistungschip als Gehirn.[48] Geht es nach den Forschern, sollen die Tiere künftig in Schwärmen die Ziele ihrer Besitzer verfolgen. Sie sollen zum Beispiel Blüten bestäuben, Wetter- und Verkehrsinformationen recherchieren oder nach Unglücken und in giftigen Umwelten, etwa nach Chemie- und Nuklearunfällen, Daten und Bilder sammeln. Das sind hehre Ziele. Dass die Bienen auch der militärischen Aufklärung dienen könnten, zählen die Harvard-Forscher wie selbstverständlich auf.

Motten, Mücken, Fledermäuse und Libellen zählen zu den Tieren, die Ingenieure heute in Zusammenarbeit mit Biologen intensiv studieren, um ihre aerodynamischen und energetischen Eigenschaften zu verstehen. Die Grenze zwischen Wunsch und Wirklichkeit, Science-Fiction und Laborwirklichkeit ist dabei fließend, und nicht immer sind die Bemühungen von Erfolg gekrönt. Als Bundeskanzlerin Angela Merkel auf der Hannover-Messe 2013 am Stand der Firma Festo dem russischen Präsidenten Wladimir Putin den Bionicopter, eine robotische Libelle, vorführen wollte, crashte das Tier nach wenigen Sekunden Flug auf den Boden. Eine schwächelnde Batterie und störende elektromagnetische Signale wurden als Gründe für die Blamage genannt. Doch das taugt höchstens zur Anekdote, nicht dazu, dieses Technikgebiet zu diskreditieren. Andere Anwendungen erweisen sich bereits als robust und einsetzbar.

Im Jahr 2012 pries Regina Dugan, damals Direktorin von DARPA, bei einem Vortrag die Flugfähigkeiten von Kolibris. Diese Vögel könnten nicht nur vorwärts, rückwärts und seitwärts fliegen, sondern auch auf den Rücken gedreht. Falls »wir«, womit sie das Militär meinte, ein so kleines Flugzeug bräuchten, um in unzugängliche Areale zu gelangen, sei eine Kolibri-Drohne dazu ideal geeignet. Zur Begeisterung der Zuschauer präsentierte sie dann den ersten robotischen Kolibri, ein »neues, erstaunliches und wunderschönes Ding«, das ein Assistent aufsteigen ließ. 2008 habe diese Kolibri-Drohne es geschafft, 20 Sekunden zu fliegen, vier Jahre später seien es schon elf Minuten gewesen.[49]

Man kann solche Projekte eher belustigt sehen wie der Ornithologe Noah Strycker, wenn er schreibt, dass eine Kolibri-Drohne, die sich am Vorbild der Natur orientiert, statt mit Spionieren den ganzen Tag damit beschäftigt wäre aufzutanken.[50] Oder man führt sich vor Augen, wie sich die Rechenkraft und Fähigkeiten von Mobiltelefonen in nur zwanzig Jahren multipliziert haben.

Regina Dugan hat zwischenzeitlich den Arbeitgeber gewechselt: von DARPA zu Google.

Es ist kein bloßes Gedankenspiel mehr, dass einem im Wald ein Roboter begegnet, dass Naturliebhaber Raben oder Kolibris mit Drohnen verwechseln und dass Schwärme robotischer Insekten durch Städte und Landschaften surren. Das muss nicht beängstigend sein, im Gegenteil können Roboter viele wichtige (oder uns Menschen lästige) Aufgaben übernehmen. Aber die Frage wird sein: in wessen Auftrag und wozu?

Ebenso lebensnah wie LS3, die RoboKuh, kommt »Maverics« daher, eine neuartige, vogelartige Flugdrohne, von der die U.S. Army Rapid Equipping Force bereits 2013 für 4,5 Millionen Dollar 36 Exemplare gekauft hat. Die Drohne ist schwarz und so groß wie ein Kolkrabe, sie fliegt ähnlich wie ein Vogel mit Flügelschlag. »Die Spezialkommandos wollten ein Fluggerät, das natürlich und biologisch aussieht – es sollte nicht daherkommen wie ein typisches Projekt des Verteidigungsministeriums«, sagte der Vizechef des Herstellers, Prioria Robotics, der Zeitschrift *Wired*.[51] Im Werbevideo für die Drohne ist zu Hardrock-Beats zu sehen, wie das Gerät im Himmel mit Raben kreist, ununterscheidbar von den »echten« Vögeln. Dann sieht man, wie die Drohne ein junges Paar in Shorts und Flipflops, das in ein parkendes Auto steigt, ins Visier nimmt und ins Zentrum seines Fadenkreuzes rückt.[52] Die Assoziationen, die das weckt, scheinen der Firma nur recht zu sein. Sie wirbt damit, »das Leben unserer Kunden zu verbessern«. Von der Lebensqualität von Nichtkunden ist nicht die Rede.

Über das größte Angebot militärisch einsetzbarer Roboter verfügt Boston Dynamics, die Firma, die mit dem US-Militär die RoboKuh entwickelt. Der Roboterspezialist

Marc Raibert hat sie 1992 aus dem Massachusetts Institute of Technology ausgegründet. »Cheetah« (Gepard) kann bereits schneller laufen als Usain Bolt, »Sandflee« (Sandfloh) springt aus dem Stand zehn Meter in die Luft, »Rise« klettert wie ein Gecko senkrechte Wände hoch. Dann ist da noch »Atlas«, der humanoide Roboter, der ein bisschen an C-3PO erinnert, den goldenen Weggefährten von R2-D2 aus »Star Wars«, nur dass er schwarz ist. Raibert sieht, wie er der *New York Times* sagte, seine Firma nicht primär als Militärdienstleister an. Die Roboter sind auch dazu konzipiert, etwa bei Naturkatastrophen und Reaktorunfällen zum Einsatz zu kommen. Doch die Projekte wurden zu einem guten Teil mit Militärgeldern finanziert und von den Wünschen von Militärs geformt.

Gemeinsam haben die Kreationen, dass sie inzwischen Google gehören. Für einen ungenannten Preis kaufte der IT-Konzern am 13. Dezember 2013 die Bostoner Firma. Die Übernahme erregte Aufsehen: Sie ist ein großer Schritt von 2-D zu 3-D, von der digitalen in die analoge Sphäre, zumal Google zuvor bereits sieben weitere Robotik-Unternehmen gekauft hatte.[53] Google äußerte sich zurückhaltend zu der direkten militärischen Verbindung, die damit entstand: Der Konzern werde »bestehende Verträge mit dem Militär einhalten, aber sich nicht zu einem eigenständigen Militärdienstleister entwickeln«, sagten Firmensprecher.[54] Doch das ist eine sehr schwammige Aussage, die nur besagt, dass Google nicht als Ganzes ein Rüstungskonzern wird. Vertreter des US-Militärs begrüßten die Übernahme: Zivilisten würden durch ihre Nachfrage nach robotischen Alltagsprodukten das kriegerische Equipment der Zukunft billiger machen.[55]

Es liegt auf der Hand, dass Google mit Robotern andere Pläne hat, als nur die US-Kriegsführung zu verbessern: Der

Konzern arbeitet unter Führung des Deutschen Sebastian Thrun an Autos ohne Fahrern. Auch Anwendungsfelder wie die Paketzustellung sind denkbar. Künftig könnten dann Google-Fahrzeuge, die aktuelle Daten für »Street View« sammeln, automatisch durch die Straßen rollen, während Google-Roboter online bestellte Waren ausliefern. Wenn der Postmann klingelt, könnte eine mehr oder weniger freundlich lächelnde Google-Maschine vor der Tür stehen. Dass es reichlich zivile Anwendungen gibt, heißt dabei nicht, dass Google sich im militärischen Bereich zurückhalten muss. Das Rüstungsgeschäft gehört in den USA zu den lukrativsten Wirtschaftszweigen, das Konfliktpotenzial mit Russland, der islamischen Welt und vor allem China ist groß. Das US-Militär tut alles, um auf den Schlachtfeldern der Zukunft, ob in komplexen Bürgerkriegen, in Weltraum- und Cyberkonflikten oder bei gezielten Angriffen auf Einzelpersonen, technisch die Oberhand zu behalten.[56] Automation und Roboterisierung ist dafür, wie der massive Einstieg der USA in den Flugdrohnenkrieg gezeigt hat, ein zentrales Element der Strategie. Wer den dafür nötigen Sachverstand hat, kann sich in den USA der Nachfrage des Militärs kaum entziehen, selbst wenn er das wollte. Sich zu verweigern würde als unpatriotisch gelten und für den Konzern gravierende Nachteile in anderen Geschäftsfeldern nach sich ziehen.

Ob und wie schnell militärische Anwendungen zum Kerngeschäft von Google gehören werden, ist offen. Offenkundig ist hingegen, dass der Konzern, der 2013 60 Milliarden Dollar Umsatz machte, 13 Milliarden Profit erwirtschaftete und mit 8 Milliarden Dollar nahe an die Forschungsausgaben der deutschen Bundesregierung herankam, mit einer langen, starken Hand durch den Computerbildschirm hindurch in unser Leben eingreifen will. Wenn eine Firma in der Welt die Erwartung von Carl Bass einlösen wird, dass es 2050 mehr Roboter als Menschen gibt, dann ist es im Moment Google. Diese Roboter werden dann nur die am leichtesten sichtbare Erscheinungsform sein, viel persönlicher als alles, was der Konzern sonst verborgen tut, vor allem mit geheimen Algorithmen und mit Festplatten, die sich stetig mit Informationen füllen, und zunehmend auch mit Wissen.

Googles Einstieg ins Robotergeschäft reiht sich ein in eine breit angelegte Expansion in die analoge Welt: Google-Ingenieure arbeiten an einem globalen Netz von Ballons namens »Loon«, die den Luftraum besiedeln und das Internet auch den Milliarden Menschen bringen soll, die momentan noch keinen Zugang zu ihm haben; sie versuchen das menschliche Gehirn zu modellieren, um dadurch Computer zu bauen, »die menschlicher agieren«; und sie dringen mit der Firma Calico, einem der neuesten Projekte, in die Biotechnologie vor.[57]

Sebastian Thrun formuliert es so: »Wenn du das Leben von 100 Millionen Menschen veränderst, bist du nicht erfolgreich. Das bist du erst, wenn du das von einer Milliarde Menschen veränderst.« Kosten bei der Produktentwicklung spielen deshalb bei Google keine Rolle: »Der Preis, hinter dem wir her sind, ist so groß, dass Geld auf dem Weg dorthin nicht wichtig ist.«[58] Das klingt nach Größenwahn, aber Größenwahn ist eine sehr vorläufige Diagnose für eine Firma, die in so kurzer Zeit so viel globalen Einfluss angesammelt hat. Es ist eine reale Möglichkeit, dass diese eine einzige Firma künftig das Leben der gesamten Menschheit durchdringen wird, dass sie jeden Menschen von der Geburt bis zum Tod mit ihren Produkten begleitet.[59]

Als Firma funktioniert zum Beispiel Google bestens nach den Prinzipien von Wettbewerb und Profitmaximierung, und das ist völlig in Ordnung. Es ist extrem bewundernswert und eindrucksvoll, was aus einem kleinen Team von Träumern und Technikern in wenigen Jahren geworden ist, und die Demokratisierung von Wissen, die Google ermöglicht hat, ist nichts, was man leicht beiseitewischen sollte. Sergey Brin und Larry Page verdienen es, in einem Atemzug mit Henry Ford und Thomas Alva Edison genannt zu werden. Aber zum globalen Lebensprinzip mutiert, als dominante Kraft, die von unserem Blick auf die Erde bis zu unserem Blick auf geliebte Menschen durchregiert, kann ihre Aktiengesellschaft zu einer Diktatur werden, zu einem modernen Äquivalent der britischen East India Company, die als quasistaatliche Kolonialmacht Indien besetzt und ausgebeutet hat.

Wenn große neue Wirtschaftszweige entstanden sind, ob die Eisenbahn, die Erdölindustrie oder die Computerbranche, sind häufig zuerst Monopole oder Oligopole entstanden. Aber die Gesellschaft hat darauf meist mit schärferen Wettbewerbsregeln reagiert, und nicht selten wurden monopolartige Strukturen mit staatlicher Gewalt zerschlagen.[60]

Ein Ringen hat begonnen, wer künftig allgegenwärtige Strukturen prägt, kontrolliert und bedient, wer oder was den Status bekommt, den früher allein die Natur hatte: überall um uns herum zu sein, uns mit dem Lebensnotwendigen zu versorgen, uns alles zu geben und notfalls alles zu nehmen.

Das Tempo, mit dem sich die digitale Revolution der letzten dreißig Jahre vollzogen hat, lässt schemenhaft erahnen, was die nächsten dreißig Jahre bringen werden. Ab jetzt steht bei den großen IT-Konzernen wie bei den Militärs nicht mehr ein abgrenzbares »Online-Leben« im Zentrum, sondern das ganze Leben. Es geht darum, wer dieses Leben, ob online oder offline, gestaltet und kontrolliert.

Die kommende technische Entwicklung wird nicht länger von dem geprägt sein, was begrenzt auf den Quadratkilometern kumulierter *screen real estates*, in den Millionen Kilometern Übertragungskabeln und zwischen den wenigen Milliarden Computern vor sich geht. Sie wird noch viel stärker als jetzt schon aus- und übergreifen auf die analoge, also die biologische und soziale Welt, auf das, was so gern das »echte Leben« genannt wird, wenn altmodische Menschen sich über virtuelle Welten lustig machen. Online soll offline erobern, durchdringen, umgestalten, und wir sollen das mögen lernen. Unser Geld soll künftig auf der Facebook-Bank liegen – zumindest hat das Unternehmen eine Lizenz dafür beantragt.

Schon jetzt sind die Grenzen zwischen »virtuell« und »physisch«, »digital« und »analog«, »biologisch« und »technisch, »natürlich« und »künstlich«, »Mensch« und »Maschine«, »online« und »offline« äußerst porös. Viele Mauern, die für stabil gehalten wurden, erweisen sich als fragile Gedankenkonstrukte, die neuen, hybriden, amalgamierten, fließenden Phänomenen Platz machen. Die Jugendlichen, deren Gehirne auf Kriegsspiele konditioniert sind, und die Menschen, die in Pakistan und anderswo bereits unter dem »Himmel des Schreckens« leben, aus dem in jedem Moment ein computergesteuerter Drohnenangriff erfolgen kann, sind Extrembeispiele für das Eindringen der digitalen in die analoge Welt. Im künftigen »Internet der Dinge« soll es den Plänen ziviler Firmen zufolge auch zivil zugehen – ein unsichtbares informationelles Netz soll uns mit Sensoren, Fabriken, Robotern und anderen Maschinen verbinden und vor allem den Alltag erleichtern, denn nur so finden neue Produkte ihre Kunden.

Wird das »Internet der Dinge« ein im tieferen Sinn menschlicher, wunderbarer Datengarten auf Erden sein, der die nächste Stufe der Aufklärung bringt? Das ist eine Option, eine reale Möglichkeit, und die Chancen, die darin für Gesellschaft, Wissenschaft und Technologie stecken, sind riesig. Aber diese Option kann nur unter ganz bestimmten und vor allem ganz anderen Bedingungen als heute Wirklichkeit werden.

Bleibt alles so wie heute, könnten sich die vereinigten Daten zu einem »Himmel des Schreckens« summieren, zum globalen Phänomen, zur neuen Natur der Erde und aller, die sie bewohnen.

Die Übergänge sind so schnell wie schwer durchschaubar: Die mechanische Ära, die enthüllt hat, wer wen bewegt, ist zu Ende. Es wird durch neue Technologien zunehmend verschleiert und unsichtbar, wer Akteur ist und wer Empfänger, wer Agens, wer Movens, wer Subjekt, wer Objekt. Eine Zeit neuer technisch-sozialer Ensembles und neuer biologisch-maschineller Daseinsformen beginnt, die aus akkumulierten Daten heraus entstehen, sich reproduzieren, anpassen, verändern, ausbreiten, wirken.

Es war bereits falsch, in der Finanzkrise den Großbanken die »Realwirtschaft« gegenüberzustellen, um auszudrücken, dass Banken keine produktiven Gebilde seien. Dann war es aber diese »Irrealwirtschaft«, die Europa neu ordnete und Vermögen in ungekanntem Ausmaß vom Steuerzahler zu Privatpersonen umverteilte. Letztlich erwiesen sich die Großbanken als äußerst reale Gebilde, als diejenigen, die *kybérnesis* im ursprünglichen Wortsinn praktizierten, nämlich das Schiff steuerten.

»Cyber« gilt als altmodisches Präfix, doch es beschreibt sehr genau, was passiert: Es geht um Richtung, Kontrolle, Steuerung lokaler, regionaler, globaler Entwicklungen, die jeden Menschen betreffen. Die Digitalisierung ist dabei eine Art universeller Treibstoff. Sie beschleunigt Entwicklungen, die viel mehr verändern als nur die elektromagnetischen Muster auf Festplatten und Lichtimpulse in Glasfaserkabeln. Sie beschleunigt die komplette Vermessung von Lebewesen, von den Genen bis zu den Gehirnen, ebenso wie die Logistik von Firmen wie BP, Volkswagen und Amazon, die tief in den Stoffwechsel der Erde eingreifen. Die Digitalisierung liefert die *vis vitalis*, die Lebenskraft, für Maschinen und erlaubt es, ihnen quasinatürliche Eigenschaften zu geben, während mit ihrer Hilfe die Macht wächst, Lebewesen umzuprogrammieren, so als seien sie Computer.

Alles hängt von den Vorzeichen ab, unter denen dies geschieht. In den Silicon-Valley-Konzernen »geht es mittlerweile nicht mehr nur um einzelne Geschäftsmodelle oder neue Wege, dem Nutzer mehr Werbung unterzujubeln. Vielmehr wird in Ökosystemen gedacht: Es geht darum, den Werbeklicker möglichst nicht mehr aus der eigenen kontrollierten Welt herauszulassen«, warnt Constanze Kurz vom Chaos Computer Club.[61] Der Informatiker Jared Lanier, einer der Pioniere virtueller Realität, Mitarbeiter von Microsoft und zugleich einer der schärfsten Kritiker heutiger Webstrukturen, warnt davor, dass künftig die Menschen mit den größten Rechnern entscheiden könnten, wie und wohin Geld fließt, und wie die Masse, die mit Kostenlos-Produkten in ihrem Konsumverhalten manipuliert wird, lebt: »›Kostenlos‹ bedeutet, dass jemand anders entscheidet, wie man lebt.«[62] Es bedeutet auch, dass wir wie bei einem Konsumkredit heute mit Schnäppchen angefüttert werden, aber später einen hohen Preis zahlen müssen. Die Logik, die dabei in IT-Konzernen und Großbanken zum Einsatz kommt, stammt vom Manhattan Project ab, vom Versuch, mit Physik soziale Kontrolle auszuüben, wie Frank Schirrmacher, der viel zu früh verstorbene FAZ-Herausgeber, Vordenker und Visionär, darlegte.[63]

Endstation Singularität?

Google und andere IT-Konzerne haben binnen weniger Jahre unser Online-Leben durchdrungen. Sind die Milliarden Menschen, die das erlebt haben, darauf vorbereitet, dass es nun auch um das geht, was sie früher ihr »Offline-Leben« genannt haben?

Wenn Google-Ingenieure an »Loon« arbeiten und das Unternehmen mit »Titan Aerospace« ein ähnliches Projekt mit Hilfe von solarbetriebenen Flugdrohnen avisiert, dann bringt das das Internet in Weltgegenden, die bisher nicht angeschlossen waren, weil es zu teuer war, Kabel dorthin zu verlegen oder Mobilfunkmasten aufzustellen. Das kann für die Menschen in diesen Regionen viel Positives bringen, wenn etwa Kleinbauern sich Wissen aus aller Welt aneignen oder Kinder Fernunterricht besuchen können. Aber zugleich verbreiten sich die sehr spezifischen Methoden eines einzigen Unternehmens um die ganze Welt. Es ist, als würde McDonald's eine Filiale in jedem Dorf eröffnen.

Wenn Google Roboter baut, die das Militär ersonnen hat, dann stehen sicher vermeintliche Kundenwünsche im Vordergrund, und es wird Roboter geben, die Dienstleister sind. Aber zugleich ist die Versuchung groß, den gigantischen militärischen Markt zu bedienen, zumal das Militär der ursprüngliche Arbeitgeber war. Nach den Erfahrungen mit den Kriegen in Afghanistan und im Irak ist in den USA die Neigung gering, noch mal eine ganze Generation junger Menschen in den Kampf zu schicken. Zugleich sind die Militarisierung der Gesellschaft, das Gefühl, das eigene Lebensmodell gegen China und einen feindseligen Rest der Welt verteidigen zu müssen, und die Bereitschaft, Menschen in fernen Ländern durch Flugroboter hinrichten zu lassen, stark gewachsen. Google könnte sehr schnell werden, zumal unter dem Druck seiner Regierung, was die Gründer sich nie hätten träumen lassen, als sie das Motto »Don't be evil« propagierten: eine Kriegsfirma. An Szenarien für einen »Cyber-War« besteht kein Mangel, und mit »Stuxnet«, einem Computervirus, das die USA und Israel in eine iranische Atomanlage einschleusen ließen, gibt es bereits einen Präzedenzfall für einen digitalen Angriff.[64] Die Snowden-Veröffentlichungen haben zudem das Ausmaß gegenseitiger Cyber-Attacken zwischen China und Amerika deutlich gemacht. An diesem Geschehen, bei dem schnell aus einem digitalen Angriff ein analoger Krieg werden kann, sind IT-Konzerne qua Natur ohnehin extrem nah dran.

Wenn Google in die Biotechnologie vordringt, dann bringt das Unternehmergeist und Risikobereitschaft in ein Gebiet, das zentral ist für die künftige Lebensqualität. Zugleich tut dies eine Firma, die bereits jetzt über den größten personalisierten Datenschatz in der Geschichte der Menschheit verfügt, eine Firma, die mehr über Menschen weiß als Ärzte, Therapeuten, Arbeitgeber und in vielen Fällen auch mehr als die Menschen selbst, eine Firma, deren Gründer in der Diskussion um das Briefgeheimnis (beziehungsweise E-Mail-Geheimnis) Skeptiker als »Privatsphärenverrückte« und »Paranoiker« eingestuft haben.[65]

Für diese Expansion gibt es eine Vorlage: In mehreren Büchern hat der amerikanische Erfinder Ray Kurzweil die Idee ausgearbeitet, dass Informations-, Gen-, Neuro-, Nano- und andere Hochtechnologien nach weiterem exponentiellem Wachstum zu etwas Neuem verschmelzen werden, einer globalen Struktur, die jede menschliche Intelligenz in den Schatten stellt, einem neuen Seinszustand, der die Grenzen von Mensch, Leben, Technik transzendiert und für eine übermächtige Intelligenz, eine halb computerbasierte, halb lebendige Heimat schafft. Die »Singularität« nennt Kurzweil dieses Ziel, eine technologische Totalität, die alles Leben umfasst und auf eine neue Ebene hebt. Der 1948 in New York geborene Visionär malt seine technischen Szenarien utopisch, ja paradiesisch aus, bis hin zur Aussicht auf ewiges Leben, das er als machbar und erstrebenswert beschreibt.[66]

Seine wichtigste Vision der Zukunft ist eine allgegenwärtige künstliche Intelligenz, die Fragen beantwortet, bevor man sie stellt, und die einen Menschen besser kennt, als seine Mitmenschen es tun oder sogar sie oder er selbst.

Risiken und Nebenwirkungen dieser technologischen Totalität sind Kurzweil nur Seitenbetrachtungen wert. Der Regisseur Wally Pfister hat Schattenseiten in seinem Film »Transcendence« in Hollywoodmanier beleuchtet, aber diese Herangehensweise birgt eine Gefahr: dass die Öffentlichkeit glaubt, die »Singularität« sei Stoff für Science-Fiction. In Wahrheit geht es schon jetzt um den Alltag, und der folgt in beängstigender Weise der Kurzweil-Ideologie. Ausgerechnet wenn es um Überwachung und Bürgerrechte geht, versagt nämlich Kurzweils sonst so sprudelnde Techno-Fantasie: Dass Terrorverdächtige ohne ausreichende Beweise und Indizien verhaftet werden, beschreibt Kurzweil als nachvollziehbare staatliche Strategie; und für die Gefahr, dass allgegenwärtige Technologie perfekt zu einem tyrannischen Staat passen würde, hat er keine Lösung: »Ich sehe keine Aussicht auf eine magische technische Lösung, die das Dilemma« zwischen Bürgerrechten und Terrorabwehr »verändern würde«, schreibt er. Im Gegenteil werde, »die auf Geheimhaltung bedachte Natur unserer Gegner und ihr mangelnder Respekt vor menschlichem Leben, inklusive ihres eigenen, die Grundlagen unserer demokratischen Traditionen auf eine tiefgehende Bewährungsprobe stellen«.[67]

Die Debatten um geheime CIA-Gefängnisse und Drohnenattacken in muslimischen Ländern, aber vor allem die Enthüllungen von 2013/14, in welchem Umfang die NSA und ihre verbündeten Geheimdienste bereits heute die elektronische Kommunikation zwischen Menschen in weiten Teilen der Welt überwachen und auch manipulieren, haben gezeigt, dass diese Bewährungsprobe längst läuft – oder dass sich der Probenteil vielleicht schon seinem Ende zuneigt und eine neue Phase neuer Anwendungen beginnt.

Klar wurde dabei, dass es nicht nur um Terrorabwehr geht, wie die US-Regierung stets betonte. Warum hätte man dann das Handy der deutschen Bundeskanzlerin anzapfen, die Server von brasilianischen Ölunternehmen oder von chinesischen Forschungsinstituten überwachen oder die Kommunikation anderer Länder beim UNO-Klimagipfel 2009 in Kopenhagen abhören wollen? Die Überwachung spielt nicht zwischen dem friedliebenden Teil der Menschheit und einer kleinen Gruppe von mörderischen Islamisten. Sie spielt zwischen den strategischen Interessen eines Landes, der USA, und dem großen Teil der Welt, der zwar in Kommandoeinheiten des US-Militärs zerlegt ist, aber eben doch noch andersartige oder gegenläufige Interessen verfolgt. Islamistische Terroristen sind auf diesem Schlachtfeld nur Extrempunkte, an denen die neuesten Waffen und Technologien ausprobiert werden, weil sie (zum Glück) kaum Unterstützer haben. Aber dieselben Waffen und Technologien können morgen schon andere treffen, weil sie nicht in das strategische Raster der USA passen.

Bezeichnend ist deshalb, was Kurzweil in seinen Ausführungen zur Singularität meint, wenn er von »Wir« spricht, etwa wenn er schreibt: »Wir haben uns bereits von dummen Raketen, die mit der Hoffnung abgeschickt wurden, dass sie ihr Ziel erreichen, hin zu intelligenten Cruise Missiles bewegt, die Mustererkennung nutzen, um eigenständig Tausende taktische Entscheidungen zu treffen.«

Hier spricht kein globales, humanistisches, vielfältiges »Wir«, wie es die positiven Visionen von einer guten Entwicklung des Internets prägt. Diese »Singularität« ist vielmehr eine durch und durch einseitige Sache, durchdrungen vom amerikanisch geprägten Kapitalismus, seinen Konsumwünschen, Lebenszielen, Sicherheitsinteressen und militärischen Strategien. Ist es antiamerikanisch, das so zu formulieren? Nicht, wenn man einen Unterschied zwischen den humanistischen Idealen macht, auf denen dieses Land gründet, und der Cyborg-Realität, die es heute bildet.

Solange Kurzweil seine Fantasien als Autor verkündete, hatte dies einen hohen Unterhaltungswert und auch eine gewisse Faszination. Aber seit Dezember 2012 ist Kurzweil »Director for Engineering« bei Google. Die Firmengründer wollen ihm die Plattform geben, seine Visionen zu verwirklichen. Kurzweils Aufgabe im Unternehmen ist es, die analoge und die digitale Welt zu verbinden und Google-Rechner in die Lage zu versetzen, menschliche Sprache zu verstehen.[68] Das bedeutet, dass in Zukunft alles, was Menschen in Anwesenheit von Sensoren und Rechnern sprechen, tun, nicht tun, schreiben, sehen, hören, kurz das ganze Spektrum von Verhalten und Wahrnehmung, mit Hilfe US-amerikanischer Logik und Logistik erfasst, prozessiert, gespeichert und weiterverwendet werden könnte. Solange die internationalen Datenströme aufgrund von Kosten und Infrastruktur in den USA zusammenlaufen, so wie Wasser sich in einem Seebecken sammelt, so lange werden die Daten der gesamten westlichen Welt eine Prägung durchlaufen: Sie verwandeln sich in Ressourcen für den amerikanischen Militärapparat und für die Strategie der großen IT-Unternehmen, alles Wissen zur Begleiterscheinung von Werbung zu machen.

Natürlich kann man wie Eric Schmidt sagen, dass das alles besser in Amerika aufgehoben sei als in China oder Russland. Da ist etwas dran, aber es ist doch nur ein sehr eingeschränkter Trost. Denn selbst die größten Fans transatlantischer Freundschaft haben in den vergangenen Jahren Zweifel beschlichen, ob die Vereinigten Staaten sich dauerhaft als Macht zeigen werden, die für Demokratie, Freiheit und Menschenrechte steht. Das Risiko ist groß, dass unter extremen Bedingungen die polarisierte amerikanische Öffentlichkeit einen Präsidenten an die Macht befördern könnte, der die westlichen Werte endgültig weit hinter nationaler Sicherheit, evangelikalem Dogmatismus, den Interessen der Reichsten, Diskriminierung von Minderheiten oder dem Drang einordnet, gegenüber China die militärische Überlegenheit zu beweisen.

Die Zeiten, in denen die USA mit dem Finger auf andere zeigen konnten, sind schon jetzt vorbei. Das hat man gesehen, als US-Außenminister John Kerry nach dem Einmarsch russischer Truppen auf der Krim im Frühjahr 2014 sagte, dass man im 21. Jahrhundert nicht wie im 19. Jahrhundert einfach mit fadenscheinigen Begründungen in ein anderes Land einmarschieren könne, als ob die USA das nicht selbst täten. Zudem hat der »War on Terror« die USA ihren Gegnern und autoritären Regimen ähnlicher gemacht. Je vehementer das Land den »War on Terror« führte, desto eher wandelte es sich mit Geheimgefängnissen, Folter, Drohnenmorden an Kindern und anderen Verbrechen dem islamistischen Gegner an, bis zu dem Punkt, an dem seine Sondereinheiten selbst ununterscheidbar von Terroristen wurden. Wer aus den USA mit dem Finger auf China oder Russland zeigt, verkennt, dass die eigenen Strukturen längst autoritäre Züge angenommen haben.

Barack Obama wird auf absehbare Zeit der liberalste und weltoffenste Präsident sein, den die USA hervorgebracht haben. Vielleicht folgen weitere, vergleichsweise gemäßigte Präsidenten auf ihn. Vielleicht aber auch nicht. Angesichts der zahlreichen und wachsenden Bewegungen in den USA, die ihr Land als überlegene und privilegierte »God's Own Nation« sehen und ihm Macht über den Rest der Welt zusprechen, ist es möglich, wenn nicht sogar wahrscheinlich, dass früher oder später ein radikalisierter Republikaner das Amt übernehmen wird, gegen den George W. Bush harmlos erscheinen könnte.[69]

Die USA sind in ihrer Rolle als unangefochtene Weltmacht durch autokratische Staaten wie Russland und China herausgefordert. Ihr »War on Terror« hat den Terrorismus nicht besiegt, und im eigenen Land nehmen die ökonomischen Unterschiede zwischen einer kleinen ultrareichen Elite und einem verarmenden Mittelstand stetig zu, weil soziale Marktwirtschaft, mit der ein Land wie Deutschland gut und erfolgreich lebt, als »Sozialismus« gilt. China und Russland erheben den Anspruch darauf, ebenfalls »Global Player« zu sein. Zudem tun die USA so wenig gegen ihre Sucht nach fossiler Energie, dass der Klimawandel eine besondere Gefahr darstellt. Die Interessen der äußerst einflussreichen amerikanischen Öl-, Erdgas- und Kohleindustrie könnten in Zukunft noch härter mit den Interessen der Weltgemeinschaft kollidieren. Das nationale und internationale Konfliktpotenzial, mit dem es künftige Präsidenten zu tun haben werden, ist also grenzenlos. Selbst Obama hat kaum etwas zu tun vermocht, um dieses Konfliktpotenzial zu mindern. Für das militärisch-informationelle Schattenreich im Hintergrund wäre auch nichts schlimmer als erfolgreiche Entspannungspolitik.

Die neuen Waldbewohner

Das schafft ein Spannungsfeld, in dem die neue, technisch geprägte Umwelt, die derzeit entsteht, von den Suchergebnissen auf den Bildschirmen bis zu den Schwärmen von Flugobjekten am Himmel, schnell ihren Charakter verändern könnte. 2013/14 war es eine Überraschung, als sich das Internet, das alle für frei und zivil hielten, als militärisch kontrolliert erwies. Die Art und Weise, wie die Infrastruktur genutzt wird, kann sich nochmals quasi über Nacht verändern. Dazu sind nur wenige technische Veränderungen nötig, etwa ein paar tausend Kilometer optischer Kabel, die zwischen Google-Datenzentren und denen des

US-Militärs gelegt werden, und natürlich Anordnungen, wer diesen gigantischen Cyborg, dessen Nervensystem in jedes Wohnzimmer reicht, nun kontrolliert.

Je mehr sich Info-, Nano-, Neuro-, Gen- und sonstige Technologien, von denen Ray Kurzweil schwärmte, weiterentwickeln, desto schärfer wird dieses Problem. Es ist das eine, von jemandem, den die USA als ihren Gegner definieren, die Geo-Daten und Telefonmitschnitte zu haben und zu wissen, wann er wo war oder ist. Es ist etwas anderes, vollautomatisch auf dessen genetisches Profil, seine Gehirnbilder, seine gesamte Online-Historie und auf umfassende Bilder seines Lebens abseits des Computers zugreifen zu können. Wenn mehr und mehr Menschen zum Beispiel Google-Brillen tragen und dadurch freiwillig oder unfreiwillig die NSA-Speicher füllen, wird automatische Gesichtserkennung dazu führen, dass der öffentliche Raum keine Datenlücken mehr kennt. Wie gesagt mag Hans Magnus Enzensberger dann ohne sein Smartphone durch die Welt laufen, doch er wird immer noch bei jedem Schritt eine gigantische Datenspur erzeugen. Aber Individuen sind aus Sicht der Datenbank uninteressant: Die Kontrolle der Zukunft erstreckt sich über ganze Sozialstrukturen.

Geheimdienste, wie sie im öffentlichen Bewusstsein existieren, sind Späher, die sich im Wald hinter einem Baum verstecken, um Dinge zu beobachten. Werber sind Leute, die Kunstblumen in den Wald stellen, um die Leute vom Weg abzubringen und zu ihren Geschäften zu lenken. In Zukunft könnten die Interessen von Geheimdiensten und von Großkonzernen wie Google den Wald bilden, in dem wir leben. Die Steine und Bäume, der Boden und die Luft sind selbst Medien der Überwachung. Es gibt mehr Kunst- als echte Blumen. Wir früheren Waldbewohner werden zum Teil eines neuen, allumfassenden Ökosystems. Dass der britische Geheimdienst künstliche Steine kreiert, mit Elektronik vollpackt und zur Spionage einsetzt, erscheint wie eine Persiflage auf diese aufziehende Realität.[70] Die Forschungsagentur DARPA investiert in ihrer Faszination für die Natur auch massiv in biologisch abbaubare Festplatten. Das Ziel ist es, Spionagetools und Soldatencomputer künftig aus der Ferne in Flüssigkeit auflösen und nach der Schlacht im Erdboden verschwinden lassen zu können.[71]

Kevin Kelly, der amerikanische Technologievordenker, hält totale Überwachung für unausweichlich: »Es ist sehr wahrscheinlich, dass allgegenwärtiges Monitoring und Überwachen in fünfzig Jahren die Norm sein wird«, schrieb er im Frühjahr 2014 in einem Essay. »Das Internet ist eine Maschine zum Verfolgen von Spuren, dafür ist es gebaut. Wir werden ununterbrochen uns selbst überwachen und von einem größeren Netzwerk von Unternehmen und Regierungen überwacht werden. Alles, was gemessen werden kann, wird bereits überwacht, und alles, was früher nicht messbar war, wird quantifiziert, digitalisiert und überwachbar gemacht.«[72]

Kellys Antwort darauf ist, dass die Strukturen und Regeln der Überwachung geändert werden sollten. Aus einseitiger *sur-veillance* von oben müsse eine *co-veillance* werden, bei der die Überwacher sich gegenseitig überwachten, also Bürger auch die Möglichkeit hätten, Polizei und Geheimdienste zu überwachen. Das ist eine interessante Idee, aber sie ist mit den heutigen Strukturen des Internets, den ökonomischen wie den politischen, völlig unvereinbar.

Von Kurzweils technologischer Totalität zu dem »technologischen Totalitarismus«, vor dem Martin Schulz gewarnt hat, sind es nur wenige Schritte. Dass Daten »permanent« sind, also potenziell unendlich gespeichert werden können, und dass sie in Zukunft im sogenannten »Internet der Dinge« allgegenwärtig erhoben werden sollen, lässt eine neue Umwelt heranwachsen. Die »künstliche Intelligenz«, auf die Kurzweil und seine Kollegen bei Google zusteuern, wäre eine neue Natur, von und in der wir leben sollen. Es wäre eine biogeosoziopsychotechnologische Totalität, die alle umgibt. Wir könnten, wenn die Öffentlichkeit weiter müde und matt bleibt, in Europa ins Bett gehen und in Googlonia wieder aufwachen.

Es war bemerkenswert, dass im April 2014 ausgerechnet Mathias Döpfner, der Vorstandsvorsitzende der Springer AG, vor einem »Überstaat«, einer supranationalen Einheit, warnte, die Google mit seiner Datensammlung und seinen anderen Aktivitäten begründet. Döpfner führte Eric Schmidt in einem offenen Brief seine eigenen Zitate und die der beiden Firmengründer vor und gestand, dass diese ihn an die Stasi und andere totalitäre Systeme erinnern. Es dürfe nicht einen Konzern geben, der alles beherrsche, warnte er, und zugleich gestand er ein, wie er sich angesichts der Übermacht von Google fühle: wie David gegenüber Goliath.[73]

Dass die neue Natur von Googlonia uns dann auch in Gestalt der alten Natur gegenübertreten könnte, in Gestalt von Kühen, Raben oder Bienen, wäre fast schon eine nostalgische Geste. Wirklich gefährlich wird das sein, was wir erst gar nicht erkennen oder von dem wir erst gar nicht wissen, dass es existiert. Solche Kräfte gibt es heute schon in Form allgegenwärtiger Algorithmen. In den kommenden Jahren entscheidet sich, in welche Richtung die Entwicklung geht. Es werden Fakten, Machtstrukturen und kulturelle Prägungen geschaffen, die so schnell nicht wieder aus der Welt zu bekommen sein werden.

Jedem, der sich mit diesen Fragen beschäftigt, rattern ständig die unglaublichen Vorteile und Fortschritte durch den Kopf, die mit der digitalen Revolution einhergehen: Google hat in historischem Ausmaß Wissen demokratisiert und verfügbar gemacht; Facebook, Twitter und andere Dienste haben Hunderte Millionen Menschen verbunden; Amazon erschließt die Fülle der Bücher und bringt sie in Gegenden, in denen es keine Buchläden gibt; in Indien und Afrika erfahren Kleinbauern durch das Handy erstmals rechtzeitig die Marktpreise, sie können deshalb von den Zwischenhändlern nicht mehr betrogen werden; wir kommunizieren heute wie selbstverständlich mit Menschen in aller Welt, was eine »positive Globalisierung« ermöglicht, ein gegenseitiges Kennen und Wertschätzen; Wissenschaftlern fällt es mit Hilfe von Informationstechnologie leichter, komplexe Prozesse zu verstehen und zu modellieren, etwa das Weltklima; Bürgerinitiativen und Demokratiebewegungen koordinieren sich online, um dann oftmals positive Veränderungen anzuschieben; von kurzfristigen ökonomischen Vorteilen ganz zu schweigen.

Das Internet hat in einem Vierteljahrhundert so viel Positives geschaffen, dass es als großartigste Neuerung der jüngeren Erdgeschichte gelten kann. Das Internet könnte die Menschheit zu einem Meta-Organismus machen, in dem völlig neue Formen von Austausch, Kooperation, Empathie möglich werden. »Offen und frei« – diese beiden vielzitierten Charakteristika stehen für ein mögliches Internet der Zukunft.

Die ursprüngliche Begeisterung dafür, das Netz wirklich zum Teilen zu nutzen, weicht nun aber einer Ernüchterung, und zwar nicht, weil unvorsichtige Teenager beim Bewerbungsgespräch mit ihren Partybildern konfrontiert werden. Das Problem geht viel tiefer. Das Netz ist so lange nicht mehr vertrauenswürdig, solange ich nicht volle Kontrolle über meine digitalen Zwillinge habe, wer sie sind, aus was sie bestehen und was sie machen. Vertrauen ist so lange nicht möglich, wie ich davon ausgehen muss, dass meine Verhaltens- und Bewegungsmuster, meine Meinungsäußerungen und Besonderheiten, die mit Hilfe von Psychoalgorithmen ableitbaren Muster und noch viel mehr, was im Begriff zu entstehen ist, eines Tages von brutalen Mächten, ob kommerziell oder militärisch, gegen mich verwendet werden können. Die Angst befördert eine flächendeckende Selbstzensur, die sich heute schon auf die Kommunikation am Telefon erstreckt: Kann ich online oder am Telefon über die amerikanische Klimapolitik diskutieren, ohne in eine Datei mit Verdächtigen zu geraten? Kann ich ein hartes Urteil über den US-Präsidenten oder den nächsten russischen oder amerikanischen Krieg fällen, ohne bei der nächsten Einreise in diese Länder schikaniert oder abgewiesen zu werden? Welche Wörter, Sätze, Themen könnten missverständlich sein für die Maschinen am anderen Ende der Leitung und dazu führen, dass ich zum Sicherheitsrisiko ernannt werde, in digitalen Akten, die ich nie zu sehen bekommen werde? Wenn ich für einen Monat offline gehe, leuchtet dann irgendwo ein Lämpchen auf, weil sich so auch Terroristen vor der digitalen Überwachung unsichtbar machen?

Diese Selbstzensuren potenzieren sich. Monotonie statt Pluralität: Das beeinflusst stark negativ, wie die Gesellschaften, wie die Natur der Zukunft beschaffen sein werden.[74]

Gerade weil das positive Potenzial potenziell unendlich groß ist, müssen entscheidende Fragen geklärt werden: Soll die digitale Welt wirklich mit ihren spezifischen Machtstrukturen von heute die analoge Welt überwachsen und letztlich kontrollieren, wie sich das nun abzeichnet? Soll mit der Allmacht von Geheimdiensten im Netz weiter die Selbstzensur steigen und Menschen davon abhalten, das kreative Potenzial der Technologie zu nutzen? Soll wirklich die Perspektive der Datenbank diejenige sein, die ökonomische, ökologische, soziale und wissenschaftliche Fragen anleitet und formt?

Oder soll, ja muss die Hybridisierung von analoger und digitaler Welt, die ja auf jeden Fall geschieht, unter neuen und anderen Vorzeichen ablaufen?

Wenn nun Datenbrillen samt Apps auf den Massenmarkt kommen, wird diese Frage ganz akut, weil dies an die Grundlagen der Wahrnehmung rührt. »Lesesteine« hat man Brillen im Mittelalter genannt. Die Idee, Steine als Sehhilfen einzusetzen, hat der islamische Gelehrte Abu Ali al-Hasan ibn al-Haitham, der im 10. und 11. Jahrhundert während der Blütezeit der Wissenschaften im arabischen Raum lebte, in zwei grundlegenden Schriften zur Optik und zur Natur des Sehens ausgearbeitet.[75] Die ersten Lesesteine, die im 13. oder 14. Jahrhundert in Europa entstanden, nachdem die Schriften übersetzt worden waren, bestanden aus Kristallen, die *berils* hießen (sie enthielten das Element, das später Beryllium genannt werden sollte, und führten zum Wort »Brille«).

Wir haben es bei dem, was Google nun über die Welt bringt, also mit reinster Geologie zu tun, mit umgeformter Erdkruste, mit verarbeiteter Natur. Doch diese neue Natur dient nicht primär dazu, den offenen Blick der Nutzer auf die Welt zu erweitern und zu vertiefen. Der Blick geht durch eine Google-Linse, schiebt eine Firmenanschauung zwischen Ich und Welt, einen Filter von handfesten Interessen und ständigen Anreizen zum Konsumieren, ohne die das Produkt ja nicht rentabel wäre. Aus der Sinnesleistung wird eine Sinnes-Dienstleistung, aus dem Sehen ein Sehen-Lassen. Das geschieht freiwillig, das bringt viele Vorteile? Absolut, aber vielleicht bald nur noch so freiwillig, wie es auch freiwillig war und ist, ein Handy bei sich zu tragen. Offen ist, für wen welche Vorteile am Ende stärker wiegen.

In meinem Szenario ging es um eine Datenbrille, die nicht primär dazu dient, den Blick des Menschen, der sie trägt, zu kräftigen und auszuweiten, sondern hauptsächlich dazu, dass übergeordnete Kräfte ihren Träger sehen und seinen Blick formen können. Das ist mehr als eine Allegorie. Wenn Google in den kommenden Jahren versucht, Google Glasses zum Massenprodukt zu machen, wird nicht primär der Brillenträger sehen, sondern vor allem der Brillenmacher. Der Brillenträger ist vor allem der Gesehene, und das, was ihn sieht, könnte schon bald eine kollektive Rechenkraft sein, die jede menschliche Dimension übersteigt. Ob diese Rechenkraft sich nun wirklich in Datenbrillen manifestiert oder eine andere Phänologie annimmt, weil Brillen den »Nutzern« lästig sind, ist zweitrangig. Entscheidend ist die damit verbundene kulturelle Transformation.

Der Google-Earth-Blick hat die Erde zweifelsohne demokratisiert. Den Start dafür machte eine kalifornische Firma namens Keyhole Inc., die 2001 mit Risikokapital, das unter anderem von der CIA-Investmentfirma In-Q-Tel kam, gegründet wurde und begann, Satellitenbilder zusammenzusetzen und öffentlich verfügbar zu machen. Der Name

»Keyhole« ist nach einer Serie amerikanischer Spionagesatelliten benannt und taucht noch heute in der Nutzersoftware von Google Earth auf. »Wir dachten, das ist zu grundlegend, als dass jemand anderes das kontrollieren sollte«, lautete die Begründung, mit der Google 2004 Keyhole kaufte.[76] Denn als Gegenleistung für die Demokratisierung bekommt das Unternehmen das Wissen darüber, was die Menschen auf der Erde sehen, sehen wollen, sehen können. Nachdem das Vorhaben der Firmengründer misslungen ist, ihr Logo auf den Mond zu projizieren, ist es nun wenigstens gelungen, die gesamte Erdkugel zur Werbefläche zu machen.

Ähnlich ambivalent sind die Brillen. Es wird viele Bereiche geben, in denen Datenbrillen sinnvoll eingesetzt werden. Aber noch mehr Gründe gibt es, warum die Art und Weise, wie Google und andere IT-Konzerne Welt und Wissen in Daten kontrollieren, prozessieren, algorithmisieren, speichern und präsentieren, äußerst beunruhigend ist.

Den ubiquitär zitierten Medientheoretiker Marshall McLuhan beschäftigte diese Aussicht schon in den sechziger Jahren: »Wenn wir einmal unsere Sinne und Nervensysteme der privaten Manipulation durch diejenigen übergeben haben, die davon profitieren, unsere Augen, Ohren und Nerven zu pachten, haben wir kaum noch Rechte übrig. Unsere Augen, Ohren und Nerven an kommerzielle Interessen zu verpachten ist fast das Gleiche, wie wenn man die menschliche Sprache einem Privatunternehmen übergäbe oder die Erdatmosphäre zu einem Monopol einer Firma machte.«[77]

Ein warnendes Beispiel dafür, was Datenkontrolle und Monopole bedeuten können, liefert das »Ökosystem« der bisherigen analogen Medien. Die Übernahme ganzer Bibliotheken ist eine Seite dieses Prozesses, die sogenannte »Medienkrise« eine andere. Letztere betrifft nicht irgendeinen ersetzbaren Sektor der Wirtschaft. Sie findet im Herzen der deutschen und europäischen Gesellschaft statt, und ihr Ausgang beeinflusst, wie in Zukunft Weltwahrnehmung und gesellschaftlicher Austausch funktionieren werden. Um sich eine Meinung zu bilden, um seinen Horizont zu erweitern und um an gesellschaftlichen Entscheidungsprozessen teilzuhaben, sind hochqualitative Medien für jeden Menschen enorm wichtig. Medien haben vielfältige Rollen, nicht nur als Wächter, sondern zum Beispiel auch als Plattformen für Diskurse, als Inspirationsquellen und als historisches Gedächtnis. Alle diese Rollen sind in Gefahr. Seit Jahren schrumpfen die Auflagen und Werbungs- sowie Abonnementeinnahmen vieler klassischer Printmedien. Werbebudgets von Firmen fließen immer stärker an Google statt an einzelne Verlage. Verlage sehen sich deshalb in einer Dauerkrise, vom Niedergang des Qualitätsjournalismus und des Qualitätsbuchs ist die Rede.

Wichtigstes Symptom ist, dass für den Kern des Qualitätsjournalismus, die Arbeit von Autoren, immer weniger Geld zur Verfügung steht. Viele sogenannte Reportagen werden heute vom Schreibtisch aus angefertigt. Autoren bekommen zu wenig Zeit und Ressourcen für intensive und unabhängige Recherchen. Festangestellte Redakteure wie freie Autoren werden ökonomisch immer stärker ausgequetscht, Honorare und Buchvorschüsse schrumpfen. Es sind aber diese Autoren, die das Zentrum des kreativen Medienprozesses bilden und die wertvollen gesellschaftlichen Rollen von Medien erst ermöglichen.

Während Internetmedien-Unternehmer wie Arianna Huffington Meditationstechniken propagieren, um die

Performance am Arbeitsplatz zu steigern, führen ihre an Google orientierten Geschäftsmodelle dazu, dass Autoren um den Schlaf gebracht werden und ihre Familien nicht mehr ernähren können. Roboter statt Autoren können künftig die journalistische Arbeit machen. Autorenhonorare sind in den journalistischen Formaten, die im Dunstkreis von Google entstehen, kaum vorgesehen. Vielmehr sollen Autoren sich mit der Aufmerksamkeit für ihre Texte Klicks für Werbung und damit einen kleinen Anteil an den Google-Einnahmen verschaffen.

Dieser Ansatz führt zu einer Abhängigkeit jedes Autors von den Google-Algorithmen, die seine Arbeit oben oder unten platzieren können. Wenn Journalisten und Autoren direkt von Werbeklicks abhängig sind, kann das auch zu einer Verflachung und Monotonisierung der Medienwelt führen, zu einer Entwicklung, bei der Journalisten nicht mehr nur wie früher »den Platz zwischen den Anzeigen füllen«, sondern ihre Artikel von der Annonce her denken und schreiben. Am Ende bleiben Google und seine Newsservices als zentrale Quellen des am algorithmischen Fließband produzierten informationellen Fastfoods. Spezielle Interessen und ungewöhnliche Perspektiven fallen unter den Tisch, um den klickbaren »Mainstream« zu bedienen. Für die kommenden Jahre, bis 2020 und weit darüber hinaus, droht ein Szenario, in dem neben öffentlich-rechtlichen Sendern hauptsächlich wenige Großkonzerne das Mediengeschehen dominieren und ihm ihre Logik maschinell-algorithmischer Wissensproduktion aufzwängen.

Die Medienkrise ist sicher nicht die alleinige Schuld von Google, sondern vor allem auch ein Ausdruck mangelnder Kreativität in den Verlagen. Die Branche hat zu lange versucht, ihre alten Modelle irgendwie am Leben zu erhalten, statt neue, nicht mit Google konforme Formen des Journalismus zu erproben. Es gibt nun viele Anzeichen einer digitalen Gründerzeit. Aber damit sie kommt, müssen Menschen bereit sein, für hochqualitative Recherchen, Informationen und Darstellungsformen Geld an deren Urheber zu zahlen, direkt, ohne Umwege über große Verlage und Hierarchien.

Eric Schmidt preist seinen Konzern als Dienstleister von Medien und verweist auf Kooperationen etwa mit Springer.[78] Doch die Google-Logik, Inhalte zu verschenken, hat das Bewusstsein für den Preis von qualitativen Informationen ausgehöhlt. Drei Euro für irgendeine Spiele-App auszugeben ist heute eine Selbstverständlichkeit, dieselbe Summe für die Arbeit eines Autors zu investieren noch nicht. Die Medienkrise ist keine Krise des Intellekts, die Menschen sind nicht dümmer geworden. Im Internet werden neue Strukturen entstehen, von denen die kollektive Weltwahrnehmung der Zukunft abhängt. Setzt sich die Google-Logik durch, wird Rupert Murdoch nur noch wie ein Kleinverleger aussehen im Vergleich zu den neu entstandenen Imperien. Oder es kommt rechtzeitig zu einer Gründerzeit neuer Formen und Strukturen von Online-Journalismus, die Autoren und Lesern nützen, nicht Werbeindustriellen. Was in der Medienbranche passiert, ist symptomatisch für fast alle Lebensbereiche.

Noch besteht die große Chance, dass die digitalen Technologien die Zivilisation auf eine neue Ebene heben, von der aus Milliarden Menschen ihr Leben besser, vielfältiger, autonomer und sozialer erscheint. Aber um das zu erreichen, braucht es eine gesellschaftliche Auseinandersetzung, die sich nicht nur darum dreht, alte Gewohnheiten wie Papierzeitungen zu verteidigen und die Privatsphäre zu schützen. Es geht um die Sozialsphäre im weitesten Sinn, um die Frage, was in Zukunft »Umwelt« sein wird. Wer nur über seine Privatsphäre redet, ist vereinzelt und sieht den großen Zusammenhang nicht: Verteilt werden gerade die geteilten Räume, im Netz wie in den Straßen und auf freier Flur, es geht darum, wie das gesamte Zusammenleben funktioniert, und darum, wem wir bei einer Wanderung im Wald begegnen, einem bewaffneten Roboterpolizisten oder aber einer kleinen Roboterbiene, die Bäume auf Krankheiten untersucht. Ob wir unsere Nachrichten aus wenigen automatisierten Quellen beziehen oder einem medialen Pluriversum. Zur Entscheidung stehen weitläufige Sphären, die unser Leben durchweben, darunter die Bedingungen und Regeln, mit denen Wissen und Informationen entstehen und wahrgenommenen, gespeichert, genutzt werden – und die Bedingungen und Regeln, unter denen Billiarden neuer Gegenstände in die Welt kommen.

Erik Brynjolfson vom MIT Centers for Digital Business sieht ein »zweites Maschinenzeitalter« heraufziehen. Im ersten Zeitalter, das mit der industriellen Revolution begann, ersetzten Maschinen menschliche Muskelkraft. Im zweiten Zeitalter ersetzen Maschinen das menschliche Gehirn: »Wir beginnen viel mehr kognitive Ziele auszulagern und eine größere Zahl der Kontrollsysteme, die entscheiden, wofür unsere Kräfte eingesetzt werden.« Brynjolfson sieht diesen Prozess mit großem Optimismus, er glaubt an eine Ära von größerem und gleichmäßiger verteiltem Wohlstand: »Nachdem das erste Zeitalter der Maschinen die Energie chemischer Verbindungen dazu genutzt hat, die physische Welt neu zu gestalten, wird das zweite Maschinenzeitalter die Kraft menschlichen Einfallsreichtums freisetzen.«[79]

Die Computer und Sensoren von heute sind also erst der Anfang. Die wichtigste Verbindung der Zukunft führt vom menschlichen Einfallsreichtum wieder in die physische Welt: Weil 3-D-Drucker, Onlinehandel, Automation und Internet der Dinge gerade Konsumprozesse ungemein beschleunigen und globalisieren, also das Wirtschaften der Zukunft entsteht, geht es auch um die Umwelt in klassischen Sinn, etwa um das Weltklima, in dem die Menschen der nächsten 50 000 Jahre leben, um die Zusammensetzung der Tiere, Pflanzen und Mikroorganismen, mit denen wir den Planeten teilen werden – oder nicht, wenn sie aussterben wie so viele Arten.

Von allen diesen Veränderungen laufen Stränge unmittelbar zu der Frage, wie frei oder unfrei, demokratisch oder autoritär, kommerzialisiert oder organisch, vielfältig oder monoton die Hightech-Gesellschaften der Gegenwart und Zukunft funktionieren.

Technologie wird zu Natur, Natur wird zur Technologie – in diesem Übergang entscheiden sich nicht weniger als Wesen und Charakter des künftigen menschlichen Zusammenlebens und der künftigen Erde.

Dieser technische, soziale, wissenschaftliche, kulturelle und ökonomische Prozess, der die digitale Revolution umfasst, aber weit über sie hinausgeht, weil er die Grenzen von Computern sprengt, summiert sich zu einer »analogen Revolution«, zu einer tiefgreifenden Umwälzung der stufenlos strukturierten Welt des menschlichen Zusammenlebens, der Ökologie und der geophysikalischen Grundlagen des Daseins.

Diese analoge Revolution hat zwei Seiten: Die eine Seite ist das, was bereits von sich aus geschieht, vom Amazon-Algorithmus, der Stoffströme dirigiert, bis zum Weltklima, über dessen Ausformung nun auch die Großrechner entscheiden, mit denen in Frankfurt, London und New York Investitionsentscheidungen über Billionenbeträge getätigt werden. Diese analoge Revolution bedeutet, dass in der Welt der kommenden Jahrzehnte kein Stein auf dem anderen bleibt und kein Lebewesen unberührt ist von menschlichen Entscheidungen. Sie bedeutet, dass die Wasserwolken, die um unseren Planeten kreisen, in Wechselwirkung treten mit den Datenwolken, in denen menschliches Wissen, Wollen und Können residieren, und dass im Zusammenspiel von Geologie, Biologie und Technologie eine Neo-Natur entsteht. So wie es nicht eine digitale Revolution gibt, ist das auch bei den analogen Umbrüchen. Sie sind vielgestaltig – und überraschend.

Die zweite, noch wichtigere Seite der analogen Revolution ist das, was geschieht, wenn viele Menschen von außerhalb der elitären Machtzirkel beginnen, bewusst in diese Geschehnisse einzugreifen.

Aus unseren Bildschirmen springt eine neue Welt heraus und durchmischt die alte: Technologie wird in Natur verwandelt und umgekehrt auch Natur in Technologie.

All diese Prozesse können zum Glück auch eine positive Richtung nehmen: Es wird gerade neu festgelegt, wer Subjekt und wer Objekt ist, wer weiß und wer gewusst wird, wer bewegt und wer bewegt wird. Das stellt für die »offene Gesellschaft« und ihre Freunde eine riesige Chance dar. Es ist, obwohl die Macht sehr zugunsten des militärisch-informationellen Komplexes verteilt ist, doch noch offen, wie die analoge Revolution aussehen und ausgehen wird. Es ist noch nicht entschieden, ob sie einfach die bisherige militärisch-kapitalistische Monokultur fortsetzen und potenzieren wird oder ob eine neue Dynamik entsteht, eine Kultur, die sich zu Recht zivil, kooperativ, vielfältig, organisch, demokratisch, empathisch, biophil, achtsam, aufklärerisch nennen kann. Damit das geschieht, müssen heutige Machtstrukturen, Geldströme, Produktionsmethoden, Mitbestimmungsmöglichkeiten und Ziele zur Disposition stehen. Und das fängt ganz am Anfang der digitalen Sphäre an – in der Erdkruste und im Umgang mit dem, was bisher »Umwelt« und »Natur« hieß.

Wissen, Natur, Leben, Denken, Fühlen, Wahrnehmen, Medien – dürfen solche elementaren Prozesse wirklich einer relativ kleinen Gruppe von Techniklenkern und mittelbar auch Militärstrategen überlassen werden? Oder gibt es einen Weg, bei dem die vielfältige, lebendige, analoge Welt sich der wunderbaren digitalen Technik bemächtigt und sie wirklich in einem natürlichen Sinn blühen lässt?

Eine solche blühende Welt war das Ziel der Alternativbewegung, die sich, inspiriert von den deutschen Wandervögeln, in den sechziger und siebziger Jahren von Kalifornien aus gegen den damaligen militärisch-industriellen Komplex auflehnte. Die Subkultur der Hippies brachte Naturliebhaber, Technologiefreaks, Friedensaktivisten zusammen, und vieles, was im Silicon Valley seither geschah, wurde durch die Hippiebewegung beeinflusst. Doch zugleich hat das Silicon Valley eine militärische Seite – die ersten Technologiefirmen, die sich dort ansiedelten, taten dies wegen der Nähe zum Militärflughafen Moffett Field. Die militärische Seite des Silicon Valley ist durch die NSA-Veröffentlichungen offen zutage getreten. Dass die Hippies den Kulturkampf verloren haben, führt dazu, dass die Erdkugel, die sie als Symbol für globale Verbundenheit einsetzten, heute zur Werbefläche geworden ist und in sechs Kommandoeinheiten des US-Militärs aufgeteilt ist.

Um sich einer Antwort zu nähern, ob und wie eine andere Entwicklung möglich ist, ist ein Blick auf diese »Natur« nötig, von der Google und US-Militär nun ihre Inspirationen beziehen wollen, wenn sie Computersysteme, Materialien und Roboter den »biologischen Systemen, die über eine große Bandbreite von räumlichen, physikalischen und zeitlichen Skalen funktionieren«, nachempfinden wollen, um »neue Einsichten aus biologischer Komplexität und der Dynamik lebender Systeme für globale Stabilität und menschliches Wohlergehen« zu gewinnen, wie es die DARPA beinahe schwärmerisch formuliert. Es hat etwas Dialektisches, dass ausgerechnet die Institutionen, die derzeit am stärksten im Dienst der herrschenden Wirtschaftsweise stehen – einer Wirtschaftsweise, die zwei Jahrhunderte lang Natur als primitiv behandelt und ausgebeutet hat –, nun ihre künftigen Technologien von der Natur abkupfern wollen.

Zur Dialektik gehört, dass jetzt, wo die Institutionen der Macht die Faszination der Natur entdecken, sich in dieser Natur ein so grundlegender wie krisenhafter Wandel vollzieht. Denn die Natur, wie viele Menschen sie als Ideal im Kopf haben, gibt es nicht mehr.

II. Dunkelnetz

Die Wolken der Zukunft

> *»Die moderne Gesellschaft hat ein Extrem erreicht, der Wunsch der Menschen nach Wohlstand, nach Luxus, ist extrem. Die Welt der Objekte ist vom Geist getrennt. Die Seelen der Menschen sind leer, sie können ihr Inneres nicht mehr sehen, sie haben sich vergessen.«*
>
> Shi Xiaohong, chinesischer Einsiedler[80]

Für einen kurzen erdgeschichtlichen Augenblick – die gut zwei Jahrhunderte seit Beginn der industriellen Revolution – sah es so aus, als würden Ingenieure und ihre Technologien uns Menschen von dem entfernen, was »Natur« genannt wird. Wissenschaftler, Stadtplaner, Wirtschaftslenker glaubten, wir könnten uns über den Rest der Welt erheben oder ihn sogar kontrollieren. Wildnis nutzbar machen, Flüsse kanalisieren, Rohstoffe veredeln: Das hieß Fortschritt. Es bot sich an, so zu denken. Hier Gesteine,

Tiere, Pflanzen, Natur, die ganzen angeblich »unbewussten«, blinden Kräfte, die Objekte. Dann eine Kluft. Auf der anderen Seite der Mensch mit seinem Bewusstsein, das große denkende und handelnde Subjekt, das Kultur, Technik und Produkte hervorbringt. Die logisch erscheinende Schlussfolgerung: Je technischer wir werden, desto größer wird die Kluft, und desto weiter fortgeschritten sind wir. Was beide Sphären am Ende doch verbindet, die Abfälle, wurde mit zwei Kniffen entsorgt: Man erklärte die Kluft für unerschöpflich groß, sodass die Abfälle in ihr verschwinden würden; dann wurden sie vergraben, versenkt, verbrannt. Je schärfer Gesellschaften zwischen Natur und Kultur unterscheiden, desto wilder und langlebiger ist der Mix an Abfällen, den sie hervorbringen und in die Welt entlassen.

Die westliche Zivilisation erscheint wie ein gigantischer Versuch, die Idee dieses Fortschreitens von der Natur zu beweisen und die Kluft zwischen Subjekt Mensch und Objekt Natur zu vergrößern. Der Mensch als unabhängige, überlegene, fortschreitende Kraft: Schon im 19. und frühen 20. Jahrhundert dokumentierten Wissenschaftler wie Antonio Stoppani, George Perkins Marsh und Ernst Fischer, wie Menschen die Natur unterwerfen, wie Steinbrüche, Straßen und Äcker sich ausbreiteten.[81] Was damals geschah, war noch nichts im Vergleich zu heute: Die Industrialisierung ist zum globalen Entwicklungsprinzip geworden und schreitet mit großem Tempo voran. Ein erheblicher Teil der bald acht Milliarden Menschen lebt überhaupt erst, weil es den komplexen Apparat von Maschinen gibt, vom Haber-Bosch-Verfahren, das Stickstoffdünger für unsere Nahrung aus der Luft holt, über die Dampfmaschinen, die uns mit Wärme, Strom und mechanischer Energie versorgen, bis hin zu den komplexen Gerätschaften der Pharmazie und Biomedizin, die uns mit Medikamenten versorgen. Vier von zehn Menschen, hat Vaclav Smil ausgerechnet, leben nur dank des Haber-Bosch-Verfahrens.[82] Die Milliarden Menschen bewegen sich in Autos, Bussen, Flugzeugen über die Erdoberfläche. Sie essen Fische, die schwimmende Fabriken aus den Tiefen des Meeres geholt haben, und Fleisch aus Fabrikställen. Sie bauen sich Hunderte Millionen Häuser aus Stein und Glas und füllen sie mit Gegenständen. Sie leeren die Supermärkte und finden es selbstverständlich, dass die sich beständig erneuern. Jeder Einkauf, jede Autofahrt, jedes Essen, jeder Flug, jeder Gang zum Abfalleimer ist ein Akt der Transformation. Menschenkörper, Wohnungen, Supermärkte, Fabriken, Städte sind analoge Prozessoren, biologisch-technische Strukturen, in die Stoffe hineinwandern und verwandelt wieder herauskommen. Amazon nennt seine Lagerhallen *fulfillment center* – die Erfüllungszentren sind Orte, an denen sich Milliarden von Naturgeschichten treffen.

Serielle Fertigung und Automation haben uns in eine völlig neue Rolle im Erdstoffwechsel gebracht. Menschen stellen inzwischen beinahe beliebige Gegenstände in beliebiger Stückzahl her. Eine kollektive »Weltfabrik« wächst heran, die in großem Stil Steine, Lebewesen und Brennstoffe akquiriert und zu neuartigen technischen Ensembles und verkäuflichen Produkten verbindet. Wir sind Transformatoren und was wir tun, summiert sich zu einer weiteren Form von analoger Revolution: Die bald acht Milliarden Menschen verändern mit ihren acht Milliarden Alltagen die materielle Zusammensetzung der Welt grundlegend. »Wirtschaftswachstum« ist keine statistische Größe, sondern eine dynamische materielle Verwandlung.

Bei den technischen und biologischen Schöpfungsakten, die gerade am Laufen sind, geht es nicht um »virtuelle« Welten, sondern um die analoge Realität. Die Handlungen und Haltungen von Menschen zu einer neuen globalen Realität summieren, einem neuen Wesen des Erdsystems. Vaclav Smil hat vorgerechnet, dass am Ende der letzten Eiszeit vor 12 000 Jahren Menschen und ihre Nutztiere nur verschwindend geringe 0,1 Prozent des gesamten Lebendgewichts von Säugetieren stellten. 99,9 Prozent waren also Elefanten, Hirsche, Gorillas und so weiter. Heute sind seiner Schätzung zufolge dagegen 90 Prozent der Materie von Säugetieren im Menschen und seinen Nutztieren gebunden.[83] Diese Nutztiere wachsen schon jetzt in einer technischen Umwelt auf, aber in der falschen: Es sind Rinder, die nie das Tageslicht sehen, Hühner und Schweine, die auf engstem Raum gehalten werden, Versuchsmäuse, die der Biomedizin helfen, ohne dafür Achtung und Respekt zu erhalten. Die Industrialisierung des Lebens läuft auf Hochtouren. Tausende Tier- und Pflanzenarten werden in den abgeholzten Regenwäldern und den agroindustriellen Wüsten ausgerottet.[84] Sie verschwinden nicht einfach. Ihre zerfallenen Körper wandern nach dem Aussterben in Organismen, die dem Menschen dienen, in Weizen, Soja, Palmöl, in Rinder, Hühner, Schweine.

Zwischen den Jahren 2000 und 2012 sind rund 2,3 Millionen Quadratkilometer tropische Regenwälder abgeholzt oder abgebrannt worden. Das ist eine 1500 mal 1500 Kilometer große Fläche, etwa sechsmal so groß wie Deutschland (357 021 Quadratkilometer).[85] Eine treibende Kraft dafür ist, dass der durchschnittliche Erdbewohner inzwischen 42 Kilogramm Fleisch pro Jahr isst, fast doppelt so viel wie in den fünfziger Jahren.[86] Vor allem im Amazonas weicht Wald den Sojaplantagen, mit deren Ernten europäische Landwirte ihre Tiere füttern.

Dann fließt alles zusammen, der brennende Regenwald, das verbrennende Öl, das Methan aus der Landwirtschaft – und bildet eine neue Atmosphäre. 2,2 Billionen Tonnen Kohlendioxid sind seit Beginn der Industrialisierung bereits in die Luft gegangen, die Konzentration des Treibhausgases stieg von 260 parts per millionen (ppm) auf 400 ppm im Jahr 2013. Allein im vergangenen Jahr strömten mehr als 36 Milliarden Tonnen von dem Gas aus, das die Meere saurer und die Atmosphäre wärmer macht.[87]

Die Dimensionen der materiellen Verwandlung sind enorm. Überall auf der Welt sind Menschen und Maschinen zugange, die hämmern, graben, bewegen, Neues verbinden, verbrauchen, wegwerfen: 80 Milliarden Tonnen Material setzte die Menschheit allein im Jahr 2008 um, das waren 11,4 Tonnen Material pro Kopf.[88] Inzwischen ist das viel mehr, denn allein zwischen 2008 und 2014 hat sich das Bruttosozialprodukt pro Kopf in China verdoppelt und in Indien um die Hälfte erhöht. Der globale Stoffumsatz ist entsprechend gewachsen.

Die positive Seite dieser tiefgehenden materiellen Umwälzung nennen wir »Wohlstand«, und Hunderte Millionen Menschen, die gerade erst absolute Armut hinter sich gelassen haben, wissen, was die Essenz daran ist: genug zu essen zu haben, sich ärztliche Behandlungen und Impfungen leisten zu können, den Kindern Schulbesuch und Ausbildung zu ermöglichen. Doch diese Grundbedürfnisse bilden nur einen kleinen Teil des heutigen Stoffumsatzes.

Wer zur globalen Mittelschicht gehört, zu den westlichen Ländern und den Hunderten Millionen, die mit ihrem Lebensstil zu ihnen aufschließen, agiert dagegen bereits global und in großen Quantitäten. Ein solcher Mensch macht eine Dose Nutella auf und konsumiert Zucker aus Brasilien, Kakao aus Nigeria, Haselnüsse aus der Türkei, Palmöl aus Indonesien, Vanillin aus Frankreich.[89] Er trinkt ein Glas Milch, dessen materielle Spur von Sojaanbauflächen in Paraguay über Brasilien in die Niederlande führt, von dort als Futtermittel zu russischen Milchbauern, deren Produkte dann nach Deutschland in industrielle Molkereien gebracht werden.[90] Oder er hält sich mit dem Smartphone Produkte aus vierzig verschiedenen Bergwerken ans Ohr und fährt mit dem Auto ein Ding, dessen Bauteile von fünf Kontinenten stammen.

Die Produkte, mit denen sich die globale Mittelklasse umgibt, sind geografisch gesehen ein globaler Mix. Die moderne verteilte Fertigung hat eine Art Geo-Transzendenz entstehen lassen. Weil Transport »nichts kostet«, spielen Orte keine Rolle mehr.

Wer zu den Reichsten und Mächtigsten gehört wie die 85 Menschen, die so viel Geld besitzen wie die 3,5 Milliarden Ärmsten, kann im Wortsinn Berge bewegen, den Lauf von Flüssen umdrehen, ganze Wälder quasi über Nacht in Produkte verwandeln oder Geschwader von Maschinen aussenden.[91]

»The missing link«: Technologie als Geologie

Die Snowden-Veröffentlichungen entblößten eine Reihe von Illusionen auch über die Natur. Viele Menschen dachten, dass das Netz und die Cloud, in der Daten residieren, immaterielle Phänomene seien, virtuelle Welt, digitale Sphären, es klang nach beinahe transzendenten Vorgängen. Nun lernte die Öffentlichkeit viel über Serverfarmen, die an ganz bestimmten Orten stehen und eben nicht woanders, über Datenkabel, die hier verlaufen und eben nicht dort. Die Materialität des Netzes ist seither sichtbar. Der Architekturkritiker Andrew Blum war von ihr überwältigt, als er eines der größten Datenzentren der Welt in Ashburn, Virginia, besuchte: »Das ganze Gebäude ist auch so eine laute, kalte Maschine. Doch dann öffnet man eine Tür, und es ist heiß, große Röhren mit Kabelsträngen kommen direkt aus dem Boden, und wenn man sich da hinabbeugt, kann man dort die Tonerde von Virginia riechen. Und dort ist das unfassbare Durcheinander des Netzes mit der Erdkruste verbunden.«[92]

Eine ähnliche Erfahrung konnte ich machen, als meine Straße im Berliner Bezirk Wilmersdorf kürzlich aufgegraben wurde. Im Berliner Sand lagen die Datenstränge, so als seien sie Teil der Erde – und wie ich erfuhr, bildete die Datenstrecke direkt vor meiner Haustüre den Beginn des deutschen Internets. Das übernächste Gebäude ist ein grau-lila verklinkerter, modernistischer Bau, er gehört der Telekom. Von dort startete 1978 die erste deutsche Teststrecke für Glasfaserkabel, sie war 4 Kilometer lang – heute ist das Netz auf Hunderttausende Kilometer angewachsen.

Aber wo die Materialien herkommen, die Computer, Server, Kabel zum Netz machen und die moderne Infrastruktur bilden, das hat bisher kaum jemanden interessiert – obwohl sich hier massive geologische Veränderungen abspielen. Seltene Erden, Phosphor und andere Stoffe, die bisher konzentriert an wenigen Stellen vorkamen, werden mittels Maschinen und Lebensmitteln zu einem feinen Pulver, das über den ganzen Globus verteilt ist. 3,4 Milliarden

Tonnen Zement entstehen derzeit jährlich im Feuer von Fabriken, sie werden zum Zehnfachen an Beton, um neue Städte aus dem Boden zu stampfen und Straßen zu bauen.[93] Menschen schaffen völlig neue geologische Materialien, wie die ganzen reinen Metalle aus Aluminiumfolien und Kupferkabeln. 600 Millionen Tonnen reines Eisen, 35 Millionen Tonnen reines Aluminium, 13 Millionen Tonnen Kupfer entstehen so inzwischen jährlich, Tendenz steigend.[94] Allein die eine Milliarde Autos, die es 2014 gab, würde nebeneinandergestellt 316 mal 316 Kilometer bedecken. Das entspricht der Ausdehnung Südkoreas.

Die Technosphäre ist kein ätherisches, sondern ein geologisches, ein geophysikalisches Gebilde, für das in großem Stil und unter harten Bedingungen Rohstoffe aus der Erdkruste extrahiert und neu assembliert werden.

Vor erstaunlich wenigen Jahren waren all die Maschinen, die uns heute als so selbstverständlich umgeben, noch reine, erste Natur. Sie waren pure Geologie, Gestein oder im Gestein verpackt, ein Teil der Erdkruste. Das Kupfer der Mobiltelefone lagerte im Untergrund von Südamerika, die seltenen Erden in China, der Graphit in Sri Lanka und die Kohle, die für die Produktionsenergie verbrannt wurde, tief im Boden von Südafrika. Während sich oben an der geologischen Oberfläche wie ein dünner, quirliger Film das Leben abspielte, war es für Millionen Jahre dort, wo diese Stoffe lagerten, dunkel und still. Die Dinge dort unten geschahen in dem Tempo, mit dem sich die Erdplatten über das flüssige Magma im Erdinneren schieben, oder noch langsamer. Auch in diesem Untergrund gibt es ein Wetter, ändern sich Temperaturen, Drücke, Feuchtigkeit. Wetternachrichten, die dieses Geschehen schildern wollten, müssten sich allerdings über Hunderttausende Jahre hinziehen.[95]

In diese Tiefen dringen Menschen mit dem Bergbau vor. Würde man die Arbeitsteilung für einen Moment aufheben und alles an einem Ort stattfinden lassen, den Bergbau, die Reinigung, die Montage, die Endfertigung der Technologie, dann könnten wir eine erstaunliche prometheische Szenerie sehen: wie Menschen die Erdkruste aufhacken, wie sie das Gestein reinigen, wie sie ihre Extrakte vermischen und verbinden, wie sie alles feiner und kleinteiliger machen und wie sie schließlich ein fertiges Smartphone oder einen fertigen Internetserver in Händen halten, aufwendig kuratierte Erdkruste. Im Zeitraffer betrachtet, würde es noch erstaunlicher aussehen: als wüchsen aus der Erdkruste in Symbiose mit dem Menschen neuartige Wesen, so wie ein Same zu Keimling und Pflanze wird.

Der Begriff der »technologischen Blüte« bekommt so eine neue Bedeutung: Stellen wir uns eine Erde vor, auf der im Rhythmus der Jahreszeiten Milliarden Smartphones, Hunderte Millionen Autos, Milliarden Internetserver, Haushaltsgeräte, Fertigungsroboter, Waffensysteme als anorganische Lebewesen direkt aus der Erdkruste herauswachsen und beginnen, sich aus ihrer Umwelt von Erdöl und von elektromagnetischen Feldern zu ernähren.

Dieses Bild ist um Längen realistischer als das enthobene, erdferne Bild von Technologie, das bisher dominiert. Die Idee, Technologie sei weit entfernt von der Geologie, erweist sich als falsch. Der Geologe Peter Haff hält es deshalb für nötig, die Technosphäre als »neues globales Paradigma« zu sehen, das »Ähnlichkeiten mit der Lithosphäre, der Atmosphäre, der Hydrosphäre und der Biosphäre« hat.[96] Haff sieht eine wachsende Eigendynamik dieser Technosphäre am Werk, so als würde sie sich quasiautonom und nach eigenen Gesetzmäßigkeiten vermehren und den Menschen für ihre eigenen Zwecke nutzen: »Technologie verteidigt ihre Existenzbedingungen, indem sie Belohnungen wie reichlich Essen, Medizin, Sofortkommunikation und andere Dinge anbietet, die Menschen begehren und nach denen sie süchtig werden können ...« In dieser Sichtweise würden die anorganischen Lebewesen, die der Erde entwachsen, den Menschen als eine Art Zwischenwirt nutzen. Diese Auffassung erinnert an Szenarien einer Zukunft, in denen Technik den Menschen versklavt à la »Matrix«. Aber ich glaube, das geht an der geologisch-technologisch-sozialen Realität von heute vorbei.

Viel relevanter ist es zu sehen, dass die Erze und anderen geologischen Rohstoffe, aus denen Technologie entsteht, von einem Wirtschaftszweig gewonnen werden, der selten in der Öffentlichkeit auftaucht und dessen Performance in Sachen Demokratie, Korruption, Transparenz, Menschenrechte und Umweltschutz zu den schlechtesten aller Wirtschaftszweige gehört. Firmen wie BHP Billiton, Glencore XStrata, Vale, Rio Tinto und China Shenhua Energy Company operieren in abgelegenen Erdregionen, profitieren von unfassbaren Lizenzgeschenken und Subventionen durch Regierungen und müssen nicht für die lange Kette der Umweltschäden ihrer Produktion haften. Kaum ein anderer Wirtschaftszweig außer der Rüstungsindustrie ist traditionell so eng mit den Militär- und Geheimdienstapparaten von Ländern verbunden wie die Bergbauindustrie, was auch dazu genutzt wird, Aufstände von Arbeitern oder Opfern von Umweltschäden niederzuschlagen.

Auch weil die Interessen und Lobbyeinflüsse der Bergbauindustrie so mächtig sind, ist die Technosphäre bisher eine materielle Einbahnstraße: Anders als der Wasserkreislauf, der seine Komponenten stets selbst wiederverwendet, entsorgt die Technosphäre ihre Abfälle woanders, nämlich in der Biosphäre. Ein Großteil dessen, was wir heute »Umweltprobleme« nennen – Klimawandel, Elektroschrott, Plastikverschmutzung –, rührt daher, dass die Technosphäre so schlecht darin ist, Abfälle zu vermeiden und ihre Komponenten so wiederzuverwerten, wie das mit Blättern geschieht, die vom Baum, oder mit Regentropfen, die vom Himmel fallen. Doch das ist gewollt.

Recycling und ein schonender Umgang mit den geologischen Ressourcen würde das extraktive Geschäftsmodell der Bergbauindustrie mit seinen hohen Profitmargen und der großen Zahl von Multimilliardären, die es hervorgebracht hat, bedrohen.

Immer noch werden die allermeisten dieser Stoffe nach ihrem Gebrauch weggeworfen – nämlich in den meisten Fällen schlichtweg ins Freie entlassen. Einmal zu Müll geworden verwandelt sich Technik dann in eine neue Form von Geologie: So entstehen die Regionen des Elektromülls in China, Indien und an der afrikanischen Westküste, wo Menschen riskieren, vergiftet zu werden, wenn sie über offenem Feuer die Metalle aus Computern und Kabeln holen.[97] Der Wechsel von Millionen Menschen täglich zu neuen Flachbildschirmen, neuen Laptops, neuen iPads oder iPhones setzt sich weltweit in einer fein verteilten Schicht von Metall und von Plastik ab.

Bestimmte Stoffe wie seltene Erden, die die gesamte vorherige Erdgeschichte an wenigen Orten konzentriert gewesen sind, tauchen plötzlich weltweit auf, weil sie über Elektroprodukte in den letzten Winkel der Erde gelangen. Global fallen derzeit jährlich knapp 60 Millionen Tonnen Elektroabfälle an, 7 Kilogramm pro Erdbewohner im Durchschnitt, 30 Kilogramm pro US-Amerikaner: Diese

Abfälle enthalten pro Tonne ein Vielfaches mehr Gold und andere Wertstoffe als die Erze der Bergwerke, insgesamt Stoffe im Wert von mehr als 45 Milliarden Dollar.[98] Bisher landen weltweit aber weniger als 10 Prozent der Elektroabfälle in fachkundiger Verwertung. Obwohl es ein hartes geopolitisches Ringen um seltene Erden gibt, die »Vitamine der Informationstechnologie«, landen allein in den USA jährlich Tausende Tonnen davon auf dem Müll, ein strategisches Recycling findet nicht statt.[99]

Da die Technologie von heute, besonders die Elektroniktechnologie, kein geschlossenes System ist und ihre Abfälle in die Bio- und Geosphäre entsorgt, statt sie in der Technosphäre zu behalten, landen Unmengen von Elektroschrott aus westlichen Ländern beispielsweise in Agbogbloshie in Ghana. Dort wachsen junge Menschen inmitten von Gift auf, das ihre Lebenserwartung brutal verkürzt.[100]

Die heutige Unfähigkeit der Technosphäre, ihre Stoffe wiederzuverwerten, zeigt sich in noch viel größeren Dimensionen: Im Jahr 2000 produzierten knapp drei Milliarden Stadtbewohner pro Tag 3 Millionen Tonnen Abfall aller Art. Das entspricht 1 Kilogramm pro Kopf. Eine 2500 Kilometer lange Lastwagenschlange war rechnerisch nötig, um diesen Müll von nur einem Tag abzutransportieren. Geht die Entwicklung so weiter, wird sich die Müllmenge aus Städten bis 2025 verdoppeln und die gesamte der Menschheit bis zum Jahr 2100 auf 11 Millionen Tonnen täglich anwachsen.[101] Hinzu kommt die vielleicht schwerwiegendste Last von allen: Kohlendioxid, der Abfallstoff aus der Verbrennung von Erdgas, Erdöl und Kohle, gelangt in gigantischen Mengen ins Freie, wo er die Atmosphäre wärmer und die Ozeane saurer macht. Mehr als 34,5 Milliarden Tonnen Kohlendioxid setzte der Energieverbrauch der Menschheit

2012 frei, und ein erheblicher und stark wachsender Anteil an diesem Verbrauch wird durch den IT-Sektor verursacht.[102]

In einem Wirtschaftssystem, das Verschwendung als ökonomischen Gewinn definiert und vor allem die Kontrolle über einen wachsenden Umsatz belohnt, ist es kurzfristig ökonomisch am attraktivsten, mit Hilfe fossiler Energie die kompakten Rohstoffvorkommen in Bergwerken aus der Tiefe zu holen und dann in Form von Elektroabfällen in der ganzen Welt zu zerstreuen. Der ökologisch sinnvolle Zwang zum Recycling, also dazu, geschlossene Materialkreisläufe aufzubauen, würde die Bergbauindustrie von heute samt ihrer lukrativen Profite gefährden.

Die Rohstoffversorgung ist der Bereich, zu dem IT-Hersteller notorisch wenig zu sagen bereit sind und nur unter dem Druck von Kunden agieren. Hier liegt ein *missing link*, eine bisher verborgene Verbindung, die hilft, die aktuellen Probleme in ihrem größeren Kontext zu sehen. Um zu wachsen, bedient sich die IT-Industrie massiv der Geologie des Planeten. Doch es gibt dabei kein positives, fürsorgliches Verhältnis zur Erdkruste, sie gilt als eine tote, ausbeutbare Ressource.

Die Millionen Tonnen Material, aus denen die Technosphäre entsteht, werden mit einer extraktiven Wirtschaftsweise gewonnen. Schon an der Quelle der Stoffströme, auf der Ebene von Gesteinen, Erzen, Mineralien, von Kupfer, Eisen, Neodym, Titan und Graphit, herrschen Rücksichtslosigkeit und Ausbeutung.

Émile Zolas Buch *Germinal* von 1885, in dem er das Leiden französischer Bergleute beschreibt, ist heute Lebenswirklichkeit von Millionen Bergarbeitern in China, Afrika, Südamerika.[103] Niedriglöhne, Arbeitsunfälle, selbst Kinderarbeit sind weit verbreitet, und die giftigen Reststoffe der Förderung gelangen in Wasser und Böden. In viele Teilen Chinas laufen radioaktive Reststoffe aus Bergwerken für seltene Erden direkt ins Wasser, und Reisfelder sind mit Bergbaugiften verseucht.[104] Die Prioritäten drücken sich in Preisen aus: Hochreine Siliziumscheiben, wie sie in der Elektronikindustrie zum Einsatz kommen, können bis zu 14 000 Dollar pro Kilogramm kosten. Der Quarzsand, der dem Prozess zugrunde liegt, kostet nur 2 Cent pro Kilogramm.[105]

Ähnlich prekär ist die Lage in den Fabriken, in denen unsere Computer entstehen, wie Foxconn und Pegatron. Dass Apple nicht weiß, wohin mit 160 Milliarden Dollar an Bankguthaben, aber nicht auf die Idee kommt, einen Teil an die Berg- und Fabrikarbeiter weiterzugeben, offenbart ein Vielfaches mehr über den Charakter des Unternehmens als das Design des neuesten iPhone – und über die Interessen der Menschen, die bei jedem neuen Apple-Produkt vor den Filialen übernachten, um die Ersten zu sein.[106]

Die Verschwendung und die Anhäufung von Kapital firmieren gleichermaßen als Fortschritt. Dieser Fortschritt steht im Zentrum des westlichen Lebensstils, den nicht nur US-Präsidenten für »nicht verhandelbar« erklären. Auf sehr unterschiedliche Weise haben bisher das Militär der westlichen Mächte und die IT-Industrie dabei geholfen, diesen Lebensstil zu verteidigen und zu globalisieren. Das Militär, indem es den Nachschub an Rohstoffen sichert, die IT-Konzerne, indem sie den Handel, Logistik und Geschäftsabläufe effizienter machen und den Absatz durch Werbung und Onlineshopping beflügeln.

Bei diesem Fortschreiten lassen wir viel zurück. Die ausgestorbenen Arten, die verlorenen Wildnisse, die plastikfreien Ozeane. Zugleich entsteht unglaublich viel Neues – ein Weltgarten mit immer neuen Überraschungen.

Willkommen in der Neo-Natur

Menschen arrangieren die geologischen, biologischen, chemischen und physikalischen Systeme der Erde nicht nur um. Neugierde, Erfindergeist und Techniklust bereichern die Erde auch mit Tausenden Neuigkeiten. Die Veränderungen vollziehen sich auf feinstem Niveau durch geologische Neuschöpfungen: etwa in Form von künstlichen Diamanten in Hightech-Geräten und synthetischen Mineralien wie Bornitrid und Wolframcarbid in Werkzeugen. Wissenschaftler haben allein hundert verschiedene künstliche Formen von Zeolithen entwickelt, darunter solche, die das langlebigste Erbe der heutigen Menschheit umschließen sollen: den Abfall aus der zivilen und militärischen Nutzung der Kernspaltung. Und mit jedem neuen Kugelschreiber, an dessen Spitze sich ein kleiner synthetischer Kristall befindet, kommt ein künstliches Mineral in die Welt. Für den Geologen Jan Zalasiewicz von der Universität Leicester stellen die vielen tausend synthetischen Mineralien den Beginn einer neuen Phase in der geologischen Evolution dar. Er spricht von der erstaunlichsten erdgeschichtlichen Neuerung seit dem Präkambrium, also seit über 500 Millionen Jahren.[107]

Auch die Biosphäre füllt sich mit Neuem: Dazu gehören weitläufige Gärten und Landschaftsparks, harmonische Kulturlandschaften, postindustrielle Wildnisgebiete. Über Jahrzehnte wurden zum Beispiel in den Braunkohle-Tagebauen im Osten Deutschlands mit riesigen Baggern Unmengen an Kohle herausgerissen, um billigen Strom zu liefern. Ganze Dörfer und Landstriche mussten und müssen dem Abbau weichen. Das Kohlendioxid, das dabei entstand, trägt zur Erderwärmung bei. Es gibt also nichts zu beschönigen. Die Landschaften, die übrigbleiben, werden zu einem großen Teil wieder verschlossen, in Freizeitseen oder in Wald- und Ackerland zurückverwandelt. Doch zu einem kleinen Teil dürfen sich die Tagebaue zu einer neuen Form von Natur entwickeln, die wirklich einmalig ist.

Wer am Rand des Geiseltalsees in Sachsen-Anhalt entlangwandert, kann Vogelarten begegnen, die anderenorts extrem selten geworden sind. Am Horizont sind Chemiewerke und Schlote zu sehen, die Symbole der intensiven Industrialisierung, doch man ist umgeben von tropisch bunten Bienenfressern, die in den Steilwänden brüten, von Raubwürgern, die auf den Hecken sitzen, von Brachpiepern, die wüstenartige Areale besiedeln. In einem anderen früheren Kohleabbaugebiet, der Goitzsche, ist nach einem Unwetter von selbst ein neuer Bachlauf entstanden – eine Sensation in einem eng kontrollierten Land wie Deutschland.

Neo-Natur ist auch im Ruhrgebiet im Wachsen begriffen, etwa im früheren Stahlwerk Henrichshütte in Hattingen, dessen Hochöfen nach China abtransportiert wurden, dessen Areal aber nun von Pflanzen aus den Ländern besiedelt wird, aus denen früher das Eisenerz antransportiert wurde: das Schmalblättrige Greiskraut aus Südafrika, das Kanadische Berufskraut, Sommerflieder und Götterbaum aus China. Weltweit wachsen neuartige, menschlich dominierte Ökosysteme heran, Feuchtgebiete von Menschenhand wie die Salton Sea. Der Salzsee in Kalifornien entstand durch einen Ingenieursfehler, nun zählt er zu den wichtigsten Rastplätzen für Zugvögel an der Westküste.

Die neuartigen Ökosysteme bedecken bereits 37 Prozent der Landfläche der Erde.[108] Sie passen nicht in die klassischen Kategorien von Geografen und Biologen und zeichnen sich durch eine lange Geschichte menschlicher Nutzung für Landwirtschaft, Industrie, Siedlungen aus. Sie werden von einer ungewohnten Mischung von Tier- und Pflanzenarten bewohnt, wie etwa dem Silberreiher, der dem Klimawandel folgt, der Braunen Baumschlange auf Guam, die über die weltweiten Handelsketten verschleppt wurde, oder dem Drüsigen Himalaja-Springkraut, das aus botanischen und zoologischen Sammlungen entkommen ist.

Diese Neo-Natur hat viele ambivalente Aspekte: Tausende verschiedener Spezies werden allein in Ballasttanks ständig zwischen biogeografischen Regionen hin und her transportiert, und diese beispiellose Entwicklung übersteigt jede natürliche Migrationsbewegung der Erdgeschichte.[109] Tiere zeigen eine unerwartete Anpassungsbereitschaft an die intensivmenschliche Natur. Vögel in Mexico City nutzen Zigarettenstummel zum Nestbau, weil das Nikotin Milben und andere Parasiten vertreibt. In Japan sammeln Raben von den Balkonen Alu-Kleiderbügel ein und bauen daraus Nistplätze. Seltene Arten finden neue Lebensräume, von Wanderfalken, die an Rathaustürmen brüten, bis zu Schneeeulen, die Flugplätze besiedeln.[110] An amerikanischen Straßen konnten Biologen bei der Evolution zusehen: Bei Klippenschwalben verkürzen sich die Flügel, seit sie begonnen haben, an Straßenbrücken zu nisten – Vögel mit kürzeren Flügeln können Autos besser ausweichen und überleben daher eher bis zur Fortpflanzung.

Die Veränderungen in der Landschaft sind extensiv, die in Zuchtstätten und Labors intensiv: In 10 000 Jahren

Landwirtschaft haben Bauern, Züchter und Gärtner Hunderttausende Varietäten von Nutzpflanzen und -tieren geschaffen. Gentechniker erzeugen Lebensformen, die es noch nie gegeben hat, und durchbrechen dabei die Artgrenzen. Schmetterlingsgene werden in Apfelbäume transplantiert, Menschengene in Kühe. Milliarden Mäuse existieren nur zu dem Zweck, menschliche Krankheiten zu simulieren. Einzelne Forscher gehen sogar daran, synthetische Lebewesen zu erschaffen, die Molekül für Molekül im Labor zusammengesetzt werden.

Der Einfluss des Menschen reicht vom Inneren von Bakterienzellen bis zum Weltklima. Aber bedeutet das, was wir für Fortschritt hielten, wirklich das Ende »der« Natur? Denn welche »Natur« ist das? Die Unterschiede zur Natur, die Entdeckern wie Maria Sibylla Merian, Georg Forster, Alexander von Humboldt und Charles Darwin begegnete, sind gewaltig.[111]

Schon im 17. Jahrhundert hat der englische Philosoph und Forscher Robert Boyle Dutzende so viele verschiedene Bedeutungen von Natur aufgelistet, dass er es für ratsam hielt, vielleicht ganz auf den Begriff zu verzichten.[112]

Es lässt sich leicht sagen, dass die ersten Menschen in Ostafrika, die frühen Schamanen, die Menschen im echten Garten Eden zwischen Kaukasus und Mesopotamien, die ersten chinesischen Reisbauern, die Eremiten und Yogis in Indien noch klarere Vorstellungen von Natur hatten. Aber vermutlich erscheint das im Rückblick nur so, weil so wenig von dem überliefert ist, was die Milliarden Menschen vor uns gedacht haben. Von Buddha heißt es, er sei vor seiner Geburt als Mensch auch einmal ein Kaninchen gewesen, das sich aus lauter Liebe freiwillig einer Tigermutter geopfert habe. Von Jesus ist bekannt, dass er die Spatzen mochte, die nicht säen, aber doch ernten. Aber wie die konkurrierenden Denkschulen im alten Griechenland, so brachten auch die Weltreligionen keine letztgültigen Definitionen von Natur hervor. Die christlichen Mystiker des Mittelalters sahen Natur anders als die Päpste, die in ihren Latifundien die Wälder roden ließen. Die Konquistadoren sahen Natur anders als die ersten Naturforscher in ihrem Gefolge. Die Zen-Gärtner interpretierten Natur nicht so wie die Barockgärtner und die englischen Landschafts- nicht so wie die Großstadtgärtner von heute. Dem Philosophen René Descartes galt Natur als primitiver Automat, wertlos im Vergleich zur göttlichen Seele des Menschen. Die Ingenieure wollten sie bändigen und verbessern oder hassten sie, wie Max Frischs *Homo Faber*, der im Regenwald verächtlich ausrief: »Wo man hinspuckt, keimt es!« Sozialdarwinisten nutzten angebliche wissenschaftliche Erkenntnisse über die Vererbung, um Kranke, Juden, Homosexuelle als »widernatürlich« aus der Gesellschaft auszugrenzen. Im Nationalsozialismus spielte der Naturbegriff eine zentrale Rolle, um Rassenlehre und Genozid zu rechtfertigen. »Das Wörtchen Natur ist der Liebling des Terrors«, schrieb deshalb der deutsche Philosoph Günther Anders.[113]

Besonders Diktatoren bedienen sich gern der Natur, um sich zu legitimieren. Das war so mit Hitlers gruseliger Idee, seine Monumentalbauten seien »Worte aus Stein«, und das ist so mit dem Orchideenkult, der in Nordkorea um die »Kimilsungia« betrieben wird, eine Orchideenvarietät, die 1964 in Indonesien zu Ehren von Kim Il-sung gezüchtet worden ist.[114] Ökonomen behandeln Natur mal als unerschöpfliche, mal als knappe Ressource, oder sie ignorieren das Thema ganz. Die Naturvorstellungen von Umweltschützern? Ein riesiges Spektrum, vom Kult des Unberührten bis zur Natur als Form von Kapital. Von Naturwissenschaftlern? Mechanismus und Objekt, aber wehe, Quantenphysiker fangen an mitzureden oder Geisteswissenschaftler mischen sich ein.

Was Menschen heute sehen, wenn sie Natur wahrnehmen: Das Krokodil mit seinem offenen Rachen ist wahlweise Lebensgefahr, eine potenzielle Handtasche, eine gefährdete Art oder ein kleiner Seitenast der Reptilienevolution. Die Sonne über dem Bodensee ist ein Stück Kitsch, ein tosender, beängstigender Feuerball oder ein Entropie-Ereignis. Ackerboden ist ein Lebensspender, ein industrielles Planquadrat oder ein verfluchter Acker, der zu wenig Ertrag abwirft. Das leuchtend weiße Band der Milchstraße erscheint als ignorierter Schimmer über der Stadt oder als astrophysisches Modell von Energieverteilung. Ein paradiesisches Naturschutzgebiet ist ein Hindernis für einen Plan oder einfach etwas Abseitiges. Unberührter Regenwald, das ist auch eine Brutstätte für Malaria, ein künftiges Erdölfeld oder ein Genreservoir für die Pharmaindustrie. Ein Weißstorch, das ist für manche einfach etwas zum Abknallen, aus Spaß, am Feierabend. Ein Berg ist etwas zum Wandern, zur Almwirtschaft, zum Wegsprengen.

Die Vielfalt der Ideen, was Natur ist und was nicht, ist ähnlich groß wie die Artenvielfalt in einem tropischen Regenwald.[115] Natur wird zu jeder Zeit, an jedem Ort, in jedem Kopf zu etwas anderem. Wenn »Natur« eine Eigenschaft hat, dann ist es der ständige Wandel sowohl ihrer selbst als auch des Bildes von ihr in den menschlichen Gehirnen, die ja auch ein Teil dieser Natur sind.

Die Idee des Fortschritts, des Fortschreitens von der Natur, hat ihre Gegenbewegung erzeugt: die Ökologiebewegung, die Wachstumsgegner.

Je weniger es von dem gibt, was wir reine, unberührte Natur nennen, desto größer wird die Sehnsucht nach ihr. Die Ökologiebewegung hat deshalb einen eigenen Wirtschaftszweig hervorgebracht, der »reine Natur« verkauft. Wir essen Naturjoghurt, trinken »100 Prozent natürliches« Mineralwasser, schaffen Naturschutzgebiete, erholen uns inmitten von »unberührter Natur«. Natur steht für Reinheit und Schönheit, für Harmonie und Gleichgewicht. Natur, das sind endlose Regenwälder, schillernd bunte Korallenriffe, weite Savannen, geheimnisvolle Höhlen – möglichst ohne auch nur einen Menschen im Bild. Natur ist all das, was nicht vom Menschen beeinflusst ist, was ganz von selbst wächst und vergeht. Vor allen Dingen ist reine Natur gut.

Heute ist das Wort weitgehend auf diese eine Bedeutung reduziert – die Vorstellung einer Sphäre, die am besten getrennt vom Menschen funktioniert. In zahllosen Kontroversen, von der Gentechnik bis zum Klimawandel, geht es darum, die »gute Natur« vor dem weniger guten Menschen zu schützen. Am Abend erfüllen sich Menschen ihre Natursehnsucht, indem sie auf Facebook und Flickr unendliche Reihen von Tierbildern und Naturaufnahmen bestaunen. In der Umweltdebatte spielt der Mensch die Rolle des Störers der Natur, der überall ist, aber nicht dazugehört, des Außenseiters, der die Natur aus einem harmonischen Gleichgewicht bringt. »Wir sind das Problem«, urteilt Stephen Emmott, Autor des Bestsellers *Zehn Milliarden*, der eine Welt mit weniger Menschen für die einzige Lösung aller Probleme hält.[116]

Doch Emmotts Denken stammt aus einer alten Welt. Wenn Menschen in kleinen Inseln lebten, die sich immer weiter in die unberührte Natur fressen, wäre das der richtige Ansatz. Aber es ist bereits genau andersherum: Was unberührter Natur noch irgendwie ähnlich ist, bildet heute kleine Inseln in einem großen Meer an menschlich überformten Gebieten.

Indem wir hämmern und bewegen, erfinden und konsumieren, gelangen Hunderte Millionen Menschen aus absoluter Armut in Lebensverhältnisse, in denen sie länger und gesünder leben, Zugang zu Bildung haben und ausreichend zu essen. Das ist die eine Definition von Fortschritt, und so betrachtet sind seine Erfolge real. Aber die zweite und tiefere Idee des Fortschritts, dass wir mit Hilfe der Technik von der Natur fortschreiten und über sie hinauswachsen, diese Idee von Fortschreiten ist irreführend und falsch.

Je mehr wir durch Technik und Wissenschaft versuchen, uns über die Natur zu erheben, desto tiefer stecken wir in der Natur drin. Wir schreiten geradeaus in sie hinein. Fortschritt ist eigentlich ein Hineinschritt.

Je mehr Material wir umsetzen und je mehr wir Menschen uns ausbreiten, desto stärker wird Kultur selbst zu reiner Natur.[117] Den Menschen als Problem an sich zu definieren wie Emmott geht an dieser neuen Realität vorbei. Es ist, als würde man beim Thema »Umweltverschmutzung« die Existenz von Wasser problematisieren. Bald gibt es auf jedem Quadratkilometer eisfreier Erde sechzig Menschen – wir sind wie Wasser und Luft. Und vor allem mit unseren Kohlendioxid-Emissionen integrieren wir uns auf allen Ebenen in Systeme der Erde – in die Ozeane, die Biosphäre, die Atmosphäre. Ausgerechnet die mittelfristig größte Bedrohung für die Zivilisation bringt sie zugleich unglaublich tief in die Natur hinein. Kohlenstoffmoleküle, die vor kurzem noch tief im Erdboden lagen und gerade noch durch Autos geströmt sind, durch die Kamine von Wohnhäusern und die Schornsteine von Fabriken, wandern in die Meere ein, in Pflanzen und in die Luft. Für Menschen der Zukunft werden die Kohlendioxid-Emissionen von heute allgegenwärtig sein als das, was ihre Lebensbedingungen bestimmt: Wie lebendig die Meere sind und wie viel Fisch sie spenden, wie heiß, kalt, trocken, feucht es ist, wie fruchtbar Ackerböden sind und wie häufig Unwetter Zerstörungen anrichten, all das verwandelt sich von einem ungeplant-natürlichen Phänomen in einen sozialen Prozess. Bei diesem Prozess wirken die Konsumentscheidungen von heute über Zehntausende von Jahren nach, sie prägen die Verteilung der Wolken, des Wassers, der Lebewesen.

Eigentlich hat die Fusion von Mensch, Natur und Technik das Potenzial dafür, ein neues Kapitel der Erdgeschichte einzuleiten, bei dem sich diese drei Sphären gegenseitig bereichern. Aber dazu muss erst die Krise von heute überwunden sein. Manche glauben, dass dazu Katastrophen nötig sind. Der Chemiker, Molekularbiologe und Journalist Reiner Klingholz etwa entwickelt in seinem Buch *Sklaven des Wachstums* das Szenario eines Nachhaltigkeitsparadieses im abgetauten Grönland, wo Einwanderer aus Bangladesch und Jemen in einer Art Hightech-Öko-Gesellschaft leben – im Jahr 2297, nachdem die Menschheit durch schlimme Umbrüche gegangen ist. Geht ein solcher Wandel zur Hightech-Öko-Gesellschaft auch früher, und ohne Katastrophen?

Ein soziales Netzwerk aus Kohlenstoff

Der Klimawandel verändert das Wesen der Natur auf ganz andere Weise, als Steinbrüche, Mülldeponien oder Gentechnik dies je tun könnten, indem er das chemische, biologische und physikalische Geschehen auf der ganzen Erde zu einem sozialen Netzwerk macht.

Bisher waren wir Menschen mit Wetter und Klima nur passiv verbunden: Sie passierten einfach, und wir reagierten, passten uns an, machten neue Erfindungen oder starben. Nun aber greifen wir selbst in das Klima und letztlich auch in das Wetter ein. Das heutige Wirtschaften baut ein ganz neues, ganz eigenes Netz von Beziehungen auf. Indem das Kohlendioxid, das aus Autos, Häusern, Fabriken und brennenden Wäldern strömt, sich in den Ozeanen, der Biosphäre und der Atmosphäre verbreitet, entsteht das materielle Rückgrat eines gefährlichen Beziehungsgeflechts.

An der Illusion, dass 2,2 Billionen Tonnen zusätzliches Kohlendioxid sich in einer unerschöpflichen Welt einfach ohne Effekte verteilen, wollen heute immer noch viele festhalten, vor allem in Nordamerika. Dass das Gas aber nicht einfach verschwindet, zeigen die Messungen von Wissenschaftlern rund um die Welt: Der CO_2-Gehalt der Atmosphäre hat seit dem Beginn der Industrialisierung kontinuierlich von 260 ppm auf 400 ppm im Jahr 2014 zugenommen, den höchsten Wert in zehn Millionen Jahren – und es ist kein Ende des Anstiegs in Sicht.[118]

Wenn sich die »Brown Cloud« über Asien legt, kommt keiner daran vorbei.[119] Die unvollständigen Verbrennungen in Fabriken und Autos schaffen ein Gebilde, das in der Lunge sticht, in den Augen brennt, sich in die Blutbahn mischt und müde macht. All die Dinge, die in den asiatischen Fabriken entstehen, hinterlassen eine Spur aus gasförmiger Geologie, aus verbranntem Erdöl und Metallen. Aber dieses Problem kann so schnell wieder verschwinden, wie es gekommen ist. Filter und effiziente Produktionstechnologien machen es möglich, dass der Smog schneller verschwindet als in den dreißig Jahren, die das zuständige Ministerium dafür veranschlagt.[120]

Ganz anders ist es mit dem steten Strom von Kohlendioxid in die Atmosphäre. Das Gas ist unsichtbar, ungiftig, und seine Effekte zeigen sich nicht sofort. Billionen von Kurzfristbelohnungen können die Menschen von heute bestens davon abhalten, das zu tun, was Klimaforscher dringend verlangen: Wegen der überflüssigen Autofahrt wird es morgen nicht unerträglich heiß, wegen des täglichen Fleischverzehrs treten nicht übermorgen die Meere über die Ufer, und wegen des nächsten Flugs in den Urlaub stirbt kein Afrikaner sofort an Dürre. Es braucht Jahre, Jahrzehnte, bis sich die Effekte summieren, die Energieflüsse verschieben, die Wärmeströme aufbauen, die Meere anschwellen, die Gletscher schmelzen. Und alles geht nicht so schön geradlinig vonstatten, wie der Weltklimarat IPCC es anfangs dargestellt hat.

Das Klimasystem der Erde ist so komplex, dass Erwärmung in einer Region zunächst auch Kälte in einer anderen Region bedeuten kann. Wenn durch größere Wärme mehr Feuchtigkeit in die Luft gelangt, kann sich dies auch in Schneestürmen entladen. Dann gibt es Puffer und Zyklen, die noch kaum erforscht sind. Der Pazifik kann mit seinen kalten Strömungen einen Teil der Wärme in seine Tiefen hinabziehen.[121] Es sieht eine Weile so aus, als passiere nichts. Überhaupt verschwindet ein guter Teil des Problems im Ozean. Das Meer saugt Kohlendioxid auf, wo es sich in Kohlensäure verwandelt und das Wasser saurer macht. Auch hier sind die Effekte langsam, aber zugleich gewaltig: Die Kohlensäure greift die Basis des Lebens im Meer an – Algen und anderes Phytoplankton ebenso wie Korallen.[122]

In den Jahren 2013 und 2014 hat der Weltklimarat wieder eine Serie von Berichten veröffentlicht, in denen Tausende Wissenschaftler zusammenfassen, mit welchen Entwicklungen sie rechnen.[123] Es sind rechnergestützte Weltmodelle, die dabei zum Einsatz kommen, die Forscher haben keine Kristallkugeln, in denen sie exakt die Zukunft vorhersehen könnten. Und in vielen Bereichen ist das Wissen lückenhaft, vor allem wenn es darum geht, wie ein verändertes Klima sich auf Tiere und Pflanzen auswirkt. Dass der Klimawandel real ist, zweifeln heute aber fast ausschließlich Menschen und Institutionen an, die ein finanzielles Interesse daran haben, dass weiter Öl, Erdgas und Kohle verbrannt werden. Die entsprechenden Konzerne bezahlen viel Geld für die Arbeit der »Klimawandelskeptiker«. Und dieser Lobby gelingt es erstaunlich gut, in der Öffentlichkeit Zweifel an den Ergebnissen der Klimaforscher zu säen und Politiker zu überreden, mit dem Handeln noch zu warten.[124]

Das Kalkül ist einfach, denn die Lobby hat eingefahrene Gewohnheiten auf ihrer Seite. Amerikas Sucht nach Erdöl, von der 2006 sogar der trockene Alkoholiker George W. Bush sprach, sitzt tief in der Gesellschaft. Die Wirtschaftsinteressen der Energiekonzerne sind gewaltig. Rund um die Welt gilt der ständige Nachschub an fossilen Brennstoffen als Garant politischer Stabilität. Diese Stoffe ermöglichen einen schnellen materiellen Wohlstand, den Konsum, der nötig ist, um etwa Chinesen davon abzuhalten, nach Demokratie zu verlangen, und Amerikaner davon abzulenken, die Süchte ihrer Gesellschaft nach Gewalt, allgegenwärtigem Zucker und konstanter medialer Zerstreuung ernsthaft anzuzweifeln. China und die USA treten bei den internationalen Klimaverhandlungen, die 1992 mit dem

»Erdgipfel« von Rio begannen und inzwischen im Jahresrhythmus stattfinden, zwar als Kontrahenten auf, aber in Wahrheit machen sie gemeinsame Sache, indem sie durch gegenseitige Schuldzuweisungen jeden Fortschritt blockieren.

Die Klimagipfel haben nicht einmal den Anstieg der CO_2-Emissionen wirklich bremsen können. Bei diesen Verhandlungen ist es als »Last« definiert, den CO_2-Ausstoß zu bremsen, und bei der Verteilung dieser Last will keiner der Verlierer sein. Ich habe viele der UNO-Klimagipfel miterlebt, vom ersten 1995 in Berlin bis zum Megadesaster von Kopenhagen 2009, und noch jedes dieser Treffen hat mich wie Tausende andere frustriert zurückgelassen. Es ist positiv, dass es solche Gipfel überhaupt gibt, aber Erfolge sehen anders aus. Seit 1990 sind die globalen Emissionen, die durch Energieverbrauch entstehen, von 24 Milliarden Tonnen auf die 36 Milliarden Tonnen im Jahr 2012 gestiegen, also um 50 Prozent.[125] Der Großteil des Zuwachses kam aus China – doch das heißt nicht, dass Europa und die USA unschuldig wären. Im Gegenteil: Nicht nur verantworten sie noch immer einen Großteil der historischen Emissionen, also der Summe des Kohlendioxids, das sich in der Atmosphäre angesammelt hat. Noch wichtiger ist, dass der chinesische CO_2-Ausstoß sehr stark damit gekoppelt ist, dass Europa und die USA die schmutzige Produktion von Billigwaren nach Asien ausgelagert haben. Am chinesischen CO_2-Ausstoß haben westliche Verbraucher also eine erhebliche Mitverantwortung.

Das alles lässt einen Großteil der Menschen kalt, solange die Effekte überschaubar sind. Heute ist der Klimawandel erst in Gebieten zu spüren, die fernab der Zivilisation liegen, in den Meeren, in den Hochgebirgen, in der Arktis. Für den Himalaja ergab eine Langzeituntersuchung im Auftrag der indischen Regierung aus dem Jahr 2011, dass von 2800 Gletschern drei Viertel stark schmelzen, während nur 8 Prozent größer wurden.[126] Die chinesischen Gletscher sind der Akademie der Wissenschaft zufolge seit den achtziger Jahren bereits um 17 Prozent kleiner geworden.[127] Die weiße Spitze des Kilimandscharo wird in den kommenden Jahren sukzessive verschwinden.[128] Die Gletscher in den europäischen Alpen haben seit 1850 mehr als die Hälfte ihres Volumens und ihrer Fläche verloren, zuerst durch Industrieruß, der Sonnenhitze bündelt, und dann durch die globale Erwärmung.[129] Mit den Gletschern schwinden die wichtigsten Süßwasserspeicher der Menschheit.

Dramatisch fällt die große Schmelze auch in der Arktis aus. Im Herbst 2012 erstreckte sich das Meereseis im Arktischen Ozean nur noch über 3,4 Millionen Quadratkilometer – halb so viel wie im Durchschnitt der Jahre 1980 bis 2010.[130] 2013 wuchs die Eisfläche zwar wieder auf 5,1 Millionen Quadratkilometer, doch Wissenschaftler der US-Raumfahrtbehörde NASA beobachten mit ihren Satelliten einen langfristigen Abwärtstrend. Das Meereseis ist im Durchschnitt mit 1,8 Metern nur noch halb so dick wie in früheren Jahren. Wissenschaftler halten es für möglich, dass der Arktische Ozean im 21. Jahrhundert erstmals seit Millionen Jahren im Sommer komplett eisfrei werden könnte.

Doch Gletscher und Arktis sind für die meisten Menschen weit weg. Wenn die Effekte dann nah an den Ballungszentren eintreten, und wenn Wissenschaftler in der Lage sind zu beweisen, dass Extremwetter wirklich direkt vom Klimawandel verursacht wurde, wird es zu spät sein, noch etwas daran zu ändern.

Beim Klimawandel zeichnet sich ein sehr dunkler analoger Umbruch ab. Eine Welt wächst heran, die von dem Gas, das heute auf unsichtbare Weise unseren Alltag prägt, durchdrungen ist und dadurch für Jahrtausende ein Netz unguter sozialer Beziehungen über die Erde legt.[131] Das Kohlendioxid, das gerade noch durch den Auspuff eines Autos geströmt ist, durch den Schornstein einer Fabrik in den USA, durch den Kamin einer überheizten Wohnung in Deutschland, wird zum Baustein der Natur der Zukunft. 9 Tonnen Kohlendioxid setzt jeder Deutsche im Durchschnitt frei. Könnte man die Stoffe markieren und weiterverfolgen, wäre zu sehen, wie sie sich weltweit verteilen, in der Atmosphäre Sonnenwärme einfangen, im Meer Korallen attackieren – und wie manche von ihnen auch dort landen werden, wo Kohlendioxidmoleküle von Natur aus hinwandern: in die Körper von Pflanzen, wo sie zu Zuckern verarbeitet werden, mit denen der Organismus wächst.

Das unsichtbare Gas Kohlendioxid verbreitet menschliche Entscheidungen, Neigungen, Interessen, Begierden, Süchte auf der ganzen Welt. Diese Ebene der Klimafrage hat der Weltklimarat noch nicht thematisiert. Mit jeder Tonne CO_2 gelangen die Ergebnisse psychologischer, ökonomischer und sozialer Entscheidungen in die Natur und formen sie. Das Amazon-Wort von den *fulfillment center* bekommt eine neue Bedeutung, wenn der Konsumismus extrem langfristige Schäden verursacht. Die Erde wird mit sozialer Verantwortung aufgeladen, doch bisher gibt es noch zu wenige Anzeichen, dass die heute Lebenden sie auch wahrnehmen wollen. Sollte eines Tages zu großtechnischen Lösungen gegriffen werden, um das Klimaproblem zu »lösen«, würde die Verantwortung noch intensiver. Geo-Engineering, also der Versuch, durch die Injektion von Kühlgasen in die Atmosphäre der Erwärmung entgegenzuwirken, würden das Klima endgültig zu einem Produkt menschlichen Handelns machen.[132]

Sollte sich der CO_2-Gehalt der Atmosphäre wirklich gegenüber dem vorindustriellen Wert von 280 ppm verdoppeln, wie »Weiter-so«-Szenarien es befürchten lassen, dann atmen gen Ende des Jahrhunderts Pflanzen zur Hälfte Kohlenstoff ein, der zuvor durch menschliche Systeme gewandert ist. Selbst im entlegensten Regenwald bauen sich dann die seltensten Orchideen aus Kohlenstoffatomen auf, die irgendwann zuvor ein Jonny Smith in Cleveland, ein Thomas Müller in Deutschland und eine Zhang Min aus China freigesetzt haben.

Es wird sich als die vielleicht größte Illusion der Menschheitsgeschichte entpuppen, dass das unsichtbare Gas einfach verschwindet. Die Menschen dachten, die Autos, die Maschinen, der ganze Wohlstand, das alles würde sie aus der Natur hinaustragen und über sie stellen, aber in Wahrheit verweben wir uns über das Kohlendioxid existenziell mit dem ganzen Planeten. Die Natur, die dabei entsteht, ist eine anthropogene, eine soziale Natur. Die Wetterereignisse und die Wolken der Zukunft sind getrieben von Menschen – nicht nur von den Menschen, die dann leben, sondern von allen Menschen, die zum Anstieg der Emissionen beigetragen haben.

Die Datenwolken von heute und die Unwetterwolken von morgen sind eng verbunden, denn 10 Prozent der Elektrizität werden bereits für Informations- und Kommunikationszwecke verbraucht: »Wir bekommen dauernd zu hören, dass die IT-Industrie eine Domäne der Zeit nach den Schornsteinen ist, anders als klassische Fabriken, anders als Landwirtschaft, anders als Bergbau. Aber in Wahrheit werden die meisten Clouds mit Energien aus den dreckigsten Kohlekraftwerken betrieben, die man sich vorstellen kann.«[133] Diese Verschränkung wird massiv zunehmen.

Viele IT-Konzerne, besonders Google, investieren zwar in großem Stil in erneuerbare Energien. Allein Google steckte bis 2014 knapp eine Milliarde Dollar vor allem in Wind- und Sonnenenergie, um seine Server umweltfreundlich zu versorgen.[134] Auch Apple und Facebook werden inzwischen – im Gegensatz zu Amazon und Twitter – von Umweltorganisationen für ihre Bemühungen gelobt, ihre Energieversorgung unabhängiger von Kohle zu machen und Rohstoffe sorgsamer einzusetzen.[135] Doch bisher zeigen die Initiativen eher, wie groß das Problem ist – die Lösungsversuche sind noch überschaubar.

Digitale Technologien haben zweifelsfrei ein riesiges ökologisches Potenzial. Google Earth hilft heute Umweltschützern wie dem WWF und Greenpeace, Naturfrevel zu entdecken und Schutzgebiete zu demarkieren. Auch Biodiversitätsforschern nützt die Software, darunter Menschen wie Brian Fisher, einem kalifornischen Insektenkundler. Er hält Google Earth für so hilfreich dabei, die Artenvielfalt der Erde zu erkunden und zu dokumentieren, dass er 2005 eine von ihm entdeckte Ameisenart auf Mauritius nach der Firma benannte: *Proceratium google* ist im Gegensatz zum Namensgeber bisher nur von einem einzigen Berg im Nordosten Madagaskars bekannt.[136]

Die Frage ist aber, was überwiegen wird: der von digitalen Techniken angekurbelte extraktive Konsum oder sein Gegenteil, ein sinnlicherer, umsichtigerer, weitsichtigerer Umgang mit der Erde.

Google präsentiert die Erde vor allem als Werbefläche, als funktionelle Benutzeroberfläche und als kommerzielle

Logistikplattform. Wer heute Google Earth ansteuert, bekommt bei der Suche nach Orten nicht selten zunächst die globale Verteilung von Pizzafilialen und Baumärkten serviert, die zufällig ähnlich klingen. Nur so finanziert sich das Modell in der Geschäftslogik des Unternehmens.

Ähnlich verhält es sich mit Digital Globe, der Firma, von der die meisten kommerziell verfügbaren Bilder stammen. Letztlich werden die Bilder für die bereitgestellt, die am meisten Geld für Geo-Services bezahlen können. Die Geschäftsstrategie zielt deshalb darauf ab, vor allem der Öl- und Gasindustrie, dem Bergbau und anderen extraktiven Wirtschaftszweigen Informationen zu liefern. »Unsere Bildgebungslösungen helfen den Profis im Bergbau, geologische Daten zu identifizieren, zu analysieren und in ihre Handlungen einzubeziehen. Zudem reduzieren sie die Zeit und die Ressourcen, die nötig sind, um Ressourcen zu finden, abzubauen und die Landschaft wiederherzustellen«, heißt es in der Werbung, und es wird besonders hervorgehoben, dass die Technik das Vordringen in »abgelegene, gebirgige und feindselige Gebiete« erlaubt.[137]

Aus diesen Gebieten kommen dann die Rohstoffe, mit denen das »Internet der Dinge« so durchkommerzialisiert verwirklicht wird, wie es sich derzeit abzeichnet: Statt das gewaltige ökologische Potenzial von Internet und digitalen Techniken zu nutzen, könnten die IT-Konzerne einer umweltfeindlichen Wirtschaftsweise in einer kritischen Periode eine Art Dopingschub für das bestehende Konsumieren geben und den Materialumsatz erhöhen. Laut IPCC sind die kommenden zehn Jahre entscheidend dafür, ob der Klimawandel noch zu überschaubaren Kosten gebremst und seinen gefährlichsten Effekten vorgebeugt werden kann: »Wir können es uns nicht leisten, noch mal ein Jahrzehnt zu verlieren«, sagt Ottmar Edenhofer, einer der leitenden Autoren des neuen IPCC-Berichts, bei dessen Vorstellung im April 2014 in Berlin. »Wenn wir ein weiteres Jahrzehnt verlieren, dann wird die Stabilisierung des Klimas extrem kostspielig.«

Natürlich haben digitale Techniken und Medien schon heute unzählige positive Effekte für den Umweltschutz: Sie tragen zu einem globalen Bewusstsein bei, schaffen neue Öffentlichkeit, helfen Umweltschützern, wertvolle Daten zu erheben, zu analysieren und zu teilen, und sie können das Wirtschaften effizienter machen. 3-D-Drucker können helfen, Gebrauchsgegenstände vor Ort und mit deutlich weniger Abfall zu produzieren, im Internet der Dinge können Sensoren den Einsatz von Strom, Wasser und Material optimieren. Aber diese Veränderungen drohen dem 2 Tonnen schweren Geländewagen zu gleichen, der 10 Prozent effizienter als das Vorgängermodell, aber dennoch alles andere als »umweltfreundlich« ist: Zugewinne an Effizienz werden oft dadurch ausgeglichen, dass Menschen dann mehr verbrauchen, also zum Beispiel von einem energiesparenden Kühlschrank ein größeres Modell anschaffen, was »Rebound-Effekt« genannt wird. Allein auf Effizienz zu setzen heißt, wie Michael Braungart es formuliert hat, »den Planeten nur langsamer und gründlicher zugrunde zu richten«.[138]

Wenn die Natur der Zukunft im wahrsten Sinne des Wortes aus der Fabrik und aus dem menschlichen Geist kommt, dann ist das eine so tiefgreifende, wesenhafte Veränderung des Erdsystems, dass es auch tiefgreifende Veränderungen braucht, wie Gesellschaften sich organisieren und wie sie wirtschaften. Bisher sind solche Veränderungen nicht sichtbar. Die amerikanische Führung unterhält die am stärksten aufgerüstete Armee der Welt in erster Linie dazu, den amerikanischen Lebensstil notfalls mit Gewalt aufrechtzuerhalten und durchzusetzen. Die heutige IT-Industrie funktioniert vor allem als Beschleuniger des Wirtschaftswachstums in seiner aktuellen Form. Mit welchen Mitteln das aktuelle Wirtschaften verteidigt wird, zeigte die Finanzkrise, die 2008 begann. Statt die Ursachen anzugehen, machten sich die westlichen Staaten daran, mit Billionensummen die alte Spekulationsblase mit einer noch größeren Blase von billigem Geld zu therapieren. Diese Methode macht die nächste, noch größere Finanzkrise nur wahrscheinlicher. Ähnlich ist es mit der Klimapolitik. Die faulen Kredite, mit denen der verschwenderische westliche Lebensstil aufrechterhalten wird, türmen sich immer höher auf. Auch diese Blase wird eines Tages platzen.[139]

Es gehörte zum merkwürdigsten Moment der Antrittsrede von Barack Obama im Januar 2009, als er in einem Atemzug versprach, sich großen, globalen Aufgaben wie dem Klimaschutz zuzuwenden, dann aber abrupt zu der Aussage überging, dass Amerika sich »nicht für seinen Lebensstil entschuldigen und niemals zögern wird, ihn zu verteidigen«.[140] Bereits beim Rio-Erdgipfel von 1992 hatte der damalige Präsident George H. W. Bush den amerikanischen Lebensstil für »nicht verhandelbar« erklärt. Die US-Politik in allen ihren Dimensionen erklärt sich hauptsächlich daraus.

Es ist das Verhältnis Amerikas und des gesamten Westens zu einem Lebensstil, der auf ständigem billigem und allgegenwärtigem Zugriff auf die Kohle, das Erdgas und das Erdöl, die in der Erdkruste lagern, über das sich die Zukunft der Zivilisation entscheiden dürfte. China ist zwar die größte Quelle von Emissionen, aber zu einem guten Teil entstehen sie, um Produkte für den Westen herzustellen oder um den westlichen Lebensstil nachzuahmen. Zwar schwindet die geopolitische und ökonomische Bedeutung des Westens – aber trotzdem wird es die westliche Lebensweise sein, über die sich die Zukunft des Klimas entscheidet. Diese Lebensweise ist, ob man das mag oder nicht, das Ziel von Hunderten Millionen Menschen. Noch besteht Zeit, andere Lebensmodelle in die Welt zu exportieren als überproportionierte Autos, ständigen Fleischkonsum, Energieverschwendung und Konsumfixierung.

Die Menschheit kann weiter die geballte Sonnenenergie, die sich über Millionen Jahre in Lebewesen angesammelt hat, aus denen die fossilen Energieträger bestehen, exzessiv für schnelle Energiegewinnung nutzen und das Klimasystem der Erde in Richtung von dem der Venus bewegen. Oder es gelingt, eine andere, innigere Beziehung zum Erdsystem aufzubauen und zum Kohlenstoff, dem Element des Lebens.

Die digitalen Techniken können weiter so konzipiert sein, uns aus dieser analogen Welt herauszurücken, unsere Aufmerksamkeit mit Suchtmechanismen an sie zu binden und die materielle Seite von Konsum auszublenden. Oder es gelingt, sie umzuprogrammieren und dafür einzusetzen, Achtsamkeit, innere Ruhe und eine innigere Beziehung zur Erdkruste und deren Verbindungen in das Leben zu entwickeln.

Hineinschritt statt Fortschritt

Das westliche kapitalistische System ist von einer gigantischen Wahrnehmungsstörung geprägt, von der Unfähigkeit und dem Unwillen zu sehen, auf was es beruht und woraus es besteht. Versuche, den krankhaften Dualismus durch mehr »Umweltbewusstsein« zu heilen, gab es schon viele, aber bisher sind sie nicht wirklich erfolgreich.[141] Im Wort »Umwelt«, oder englisch *environment*, steckt schon das Problem: Es beschreibt eine Welt »um« uns herum, so als wäre das eine andere Welt. In Wahrheit leben wir in einer »*Uns*welt«, im in*vironment*, in dem Natur und Kultur, Subjekt und Objekt tief verbunden sind.[142]

In dem Maß, in dem wir Menschen Natur in Kultur verwandeln, geschieht aber auch das genau Umgekehrte: Was wir früher »Kultur« nannten, erscheint plötzlich klar und deutlich als integraler Bestandteil der Biosphäre, als Natur. Indem Menschen die Natur durchdringen, wird sichtbar, dass Natur- und Menschensystem schon immer identisch waren, dass die Kluft nie existiert hat, sondern nur mit gigantischem philosophischem und kulturellem Aufwand imaginiert wurde.

Auf den Punkt bringt das der Plan, die erdgeschichtliche Zeit, in der wir leben, in »Anthropozän« umzubenennen, die Erdepoche des Menschen.[143] Diese neue Idee verbindet Mensch und Geologie in einem Begriff. Seit der Chemie-Nobelpreisträger Paul J. Crutzen und der Biologe Eugene Stoermer die Anthropozän-Idee im Jahr 2000 in die Welt gesetzt haben, breitet sie sich weltweit als neue Leitidee für die Rolle des Menschen in der Welt aus.[144] 2016 wird eine wissenschaftliche Kommission ein erstes Votum abgeben, ob die geologische Nomenklatur und dann auch die Schul- und Lehrbücher geändert werden. Wenn das Holozän, in dem wir heute offiziell leben, endet und das Anthropozän beginnt, ist das aber weit mehr als eine Namensänderung. Es markiert den Übergang in eine neue Weltsicht jenseits der bisherigen Auftrennungen: »Menschen sind keine von außen kommende Kraft, die ein ansonsten natürliches System stören, sondern ein Teil des Erdsystems selbst, das zu ihm gehört und mit ihm in Wechselwirkung steht«, schrieb Crutzen mit Forscherkollegen.[145]

Kritiker der Anthropozän-Idee fürchten zwar, dass sie den Menschen wieder zurück ins Zentrum aller Dinge rückt, nachdem ihn Kopernikus aus dem Mittelpunkt des Weltalls, Charles Darwin vom Thron der Schöpfung und Sigmund Freud sogar aus dem Kontrollzentrum des eigenen Ichs vertrieben haben.[146] Doch das verkennt den revolutionären Charakter des Konzepts: Sind Geologie und Mensch einmal für alle sichtbar verbunden, dreht sich nichts mehr allein um den Menschen. Dann tritt das Pluriversum von physikalischen, geologischen, biologischen Kräften klar sichtbar hervor, in dem wir uns schon immer befunden haben, das wir aber ignorieren wollten, um vor allem das herrschende ökonomische Denken und die materiellen Sofortbelohnungen, die es milliardenfach bietet, nicht zu gefährden. Ins Anthropozän zu gehen beendet die Idee des Fortschreitens von der Natur.[147]

»Wir können nicht zur Natur zurückkehren, weil wir sie nie verlassen haben«, sagt der Zen-Gelehrte David L. Roy, und der österreichische Schriftsteller Raoul Schrott führt fort, was dies nun heißt:[148] Man könne das Anthropozän zwar als Prozess beschreiben, bei dem der Mensch auf der geologischen Zeitskala erscheint, das Künstliche das Natürliche dominiert und die Natur ein Erzeugnis des Menschen wird. Genauso stimme aber auch das exakte Gegenteil: Das Anthropozän ist die Zeit, in der die Geologie sich in der Menschheit manifestiert, in der das Natürliche das Künstliche dominiert und die Menschheit erstmals als wirkliches Naturprodukt erscheint.

Wir schreiten nicht fort von der Natur, wie schreiten in sie hinein. Der Fortschritt ist ein Hineinschritt. Je mehr Stoffe wir umsetzen, desto stärker geraten wir in die Natur hinein. So tief, dass das menschliche Wesen mit Tieren, Pflanzen, Steinen fusioniert. Natur wird zu einem sozialen Phänomen: nicht nur, wie wir sie definieren, sondern auch, was sie ist. Überall wandert der menschliche Geist in die Materie hinein, formt sie um, prägt sie neu, verwandelt ihren Charakter.

In der Frühphase der Naturforschung brachten Gelehrte Objekte aus aller Welt zusammen und versammelten sie in »Wunderkammern«, die Adlige und auch das Volk zum Staunen brachten. Durch den Akt des Sammelns verwandelten sich Objekte der Natur in Objekte der Kultur. Heute ist die gesamte Welt eine Wunderkammer geworden, in der die Trennung zwischen Natur und Kultur obsolet wird. Menschliches Tun durchdringt alle Sphären der Erde, aber wir tun immer noch so, als gäbe es ein großes »Draußen«, in dem diese Veränderungen geschähen, während unser Leben in einem großen »Drinnen« stattfindet, in dem auch das Internet residiert. Die mentale Trennung aufrechtzuerhalten wird aber immer schwerer.

Als der amerikanische Geograf Erle Ellis, ein freundlicher, bäriger Typ, vor einigen Jahren mit Freunden unterwegs war, um am Strand von Squirrel Island vor der Küste des US-Bundesstaats Maine ein ruhiges, gemütliches Wochenende zu verbringen (das Rauschen der Wellen, weiter Sand – das versprach herrlich zu werden für einen Naturliebhaber wie ihn), da lag plötzlich vor seinen Füßen ein funkelndes, bunt schimmerndes Etwas, das aussah wie ein Relikt aus einer geheimnisvollen unterseeischen Welt. Ein Stein von der Größe eines Tennisballs, merkwürdig verformt, als ob seit Tausenden Jahren das Wasser an ihm gearbeitet hätte. Ellis war begeistert von seinem Fund und verstaute ihn in seiner Tasche. Er glaubte, ein besonders schönes Stück reiner Natur gefunden zu haben.[149]

Wenige hundert Meter weiter war es vorbei mit der Begeisterung. Die Freunde kamen zu einer Mülldeponie, auf der die Inselbewohner jede Menge Abfall abgeladen und in Brand gesteckt hatten. Dort lagen viele seltsam geformte Gebilde herum, die funkelten und schimmerten und vom Meer verschluckt wurden. Was Ellis in der Tasche hatte, war nicht unberührte Natur, sondern ein verschmolzenes Stück Müll.

Ellis erinnert sich gut an seinen Ärger und den ersten Impuls, dieses blöde, falsche Ding wegzuwerfen. Diesen Reflex haben viele Wissenschaftler. So weigert sich die Internationale Mineralogische Vereinigung, die wissenschaftlich über die Welt der Mineralien wacht, menschgemachte Mineralien als Mineralien anzuerkennen. Forscher forderten, zu den drei Hauptklassen der Gesteinskunde – Erstarrungsgesteine, die aus Magma entstehen, Umwandlungsgesteine, die im heißen Erdinneren geformt werden, und Ablagerungsgesteine, die sich als Sediment bilden – eine vierte Klasse hinzuzufügen, die menschgemachten Gesteine.[150] Doch die Institution sagte nein. »Substanzen, die von Menschen erzeugt wurden, werden nicht als Mineralien angesehen«, heißt es in ihrem Regelwerk.[151]

Das ist ein ziemlich typischer Umgang mit der neuen Natur aus der Hand des Menschen: Solange es geht, wird sie ignoriert, ja fast so behandelt, als gäbe es sie nicht, als würde sie keine Fragen an uns richten, keine Botschaften haben, keine Chancen bieten. Deshalb ist auch ein Großteil der ökologischen Forschungsstationen in den kleinen Flächen echter Wildnis konzentriert, wie Emma Marris herausgefunden hat. Die Ökologie der Städte, Äcker und Industriegebiete bleibt somit unterbelichtet.

Doch Erle Elis behielt den merkwürdigen Stein. Der Klumpen hatte eine Botschaft für den Forscher. Stück für Stück richtete Ellis seine Forschungsarbeit danach aus, wie ein Stück Menschenwerk sich in ein Stück neuer Natur verwandeln kann. Seit einigen Jahren leitet er das »Labor für anthropogene Landschaftsökologie« an der University of Maryland. Er untersucht, wie Natur und Kultur verschmelzen. Der funkelnde Stein ist eine Art Leitfossil für diesen Prozess. All das, was wir tun, lagert sich in den Sedimenten ab und wird noch lange eine Geschichte erzählen. Rund um die Erde entsteht eine schnell wachsende Schicht von Techno-Fossilien, in denen sich menschlicher Geist in Geologie verwandelt.[152] Der Wissenschaftler nimmt aus dem Erlebnis aber nicht mit, dass verbrannter Müll eine gute Sache ist und es legalisiert werden sollte, Elektroschrott in wilden Schöpfungspartys am Strand zu verbrennen. Derartiger Techno-Schamanismus ist ihm fremd. Vielmehr fordert Ellis, dass niemand mehr die Augen verschließt vor den ungeheuren Transformationen in der Natur und sich einbildet, sie fänden in einer fremden »Umwelt« statt. Menschen machen aus den Naturlandschaften, die Wissenschaftler früher »Biome« genannt haben, »Anthrome«. Das sind Menschenräume, in denen überall die Spuren und Effekte unserer Handlungen stecken.[153] In diesen Anthromen gibt es keine künstlichen Grenzen mehr.

Es gibt für solche hybriden Räume und Landschaften unendlich viele schöne und positive Beispiele, von den Reisterrassen Asiens bis zu früheren Eisenbahnarealen in Berlin, die nun zu ökologischen Schutzgebieten geworden sind. Menschen sind nicht nur Zerstörer, sondern auch Erschaffer von Biodiversität, von Lebensräumen, von evolutionärem Potenzial. »Menschlich geprägte Landschaften sind selten vollständig genutzt oder vollständig wild«, sagt Ellis, »sie sind komplexe Mosaike von Landwirtschaft und Siedlungen, die mit sich erholenden, neuartigen oder nur schwach genutzten Ökosystem abwechseln.« Urbanisierung und Produktionssteigerungen in der Landschaft bergen ihm zufolge die Chance, dass sich rund um die Welt neue Ökosysteme bilden können, in denen das ökologische Erbe des Planeten erhalten werden kann.[154]

Doch die Chance, die Ellis beschreibt, bietet sich nur, wenn nicht länger in der Summe die krisenhaften Prozesse von biologischer Verarmung und klimatischer Polarisierung überwiegen – und das geht nur, wenn die Menschheit anfängt, regenerativ statt degenerativ und innovativ statt extraktiv zu wirtschaften.

Es ist mehr als eine semantische Ähnlichkeit, dass die Geschäftsstrategie von Google, Facebook und anderen IT-Riesen heute auf etwas beruht, was *data mining*, also »Daten-Bergbau« genannt wird. Der Konsumoptimierung, die mittels Werbung erfolgen soll, liegt die gleiche extraktive Mentalität zugrunde wie dem Wirtschaftszweig, der die Rohstoffe für die Smartphones und Computer mit wenig Rücksicht auf Mensch und Umwelt besorgt und entsorgt. Im einen Fall ist die Erde das an sich wertlose Ding, dem ökonomischer Wert entrissen wird, im anderen Fall ist es die Masse der Internetnutzer, die erst dadurch wertvoll wird, dass man ihre Profile, Muster, Regelmäßigkeiten bergmännisch abbaut und verwertet, ob für kommerzielle oder für geheimdienstliche Zwecke.

Was würde es bedeuten, wenn wirklich »die hoch entwickelten funktionellen Eigenschaften von biologischen Systemen« und ein »grundlegendes Verständnis von natürlichen Prozessen und den ihnen zugrunde liegenden Designregeln«, von denen die DARPA schwärmt, einem militärisch-industriellen Komplex zur Verfügung stünden, dessen Hauptinteresse bis dato darin besteht, die heutige Wirtschaftsweise zu verteidigen und global auszubauen?

Dass sich biologisch inspirierte Techniken dafür nutzen lassen, Energie und Produkte ressourcenschonend herzustellen, effizient einzusetzen und umfassend wiederzuverwerten, ist eine berechtigte Hoffnung, und weltweit sind entsprechende Anwendungen im Vormarsch. Die »Green Economy« umfasst derzeit 2 von 55 Billionen Euro des globalen Bruttosozialprodukts, und sie könnte durch neue, grüne Hightech-Lösungen beflügelt werden. Damit das passiert, reichen aber technische Lösungen nicht aus. Das ganze System von Subventionen, Prioritäten, industriellen Machtstrukturen, Wertzuschreibungen und Gewohnheitsrechten müsste sich ebenfalls verändern.[155]

Bisher haben fossile Brennstoffe neben all den Annehmlichkeiten, die sie bewirken, das Schlimmste im Menschen hervorgekehrt: Die Brutalitäten im ersten Ölrausch der Vereinigten Staaten im 19. Jahrhundert setzen sich bis heute fort, ja sie eskalieren: im Niger-Delta, wo der Shell-Konzern über Jahrzehnte einen korrupten Schattenstaat betrieben hat; in Russland, wo sich eine kleine Clique von Oligarchen bereichert; im Golf von Mexiko, wo das BP-Unglück langfristige Schäden verursacht hat; in Kanada, wo für Teersande ganze Landstriche umgegraben und verseucht werden; in Texas und anderen US-Bundesstaaten, wo Fracking-Bohrungen nach Erdgas das Grundwasser gefährden; im Yasuni-Nationalpark von Ecuador, einem der artenreichsten Gebiete der Welt, wo trotz des Widerstands von Indigenen und Umweltschützern die Ölexploration beginnt; in der Arktis, wo der neueste Öl- und Erdgasrausch beginnt; in China, wo jedes Jahr Zehntausende Menschen an Smog sterben oder bei Arbeitsunfällen in den Bergwerken; in der Ostchinesischen See, wo die Anrainer am Rand eines Kriegs um eine Inselgruppe stehen, um die herum es reiche Erdgas- und Fischvorkommen gibt.

Kohlenstoff, kontrolliert und verabreicht durch ein System von Großkonzernen und Öl-Autokraten und konsumiert von Milliarden Menschen, die kurzfristige Belohnungen höher gewichten als die langfristigen Gefahren, ist dabei, eine Art kohlrabenschwarzes Internet rund um die Erde zu bilden.

Je stärker sich die Klimakrise zuspitzt, desto kleiner wird die Gruppe derer, die von der fortgesetzten Sucht nach Erdöl, Kohle und Erdgas profitieren. Und desto aggressiver treten diese Kräfte auf.

Die ersten Opfer sind schon jetzt die Ärmsten, die wie in Nigeria von den Ölprofiten kaum etwas abbekommen, aber in verseuchten Landstrichen leben müssen. Diese Ärmsten werden die ersten Opfer sein, denn der Klimawandel bedroht asymmetrisch die Landstriche, in denen sie leben, etwa in Afrika oder Bangladesch.

Wäre es andersherum, würden nur die Ärmsten von CO_2-Emissionen profitieren, aber die Reichsten und Mächtigsten kurzfristig Angst um ihr Vermögen haben, dann wäre der Klimawandel das Thema Nummer eins der Weltpolitik. Würden Terroristen gerade das vorbereiten, was den Menschen in den USA künftig durch Extremwetterereignisse droht, wäre Alarmstufe Rot. Aber so ist es nicht: Es ist absehbar, dass in den gemäßigten Ländern des Westens, in denen bisher ein Großteil der Emissionen entstanden sind, der Klimawandel zumindest anfangs angenehm ausfällt, während er in Gebieten, die schon heute an der Kippe stehen, brutal zuschlagen dürfte.[156]

Das Chaos, die Konflikte und die Instabilität, die damit einhergehen werden, beschäftigt heute bereits Militärplaner. Die USA, Kanada, China, Russland und auch die EU bereiten sich schon auf Konflikte um Nahrung, Wasser und gemäßigte Klimazonen vor und auf neue Verteilungskämpfe, etwa um die Rohstoffe einer auftauenden Arktis. Dass ein künftiger Krieg um die Rohstoffe der Arktis von Soldaten geführt wird, die mit Solarpanelen und Vogeldrohnen ausgestattet sind, ist eine reale Möglichkeit.

Wenn die Natur, von der Militär und IT-Konzerne nun schwärmen, einfach nur ihre heutigen Kräfte verstärkt, ihre heutigen Operationsweisen verbessert und sie ihren heutigen Zielen näherbringt, dann werden Kohlendioxid und andere Abfallstoffe die Erde der Zukunft prägen. Es verhält sich ähnlich wie mit den Zen-Meditationen von Steve Jobs, dem Meditationsprogramm »Search Inside Yourself«, das Google für seine Mitarbeiter anbietet, und dem Projekt »GPS for your soul« von Arianna Huffington, das Leser auf ihre Kostenlos-Medien-Seite locken soll.[157] Hier werden jahrtausendealte Kräfte ausgebeutet – um doch nicht das Richtige zu tun.

Wenn dies systematisch passiert, drohen die vereinenden, befreienden und zivilisierenden Kräfte, die so unterschiedliche Phänomene wie das Völkerrecht, das Internet und Meditation gemeinsam in sich tragen, sich in ihr Gegenteil zu verkehren. Es besteht die Gefahr, dass Supercomputer mit ökologisch inspirierten Schaltkreisen und Roboter mit Eigenschaften von Bienen, Chamäleons und Vögeln hauptsächlich den Zweck haben werden, die nächsten Rohstoffkriege schneller zu gewinnen. Meditation und Yoga dienen dann dazu, die nächsten Konsumräusche effektiver zu orchestrieren.

Wenn grundlegendere Fragen in unserer Verbindung zu dem, was bisher Natur genannt wurde, ungelöst bleiben, werden neue, biologisch inspirierte Technologien und spirituelle Techniken nur die bestehenden Probleme verschlimmern, zuspitzen, eskalieren lassen.

Szenario: Taifun Thomas Tyrell

»Wie ist dir deine letzte Stammzellinfusion bekommen?« Die sanfte Stimme von Julia, seiner weißrussischen Assistentin, dieses Engels mit goldenen Locken, riss Thomas Tyrell aus dem Mittagsschlaf. Das war ihr Ritual. Jeden Tag um drei Uhr nachmittags weckte sie ihn auf, streichelte zuerst seine Stirn, dann massierte sie ihn. Heute war ihm nicht danach. Soeben hatte ihn wieder der Albtraum geplagt, wie so oft: Er saß in den weißen Ledersesseln seines Dienstjets, flog hoch über den Wolken zu einem Gipfel. Es sollte gleich Essen geben, doch als sich die Tür öffnete, aus der sonst seine Stewardessen kamen, fegte ein eiskalter Wind durch das Flugzeug, der ihn von seinem Sessel und hinaus ins Freie riss. Aus dem Lautsprecher erklang die Stimme von Julia: »Gute Reise, Liebling.« Er wollte seiner Dienerin davon nicht erzählen.

Tyrell schob die Seidenbettdecke beiseite, setzte sich senkrecht auf, betrachtete sein glattes, geschmeidiges Gesicht im Spiegel an der Wand und nahm einen Schluck von dem Ingwertee, den Julia ihm zubereitet hatte. Er stand auf und zog die schweren Brokatvorhänge auf, die seine Freundin Tina aus Versailles für ihn abgezweigt hatte, eine grün schimmernde Landschaft kam zum Vorschein, in der Pferde grasten und reinweiße Wolkenhaufen über den Himmel zogen. »Du mit deinen Pferden«, sagte Tyrell zu Julia, »können wir nicht etwas anderes sehen, die alte Wall Street oder so etwas?«

Julia gehorchte und wechselte das Programm. Es ging ihm gut, dachte Tyrell, er konnte zusammen mit seinen Freunden das Leben genießen, ihr Weinkeller war noch nicht einmal zu einem Viertel aufgebraucht, und es war ihm gelungen, diese grausame, hässliche Welt jenseits von Flinders Island zu vergessen. Das milde Klima im Powerdome, Julias liebevolle Pflege und vor allem dieses wunderbare Fluid, das Dr. Matipoliv aus ihren weißrussischen Eizellen gewann, ließen ihn das Leben auch mit 107 Jahren noch genießen. Vergangene Woche hatte der Arzt ihm seine vierteljährliche Dosis verabreicht, ein Piksen, und er fühlte sich wieder etwas jünger. Er liebte den Gedanken, dass Julias unbändige Energie im Inneren seines Körpers wirkte. Wenn nicht dieser Albtraum wäre.

Tyrell ließ Michael Rogers holen, den Sicherheitschef von Flinders Island. Der hatte ihm am Vorabend von merkwürdigen Truppenbewegungen östlich der Insel erzählt, von seinem Verdacht, es könnte Pläne für eine Invasion geben. »Sie haben mir einen veritablen Albtraum beschert, Rogers, und ich sage es Ihnen zum letzten Mal, dass Sie mich mit solchen Spinnereien in Ruhe lassen sollen, zumindest solange Sie mir garantieren können, dass unser Schild funktioniert.«

»Ja, Sir«, sagte Rogers in der merkwürdig hohen Tonlage, derentwegen er von seinen Jahrgangskameraden bei der NSA immer gehänselt worden war. Die Kameraden von einst, die sich über ihn lustig gemacht hatten, waren jetzt alle tot, gestorben im Chimerikanischen Krieg oder in der großen Dürre. Er aber hatte sich nicht nur von einem einfachen Drohnenflieger an die Spitze der NSA vorgearbeitet, er hatte auch die großen Angriffe auf die Datenzentren in Utah überlebt. Er lebte, die anderen waren tot, das zählte. Jetzt war es seine Aufgabe, die 85 reichsten Menschen der Welt und ihren langjährigen Beschützer Thomas Tyrell vor dem Chaos zu bewahren, das in der Welt um sie herum tobte, keine schlechte Aufgabe im Pensionsalter. Ein riesiges Gebiet stand unter seinem Kommando. Zu Flinders Island, wo die 86 mit ihrem Personal im Powerdome lebten, gehörte als abhängige Kolonie Tasmanien, wo eine kleine Crew von Servicearbeitern die automatisierten Gewächshäuser und Tierfabriken am Laufen hielten und über ein ausgeklügeltes System von Förderbändern und Schleusen dafür sorgte, dass im Powerdome kein Wunsch unerfüllt blieb.

Was sonst im Inneren der Inseln vor sich ging, beschäftigte Rogers nur selten. Sein Aktionsfeld waren die Küstenlinien, die es gegen Eindringlinge zu schützen galt, die 40 Meilen Meeresgebiet in alle Richtungen, in denen er seine Waffensysteme stationiert hatte – und der Rest der Welt, den er mit seinen Leuten im Blick behalten musste. An den Küsten patrouillierten robotische Kaninchen, Hunde, Tiger und Stiere, Wesen aus elastischen Materialien, die ihren natürlichen Vorbildern täuschend ähnlich sahen und in ihrem Inneren das Neueste vereinten, was Genforscher, Materialingenieure, Neurobiologen und Waffentechniker vor Beginn des Chimerikanischen Kriegs aufzubieten hatten. Mit ihren alles durchdringenden Sinnen hatten sie schon Tausende bei dem Versuch aufgespürt, an Land zu gehen und in den Powerdome zu gelangen. Diese Roboter konnten ihre Farbe der Umgebung anpassen und sich selbstständig ernähren, von Pflanzen, fossilen Treibstoffen und auch von Tieren. Sie konnten sich selbst heilen, wenn sie beschädigt worden waren, sie konnten sich sogar fortpflanzen.

Einen kleinen Vorteil hatten die Versuche von Klimaflüchtlingen, auf Flinders Island zu gelangen: Sie lieferten Biotreibstoffe für das Abwehrsystem. Schließlich war in einer Welt knapper Ressourcen jedes Gramm Fett und Eiweiß wertvoll. Im Meer hatte Rogers alles verbaut, was er während des Chimerikanischen Kriegs auf Geheiß von Tyrell aus den Waffenbeständen der atlantischen Armeen abzweigen konnte. Sie waren nun allzeit verteidigungsbereit. Jeder Versuch, sie vom australischen Festland her unter Beschuss zu nehmen, war zum Scheitern verurteilt. Zumal es dort kaum noch Menschen gab, die überhaupt noch ein Gewehr hätten halten können.

Dreißig Jahre Dürre und Hitzestürme, dreißig Jahre Kampf um die tägliche Ration Brot und Wasser, das war auch für die Härtesten und Zähsten zu viel. Die australische Armee hatte sich längst aufgelöst, die einzige Überlebenschance für seine früheren Kameraden hatte darin bestanden, sich einer der Milizen anzuschließen, die regionale Bergbauoligarchen zu ihrem Schutz aufbauten. Er hatte zweifelsohne den Topjob gelandet. Unter den fünfzig Powerdomes, die weltweit durch die Reste des früheren Internets verbunden waren, war seiner, soweit er das einschätzen konnte, mit Abstand am luxuriösesten ausgestattet und am besten bewaffnet. Viele der anderen Hightech-Bunker, in die sich die Reichen und Mächtigen von früher zurückgezogen hatten, waren bereits erobert worden, erst letzte Woche war einer in den Rocky Mountains gefallen. Auf Flinders Island hatte sich Rogers bisher rundum sicher gefühlt. Bis gestern hatte ihn nur der Verfolgungswahn seines Chefs belastet.

»Die 86 erwarten von Ihnen, dass Sie lautlos für die Sicherheit dieser Insel sorgen«, herrschte Tyrell ihn an. »Wir haben alle in unserer aktiven Zeit fürwahr genug Ärger gehabt, genug beschissene Nachrichten gehört und genug Angst davor durchlitten, wegen unserer Intelligenz, unserer Verdienste und unseres Reichtums entführt oder von Terroristen aufgeschlitzt zu werden.«

Rogers hatte seinem Chef am Vorabend von den merkwürdigen Mustern erzählt, die seine Rechner seit einigen Tagen in den elektronischen Überwachungssystemen registrierten. Über mögliche Ursachen hatte er nichts gesagt, er hatte keinen Schimmer. Es konnten atmosphärische Störungen sein, wie sie öfter auftauchten, seit es auf der Erde kein ruhiges Wetter, keinen Lauf der Jahreszeiten und kein gemäßigtes Klima mehr gab, nur noch superheiß oder superkalt, supernass oder supertrocken.

Wenn es ein Thema gab, das er vor seinem Chef nicht ansprechen durfte, dann war das alles, was mit Wetter und Klima zu tun hatte. Als er noch Premierminister von Australien war, hatte Tyrell Mitarbeiter, die das Wort »Klimawandel« in den Mund nahmen, fristlos gefeuert. Als sich die Lage wendete und er Vorsorge für sich und seine Freunde treffen musste, hatte er den Powerdome mit einer geschlossenen Klimaanlage ausstatten und gegen Licht von außen abschirmen lassen. An den Fenstern und Decken liefen Simulationen von Wolken und blauem Himmel, und Dr. Matipoliv sorgte mit künstlichen Lichtquellen, Vitaminen und Hormonen dafür, dass niemand vom Sonnenmangel krank wurde. Sein Chef hasste Wetter – und er hasste es, von ihm angebrüllt zu werden. Das war unter der Würde eines früheren Chefs des mächtigsten Geheimdienstes der Welt.

Außerdem wollte Rogers bestimmt nicht wegen eines falschen Wortes gefeuert werden, er wollte jedes Risiko vermeiden, die Insel je wieder verlassen zu müssen. Der Internetanschluss auf Flinders Island befand sich in seinem Büro, und er wusste, dass er lieber für immer hier war, als auch nur einen Schritt in diese schreckliche Welt zu tun, die sich auf dem australischen Festland und rund um den Globus erstreckte. Zu seinem Job gehörte es, die Serie von Katastrophen zu verfolgen, von denen die Menschheit seit dreißig Jahren geplagt wurde – für den Fall, dass etwas passierte, was die Insel betraf. Nur in einer lebensgefährlichen Lage, lautete seine Mission, sollte er die Bewohner mit Informationen behelligen.

Während die 86 in ihrem Luxus schwelgten, während sie fein dinierten, ihre Körper verjüngen ließen, sich mit ihren wollüstigen Assistentinnen und Assistenten vergnügten und den Weinkeller leerten, in dem es nur feine Tropfen gab, keine einzige Flasche Fusel aus dem 3-D-Drucker, musste er sich jeden Tag für ein paar Stunden abgemagerte Menschen anschauen, die um eine Handvoll Reis oder Weizen kämpften, überschwemmte Städte, in deren Ruinen Anarchie herrschte, und Lynchmobs, die nach Schuldigen an ihrer Misere suchten. Es gab da draußen neue Wilde, deren Schamanen Regentänze aufführten und Menschenopfer erbringen ließen. Es gab Technobanden, die mit zusammengeklauten Waffen Raubzüge veranstalteten. Es gab Biohacker, die Landstriche mit ethnischen Genwaffen entvölkerten, um an Agrarflächen zu kommen. Und erst gestern hatte es wieder einen der letzten Wettermänner erwischt. Wetter anzusagen war ein wirklich gefährlicher Beruf geworden. Eine Bande vermummter Verrückter, die sich die »Rächer von der Wall Street« nannten, war in das Studio eingedrungen, hatte dem Ansager vor laufender Kamera eine Pistole an den Kopf gehalten und gleiche Lebensmittellieferungen für alle Stadtteile New Yorks gefordert, auch für den früheren Finanzdistrikt. Es gab wegen solcher Übergriffe kaum noch Menschen vor der Kamera. Die Nachrichten bestanden hauptsächlich aus Wetterberichten mit Computerstimmen.

Was in der Sendung geschah, hatte Rogers seit gestern zu verdrängen versucht, er hatte sich nachts immer wieder mit seinem Waffenarsenal getröstet, er hatte sich wieder und wieder vorgesagt, dass sein Chef ihm befohlen hatte, in seiner Gegenwart Wetter und Klima nicht einmal auszusprechen. Kurz bevor der Mob in das Studio gestürmt war, hatte der Ansager vor einem neuen Taifun gewarnt, der mit 300 Stundenkilometern auf Südostasien zuraste. Das 400 Kilometer breite Monstrum war nach seinem Chef benannt – »Taifun Thomas Tyrell«.

Es war die Zeit, in der Wetter, wie es früher war, eine natürliche Kraft, die über die Menschen kam, die sich in Form von Jahreszeiten zeigte und gelegentlich in Unwettern oder Trockenzeiten austobte, aufgehört hatte zu existieren. Wetter war zu einem sozialen Phänomen geworden, in dem Menschen mit den Handlungen anderer Menschen konfrontiert sind, zu einer Art bösartigem sozialem Netzwerk, das nicht auf digitalen Bildschirmen existierte, sondern in der analogen Welt. In den ausgetrockneten Landstrichen, den versinkenden Küstenstädten und den überschwemmten Flusstälern lebten Milliarden Menschen in Armut, weil ihnen extremes Wetter alles genommen hatte. Vier Billionen Tonnen zusätzlicher Kohlenstoff, die seit dem Beginn der Industrialisierung in der Atmosphäre gelandet waren, fingen unerbittlich zusätzliche Sonnenwärme ein und bildeten im Meer die ätzende Kohlensäure. Die Folgen waren weitaus schlimmer, als Klimaforscher erwartet hatten.

Das Abschmelzen der Arktis führte dazu, dass natürliche Reflektoren für das Sonnenlicht entfielen und es noch heißer wurde; auf dem Meeresboden tauten riesige Mengen gefrorenen Methangases auf; und die zunehmende Hitze führte dazu, dass weltweit riesige Moor- und Waldflächen abbrannten und zusätzlichen Kohlenstoff freisetzten. Seit dreißig Jahren waren weltweit die Jahreszeiten durcheinandergeraten. Zwischen Hitzewellen entluden sich sporadisch Schneestürme und Kälteeinbrüche, weil das Klimasystem komplett seine Fähigkeit verloren hatte, Unterschiede über längere Zeiträume auszugleichen. Binnen weniger Jahre kollabierten die Ernten von Weizen, Reis, Mais und anderen Grundnahrungsmitteln. Flüsse trockneten aus. Und nachdem an eine Tierhaltung an Land kaum noch zu denken war, weil die Menschen das Getreide selbst essen wollten, kollabierten auch die Fischbestände: Die Kohlensäure hatte die Organismen angegriffen, von denen Fische sich ernährten. Die Nahrungskette im Meer war abgerissen.

Wetter war zu Extremwetter geworden, und das stürzte viele Erdregionen ins Chaos. Zuerst hatte es Australien und Afrika getroffen, dann Asien und Nordamerika, zuletzt Europa und Südamerika. In vielen Ländern gab es Notstandsregierungen, die sich darum mühten, Aufstände niederzuschlagen und das wenige Essen zu verteilen. Der Wohlstand früherer Jahrzehnte erschien wie ein fernes, für immer verlorenes Paradies. Wenn eine neue Dürre oder ein neuer Sturm kam, sahen Menschen darin nun den Überfluss, die verschwendete Energie, die Orgien an Fleisch, Metall und Plastik, die Leuchtreklamen, die unnötigen Produkte, die überflüssigen Autofahrten ihrer Vorfahren und der noch lebenden Alten. Als wären sie die animistischen Geister, die in den Wolken, Wassermassen oder Hitzestrahlen weiterlebten. Das fachte eine weltweite Suche nach Schuldigen an, und bei den Menschenopfern erwischte es hauptsächlich Ältere, denen die Jungen vorwarfen, zu wenig gegen den Klimawandel getan zu haben. Mit jedem Monstersturm und jeder Nachricht über eine neue Todeszone im Meer stieg der Hass auf jene, die in den ersten Jahrzehnten des 21. Jahrhunderts effektive globale Maßnahmen gegen den Ausstoß der Treibhaugase Kohlendioxid und Methan verzögert oder verhindert hatten – vor allem auf Menschen wie Thomas Tyrell.

Er war in einem entscheidenden Moment Premierminister von Australien geworden. Eine Mitte-links-Regierung hatte den Kontinent auf drastische Kürzungen der CO_2-Emissionen eingeschworen und darauf, den Abbau von Kohle und anderen Ressourcen durch neue Umweltabgaben zu erschweren. Tyrells Vorgänger waren bei den internationalen Klimaschutzkonferenzen der Vereinten Nationen mit dem Versprechen aufgetreten, Australien würde zum Vorreiter bei erneuerbaren Energien und beim Klimaschutz. Dieser Kurs gefährdete die Interessen der mächtigen Bergbauindustrie des zweitgrößten Kohleexporteurs der Welt, vor allem eines kleinen Kreises von Multimilliardären, die ihren Reichtum mit Kohle, Erzen und einer Vielzahl von staatlichen Zuwendungen erwirtschaftet hatten.

Die Milliardäre verbündeten sich gegen die Regierung und holten zum Doppelschlag aus: Sie fütterten das größte australische Medienimperium mit so viel Geld, dass dessen Eigentümer einen aggressiven Kurs gegen jede Art von Umweltpolitik einschlugen. Sie ließen die Erkenntnisse von Klimaforschern lächerlich machen und die Regierung bei jeder Gelegenheit wegen der geplanten CO_2- und Bergbausteuern attackieren. Und sie kauften sich Tyrell, einen schneidig auftretenden Rechtsanwalt, der sich seit einer Weile an die Bergbau-Oligarchen herangeschmissen hatte, um in der liberalkonservativen Partei Karriere zu machen und seinen Wahlkampf bezahlen zu können.

Die Investitionen erwiesen sich als goldrichtig. Die Stimmung in der Bevölkerung wendete sich bald gegen die Klimaschutzpolitik der Regierung, und Tyrell gewann die Wahl. Als Premierminister hielt er sich an die Absprachen: Er leugnete den Klimawandel nicht vollständig, um mehrheitsfähig zu bleiben, stoppte aber alle Projekte, die eine Gefahr für Bergbauinteressen dargestellt hätten. Einen Beirat von Wissenschaftlern, die für seine Vorgänger Analysen des wissenschaftlichen Wissensstandes verfasst hatten, löste er auf. Den Ausbau eines Kohlehafens, der Teile des Great Barrier Reefs gefährdete, machte er zu seinem

Lieblingsprojekt. Während er in der Öffentlichkeit Verständnis für die Anliegen von Umweltschützern äußerte, klang es bei den regelmäßigen Abendessen mit seinen Geldgebern, für die Rindfleisch und Fische aus Japan sowie Muscheln und Champagner aus Frankreich eingeflogen wurden, anders: »Wir bauen das beschissene Great Barrier Reef zu einer unterseeischen Shopping Mall um, wenn es unserem Bruttosozialprodukt dient.« Den Weltklimakonferenzen der Vereinten Nationen blieb Tyrell fern, er schickte, als Zeichen seiner Verachtung, einen Referatsleiter aus der Wetterbehörde. Nur einmal ließ er sich hinreißen, für einen Nachmittag teilzunehmen; er war gerade ohnehin in der Konferenzstadt gewesen. Die Stimmung im Saal war vor Tyrells Rede traurig gewesen. Anschließend war sie depressiv.

Neun Jahre blieb Tyrell an der Macht. In dieser Zeit schaffte er es, im Bündnis mit den Staats- und Regierungschefs der USA, Chinas, Indonesiens und Russlands und den CEOs der größten Bergbau- und Energiekonzerne der Welt, den Klimawandel von der internationalen politischen Agenda zu drücken. Die Anzeichen mehrten sich, dass die Klimaforscher mit ihren Prognosen eher unter- als übertrieben hatten. Der australische Wetterdienst musste in seinen Diagrammen zwei neue Farben einführen, um Rekordtemperaturen darzustellen. Doch die Menschheit ließ sich von den Beschwichtigungen der Mächtigen, von immer neuen Wirtschaftskrisen und von anderen Angstthemen wie dem internationalen Terrorismus ablenken. In den nördlichen Breiten sorgten milde Winter und heiße Sommer für gute Laune. Unterdessen änderte sich der Planet Schritt für Schritt – und so grundlegend, dass Menschen aus dem frühen 21. Jahrhundert ihn im späten 21. Jahrhundert erst nach einer Weile als ihren Heimatplaneten wiedererkennen würden.

Die Stimmung änderte sich an dem Tag, an dem aus dem Meer nördlich von Sibirien eine gewaltige Blase an die Oberfläche stieg und einen kleinen Tsunami in Gang setzte, dem an Land zwanzig Hafenarbeiter zum Opfer fielen. Ohne diese Todesfälle wäre das Ereignis vielleicht gar nicht bemerkt worden. Nun suchten Wissenschaftler nach der Ursache. Ihre Antwort machte weltweit Schlagzeilen: Der polare Meeresboden war so warm geworden, dass gefrorenes Methan in riesigen Mengen auftaute und als Gas in die Atmosphäre aufstieg. Die Blase und der Tsunami waren entstanden, weil sich das Erdgas in einer Kaverne angesammelt hatte, die sich auf einen Schlag leerte. Das eigentliche Problem war den Analysen zufolge viel größer. Der Erwärmungseffekt allein aus dem russischen Polarmeer entsprach dem gesamten CO_2-Ausstoß der USA. Solche Phänomene häuften sich.

Der Übergang von einem natürlichen Wetter, das die Menschen als gegeben wahrnahmen, zu einem sozialen Wetter, das als etwas von Menschen Gemachtes in Erscheinung trat, dauerte zehn Jahre. In dieser Zeit verstummten die Klimawandelskeptiker. Unauffällig verschwanden in Washington und anderen westlichen Hauptstädten die Türschilder von »Thinktanks« und »Instituten«, die in Wahrheit Frontshops der Fossilwirtschaft gewesen waren und nur das Ziel verfolgt hatten, die Klimapolitik zu behindern und ihren Auftraggebern Zeit zu kaufen, ihr altes Geschäft fortzusetzen. Viele der alten, weißhaarigen Männer, die sich besonders aggressiv als Kämpfer gegen die Klimapolitik hervorgetan hatten, Leute wie der US-Senator James Inhofe, starben noch in dem Glauben, für die richtige Sache gestritten zu haben. Wer die Große Australische Dürre miterlebte, hörte auf, seine eigenen Lügen zu glauben. Nun ging es für die früheren Leugner darum, in der neuen Weltunordnung klarzukommen.

Thomas Tyrell hatte schon immer einen guten Riecher gehabt für die Dinge, die ihm gefährlich werden konnten. So hatte er innerparteiliche Widersacher frühzeitig ausgeschaltet, Spendenaffären überstanden und Geliebte stillgestellt, die plappern wollten. Ihm war es immer egal gewesen, was anderen Menschen gefährlich werden konnte, aber was ihn selbst betraf, da besaß er einen Spürsinn wie ein Terrier. Er hatte frühzeitig darüber nachgedacht, wie er sich in Sicherheit bringen würde, sollten sich die Umstände gegen ihn wenden.

Nach dem russischen Tsunami rief er in seiner entlegenen Ranch einige seiner früheren Geldgeber zusammen und unterbreitete ihnen ein Angebot: Er wolle als Elder Statesman eine Stiftung gründen mit dem Ziel, auf Flinders Island ein Memorial für die letzten 160 tasmanischen Aborigines zu errichten, die dort im frühen 19. Jahrhundert zusammengepfercht worden waren, kurz vor ihrer Ausrottung durch die weißen Siedler im Jahr 1876. Er habe sich während seiner Amtszeit für die Belange der Aborigines eingesetzt, um sein Image aufzupolieren, und nun wolle er dafür die Ernte einfahren. Ein solches ehrenhaftes Projekt könne der Stiftung exklusive Rechte über die Insel sichern, und diese könnten genutzt werden, um im Untergrund noch etwas ganz anderes zu bauen: einen luxuriösen Schutzbunker für 85 der reichsten Menschen der Welt – für den Fall, dass die Weltlage sich ungünstig entwickle. Innerhalb von vier Wochen hatte Tyrell 12 Milliarden Dollar zusammen, und seine Warteliste umfasste 200 Multimilliardäre, darunter Besitzer von Bergbau- und Energiekonzernen, Chefs von Investmentbanken, Rüstungshersteller, Medien- und Internetmoguln. Es handelte sich um das erste Powerdome-Projekt weltweit, entsprechend groß war die Nachfrage.

Die Warteliste hatte erstaunliche Ähnlichkeiten mit einer Liste, die in dieser Zeit in Straßburg kursierte: Dorthin war der Internationale Gerichtshof der Vereinten Nationen umgesiedelt worden, kurz bevor eine Sturmflut Den Haag in der Nordsee verschwinden ließ. Schon 2009, als die internationale Klimakonferenz der Vereinten Nationen in Kopenhagen spektakulär scheiterte, hatte an diesem Gerichtshof Mats Vogel, ein frisch promovierter Jurist mit roten Haaren, blassem Teint, schmalen Lippen und einer ebenso schmalen Brille, damit begonnen, Material über den Klimawandel zu sammeln. Er war kurz vor dem, was man früher »Pensionsalter« genannt hatte, aber so etwas spielte nun keine Rolle mehr. Jeder, der in der Festung des Gerichtshofs lebte, war froh, dort zu sein und über unterirdische Gänge von außen von den Blauhelmen versorgt zu werden.

Mats Vogel war sich schon als junger Referendar sicher gewesen, dass es eines Tages ein Internationales Tribunal über die Menschen geben würde, die zum Klimawandel nicht nur durch überflüssige Autofahrten und exzessiven Fleischkonsum, sondern durch weitreichende politische Entscheidungen beigetragen hatten. »Wer wissentlich dafür sorgt, dass sich die Lebensbedingungen von Milliarden Menschen verschlechtern, wer durch sein Handeln tödliche Stürme und Dürren heraufbeschwört, wer das Wetter in ein soziales Phänomen verwandelt, begeht ein Verbrechen gegen die Menschlichkeit und macht sich letztlich an Genozid schuldig, da ganze Volksgruppen in ihrer Existenz bedroht werden«, hatte er in seiner ersten Vorlage für das Präsidium des Gerichts geschrieben. Seine ganze Arbeit zielte seither auf die kleine Gruppe von Menschen, deren strategische Entscheidungen die Welt auf einen falschen Kurs brächten, und die es den Normalbürgern schwer bis unmöglich machten, ohne Emissionen zu leben. »Es gibt bei Erdöl, Kohle und Gas die Drogenabhängigen, und es gibt die Dealer, die von der Abhängigkeit profitieren«, schrieb er später in einem Papier.

Am Anfang hatte Vogel es nur dem Wohlwollen eines einzelnen Gerichtspräsidenten zu verdanken gehabt, dass sein Projekt gefördert wurde und er fortan in seinem Büro unbehelligt

Namen und Beweise sammeln durfte. Dann wurde er schlichtweg vergessen. Er war einfach da und gehörte wie ein altes Möbelstück dazu.

Vogel hatte nicht aufgehört, an seine Sache zu glauben, er hatte Jahr um Jahr Statistiken, Geschäftsberichte, Presseartikel und Regierungsdokumente gesammelt und ausgewertet. In seinem Büro hing eine Rangliste der Menschen, die deutlich größere Mengen Treibhausgase zu verantworten hatten als normale Durchschnittsverbraucher. Es ging ihm um Millionen, um Milliarden Tonnen Kohlendioxid und Methangas, deren Ausstoß planvoll toleriert worden war und die sich nun zu einer gigantischen Revolution des Erdgeschehens summierten. Mehrere Regierungschefs der USA, Chinas und europäischer Länder prangten an seiner Wand, CEOs von Unternehmen der Energie- und Bergbaubranche und Medienunternehmer, die über Jahre hinweg wissentlich die Unwahrheit verbreiten ließen. Nach dem russischen Tsunami wusste er, dass seine Stunde bald kommen würde, der Moment, in dem er seine gesammelten Beweise dem UNO-Chefankläger vorlegen würde. Vogel begann zu überlegen, wer sein erster Kandidat sein würde. Sollte er ganz oben anfangen? Die weiteren Angeklagten würden wie kleine Fische erscheinen. Ganz unten? Das würde so aussehen, als ob die Großen laufengelassen würden. Sein Blick fiel auf einen Mann in der Mitte, auf ein scharf geschnittenes Gesicht mit einer souveränen Ausstrahlung, einem Blick, der zum Ausdruck brachte, wie sicher sich dieser Mann seiner Sache war. Wenig später stand der Name Thomas Tyrell im Formular für einen Anklageantrag, der Mann, der dafür gesorgt hatte, dass die australischen Kohlevorkommen in der Atmosphäre landeten, um die Taschen seiner Geldgeber zu füllen.

Er wusste, dass Patricia Fernandez, die neue Chefanklägerin, ein offenes Ohr für ihn haben würde. Zwei ihrer Enkelkinder waren bei der Sturmflut von Den Haag ums Leben gekommen. Er wusste auch, dass diese Frau brutal sein konnte. Bei ihrem ersten Angeklagten, einem Kriegsverbrecher, hatte sie dafür gesorgt, dass er zurück aufs Schlachtfeld geschickt wurde, von wo man nie wieder etwas von ihm gehört hat. Sie forderte Strafen, die noch wenige Jahre zuvor als sadistisch gegolten hätten, als Rückfall ins Mittelalter. Die Welt war brutal und sadistisch geworden, sie quälte ihre Bewohner jeden Tags aufs Neue mit Bedingungen, die nur bedingt zum Leben geeignet waren – und die Justiz passte sich dem an. Gefängnisse hatten keinen Sinn mehr. Viele Menschen hätten für die Ruhe und die Sicherheit, die es dort gab, viel geopfert.

Als Vogel aus seiner Versenkung auftauchte und der Anklägerin vortrug, dass es für den Klimawandel Verantwortliche gab, die frei herumliefen, und ihr einen Stapel Akten auf den Tisch legte, schaute ihm Patricia Fernandez tief in die Augen, nickte und dankte ihm für seine wertvolle Tätigkeit über all die Jahre.

Michael Rogers hatte sich große Mühe gegeben, das Powernet, das die Powerdomes rund um die Welt verband, vor unberechtigten Zugriffen zu schützen. Anarchistische Hacker hatten es schon unzählige Male versucht, die Roboterfarmen Tasmaniens stillzulegen oder die Klimaanlage der Insel zu sabotieren. Das Powernet nutzte die besten verschlüsselten Kabel des alten Internets, im Rest der Welt gab es nur noch brüchige, ungeschützte Leitungen. Die elektronischen Vorladungen des Internationalen Gerichtshofs blieben in der Firewall hängen.

Die Chefanklägerin war bekannt für ihre gründliche Recherche, und sie hatte mit der Hilfe von Mats Vogel die gesamte Geschichte der Klimaforschung und der Klimapolitik noch einmal von vorne aufgerollt. Der erste Stapel Akten auf ihrem Tisch beschäftigte sich mit der Geschichte der Meteorologie in

Australien. Sie hatte wissen wollen, wie australische Premierminister über das Wetter und das Klima ihres Kontinents informiert wurden, welcher meteorologische und klimatologische Sachverstand den australischen Regierungen über die Jahrzehnte zur Verfügung gestanden hatte und wie Tyrells Vorgänger mit Extremwetterlagen umgegangen waren.

Beim Blättern stieß Fernandez auf Clement Wragge, den Mann, der in Südaustralien das erste meteorologische Messnetz geschaffen und 1886 die Royal Meteorological Society of Australia gegründet hatte. Wragge war bekannt dafür, dass er bei Politikern dafür eintrat, die Ausgaben für Wetter- und Klimaforschung massiv zu erhöhen. Als dies nicht geschah, trat er 1903 von seinem Posten in Queensland zurück. Zuvor hatte er jedoch eine Neuerung eingeführt, die später von Meteorologen weltweit aufgegriffen wurde. Wragge war der Erste, der tropischen Stürmen Namen gab, als wären sie Lebewesen. Er fing mit dem griechischen Alphabet und polynesischen Mythenfiguren an, dann verlegte er sich aus Ärger über ausbleibende staatliche Fördermittel auf eine neue Methode: Er benannte Stürme nach Politikern, darunter Edmund Barton und Alfred Deakin, die ersten beiden Premierminister des neugegründeten Landes. Es bereitete ihm eine diebische Freude, in seinen Depeschen zu schreiben, dass »›Edmund Barton‹ mit voller Wucht auf die australische Küste treffen« und großen Schaden anrichten werde.

Es war das einzige Mal, dass Vogel die Chefanklägerin lächeln sah. Sie hatte eine perfide Idee, und mit der setzte sie sich vor Gericht durch. Die Richter sprachen Thomas Tyrell »wegen Öko-Terrorismus und Genozid in zahlreichen Fällen« schuldig und beauftragten die Blauhelmtruppe der Vereinten Nationen damit, den Verurteilten dingfest zu machen.

Michael Rogers saß nach der Standpauke in seinem kleinen Büro und warf Spicker auf eine Landkarte von Tasmanien. Sollte er Tyrell doch noch von den Fernsehnachrichten des Vorabends erzählen? Bevor ihn die Chaoten übermannt hatten, hatte der Wettermann mit einem hämischen Grinsen bekannt gegeben, dass der Internationale Gerichtshof in Straßburg den früheren australischen Premierminister Thomas Tyrell in Abwesenheit als Massenmörder und Terrorist verurteilt hatte und dass das Gericht nun sukzessive diejenigen Politiker und Firmenchefs bestrafen werde, die für den globalen Klimawandel hauptsächlich verantwortlich seien. »Das neue Taifunsystem, das bereits 4000 Menschenleben gekostet hat, heißt deshalb ›Thomas Tyrell‹, und es rast mit unverminderter Geschwindigkeit auf die Vereinigten Philippinischen Restinseln zu. Der UN-Unwetterrat fordert alle Bewohner der Union auf, sich vor ›Thomas Tyrell‹ in Sicherheit zu bringen.«

Am Abend lief Rogers seine übliche Runde durch den Powerdome, er hatte es sich zur Gewohnheit gemacht, wie eine Art Nachtwächter alle Räume und Sicherheitssysteme selbst zu kontrollieren. Er schritt den Speisesaal ab, wo Serviceroboter gerade das kaiserliche Porzellanservice aus der Mingdynastie abräumten, das Tina, die Bergbaumagnatin, eingebracht hatte. Dutzende leere Weinflaschen standen auf den Tischen, feinste französische und australische Weine aus dem frühen 21. Jahrhundert und einige Flaschen späterer Jahrgänge aus Schweden und Britisch-Kolumbien. Er wurde immer nostalgisch, wenn er das Schmatzen der Roboter hörte, die Essensreste vertilgten – das erinnerte ihn an seine Kinder und daran, wie seine Frau versucht hatte, ihnen das Schmatzen abzugewöhnen. Seine Frau, seine Kinder, er hatte keine Ahnung, was aus ihnen geworden war. Sie waren verschwunden, als er von seinem Einsatz im Chimerikanischen Krieg zurückkam. Er hatte sie ein Jahr lang vergeblich suchen lassen. Ihre Spur verlor sich in Darwin, wo sie im vierten Jahr der Dürre ein Flüchtlingsboot in

Richtung Papua-Neuguinea bestiegen hatten, wo es noch Wasser gab.

Rogers ging weiter in den Gemäldesaal, an dessen Wänden alte Kunstschätze prangten. Er betrachtete die Wand mit den Landschaftsgemälden – eine pastorale Idylle von Rubens, van Goghs Gemüsegärten am Montmartre, Meeresstimmungen von Turner, Cézannes warme Gebirgsporträts, wabernde Nebel von Friedrich. »Was für eine Welt das war, in der solche Bilder entstehen konnten!«, dachte Rogers. Sein Blick blieb am Garten der Lüste von Hieronymus Bosch hängen, den Larry, der frühere Chef von Google, nach dem spanischen Staatsbankrott vom Prado bekommen hatte. Es war neben seinem Koffer das Einzige, was er mit in den Powerdome genommen hatte. Rogers konnte sich an dem Gemälde nicht sattsehen, am Paradies mit seinen grünen Weiden und märchenhaften Tieren, an der rauschhaften Party im Mittelteil, die von jugendlicher Lust und Freude am Leben nur so strotzte. Fliegende Menschen waren da zu sehen, ausufernde Fress- und Sexorgien, wunderbare Gebäude und endlose Freudentänze. Rogers strich mit der Hand über die weißen und schwarzen Körper, die Bosch vor bald 600 Jahren gemalt hatte, als Vision der künftigen Welt des Wohlstands. Rechts davon war die Hölle. Er ging ganz nahe heran und schaute sich zum x-ten Mal die Maschinentiere an, die die Menschen peinigten, die Roboterhunde, wie sie keine fünf Kilometer vom Dome entfernt am Strand patrouillierten. »Cooler Typ, dieser Bosch, wirklich«, murmelte Rogers.

»Ja, cooler Typ«, sagte eine Stimme hinter ihm. Rogers fuhr zusammen. Um diese Zeit war sonst niemand mehr wach. Larry kam aus der dunklen Hälfte des Raums, er hatte wohl die ganze Zeit da gesessen und sein Lieblingsbild angeschaut. »Aber wissen Sie, was das Verrückteste ist, General?« Er sprach ihn mit dem Spitznamen an, den er sich als einziger Militär unter den Milliardären erworben hatte. »Das Verrückteste ist, dass dieser Typ nicht nur unsere Gegenwart vorhergesagt hat, sondern auch unsere Zukunft. Den hätte ich wirklich gerne in meinem Vorstand gehabt, vielleicht würden wir an der ganzen Scheiße da draußen irgendwie Geld verdienen.«

Larry ging mit schnellen Schritten auf das Gemälde zu und klappte die beiden Flügel so heftig zu, dass es einen Knall gab. Rogers hatte nicht gewusst, dass Bosch auch die Rückseite bemalt hatte. Er sah, in einem schwarzen Rahmen, eine schwebende Kugel, von einer durchsichtigen Hülle überspannt. Unter düsteren Wolken erstreckte sich eine Insel mit Hügeln und Bäumen und seltsamen Gebilden an der Küste. »Es hieß immer, das sei der dritte Tag der Schöpfung, Gott hat Land und Wasser getrennt und die ersten Pflanzen geschaffen«, sagte Larry. »Aber schauen Sie genau hin, General, diese Dinger am Strand, das sind doch keine Pflanzen. Das sind die Überreste unseres Domes, die es ins Meer spült, wenn wir alle tot sind.«

»Warum so düster, Larry?«, antwortete Rogers. »Die Muscheln, Steaks und Weine, die ich gerade im Speisesaal gesehen habe, sahen nicht gerade nach Tod und Niedergang aus; und wenn Sie Ihre Ohren spitzen, hören Sie aus den Apartments Geräusche, die auch nicht gerade ans Sterben denken lassen.«

»Wir sind alt, General, da draußen braut sich etwas zusammen, und auch Dr. Matipoliv kann uns nicht ewig am Leben erhalten«, erwiderte Larry. Er hob die Augenbrauen. Seit sich die Türen des Powerdomes hinter ihm geschlossen hatten, versuchte er, den alten Trieb zu unterdrücken, immer auf dem neuesten Stand zu sein, immer alles über die Welt zu wissen, immer die Geschichten hinter den Geschichten zu kennen. Doch der Smalltalk bei Tisch, dieses endlose Gerede darüber, wie sie alle zu ihrem Reichtum gekommen waren, wie sagenhaft schlau sie waren, wen sie übertölpelt hatten, welche Politiker sie sich gekauft hatten und wie ungerecht das Ende ihrer Imperien gewesen war, war ihm schnell langweilig geworden. Er hatte sich damit unbeliebt gemacht, dass er die immer gleichen Geschichten, mit denen die 85 anderen bei Tisch prahlten, zu Ende führte, sobald auch nur die ersten Wörter gefallen waren, und das Ganze mit einem »Blablabla« oder einem »Amen« beendete. Er war zum Einzelgänger geworden und zog sich gern in eine der vielen Nischen zurück, die der Powerdome bot.

»Was ist denn los da draußen?«, fragte Larry.

»Ich darf Ihnen ja eigentlich nichts sagen«, antwortete Rogers.

»Schießen Sie schon los, General.«

Rogers zögerte, dann platzte es auch ihm heraus. »Mister Tyrell wurde als Terrorist verurteilt, man hat einen Taifun nach ihm benannt, und er soll verhaftet werden.«

Larry lachte laut los. »Das ist nicht Ihr Ernst?«, sagte er.

»Doch, mein voller Ernst.«

Rogers wollte ihn noch am Arm festhalten, doch der alte Mann war so schnell losgelaufen, dass seine Hand ins Leere griff.

Er schnappte sich einen der Champagnerkübel samt Flasche und lief hinüber in den Apartmentflügel. »Thomas, der Terrorist, Thomas, der Terrorist«, schrie er in einer schrillen Stimme, die halb nach Lachen, halb nach Panik klang, und er schlug die Flasche so laut gegen den Kübel, dass es im ganzen Wohnkomplex zu hören war. Rogers rannte ihm hinterher, doch als er ihn eingeholt hatte, war es bereits zu spät. Mindestens die Hälfte der 86 stand vor ihren Türen oder hing über den Balustraden des Innenhofs, die meisten in Bademänteln, einige nackt. Ganz oben stand Thomas Tyrell, auf seiner Schulter lag die Hand Julias, und er deutete auf Rogers. »Sofort zu mir!«, schrie er.

Während der Sicherheitschef Bericht erstattete, verfärbte sich das Gesicht Tyrells tiefrot. Julia rief Dr. Matipoliv. »Diese verdammten Ökoschweine, diese Walpriester, diese Schlammschlucker, diese Kommunistensäcke, diese Gaia-Arschlöcher«, schrie Tyrell, »die glauben wohl, sie könnten einem Thomas Tyrell Angst einjagen, ein Taifun, was soll ich denn mit einem Scheißtaifun zu tun haben! Keiner von diesen Typen hat so viel für die Menschen getan wie ich, und jetzt soll ich Verbrechen gegen die Menschlichkeit begangen haben?«

Erst am nächsten Morgen hatte sich Tyrell wieder beruhigt. Er berief eine Versammlung der 86 ein. Sie kamen an einem riesigen, von hohen Ledersesseln umringten Tisch zusammen, der sie an ihre Zeiten als Firmenchefs erinnern sollte. Mit seinen 107 Jahren lief Tyrell nochmals zu Höchstform auf und hielt eine flammende Rede, wie in seinen besten Zeiten als australischer Premierminister. Es sei wohl jedem klar gewesen, dass es auch einmal schwierig werden könnte, und nun sei der Moment gekommen zusammenzustehen. Das Sicherheitssystem der Insel sei gegen jeden Angriff gewappnet, und deshalb könne man es sich erlauben, ein einziges Mal ein kleines elektronisches Tor zur Welt aufzumachen, um eine Botschaft an den Internationalen Gerichtshof zu schicken.

»Ich werde es so diplomatisch wie möglich formulieren, aber wenn sie es lesen, wird ihnen ein riesiger Mittelfinger an ihrem verdammten Himmel erscheinen, und sie werden sehen, wie ich das Wetter beeinflusst habe«, rief er. »Und außerdem ist es Zeit, ein paar von Mikes Leuten auszusenden und die anderen Powerdomes in Stellung zu bringen, oder?«

Die Milliardäre klatschten sich auf die Schenkel und applaudierten. Für seine derben Witze hatten sie den guten Tyrell schon immer gemocht, er war einfach ein unterhaltsamer Typ.

Eine Woche feilte Tyrell an dem Statement, mit dem er der Welt erklären wollte, warum er weder ein Terrorist noch ein Massenmörder war. »Flinders Island ist kein Schlupfloch, hier leben friedfertige, ehrbare Menschen, die zeitlebens ihren Heimatländern gedient haben; und wir werden uns nicht dem Urteil eines Gerichts beugen, das wie im Mittelalter willkürlich Menschen an den Pranger stellt«, lautete der letzte Satz. Mike Rogers bereitete unterdessen vor, den elektronischen Schutzschild der Insel kurz zu öffnen, um die Botschaft an die wichtigsten verbliebenen Nachrichtensender und an das Gericht schicken zu können. »Operation Mittelfinger« nannten sie es.

Als Tyrell auf den Knopf drückte, grinste er selig.

Nachdem Tyrell auf den Knopf gedrückt hatte, lächelte die Chefanklägerin selig.

Es war der Moment, auf den Patricia Fernandez lange gewartet hatte. Die Blauhelme hatten in dieser Zeit ganze Arbeit geleistet. Sie hatten ein Team von Kryptologen und Cyberkriegern zusammengestellt, hatten die Festplatten des australischen Verteidigungsministeriums ausgegraben und forensisch untersucht, sie hatten die Codes des abgeblasenen Roboterprojekts entschlüsselt und ein Ding gebaut, wie es zuletzt im Chimerikanischen Krieg eingesetzt worden war: ein kleines Stück Code nur, aber so wirksam wie eines der neuen Viren, die in den Mündungsgebieten der Plastikflüsse entstanden waren.

Sie hatte den Plan wieder und wieder vor ihrem inneren Auge ablaufen lassen: Einen Monat wartete das Ding in einem kleinen Schaltelement, das in den tasmanischen Gewächshäusern für die Regulation der Phosphorzufuhr zuständig war. Dann schlug es los, und wenig später legten sich die robotischen Hunde, Tiger und Stiere rücklings auf den Strand und strampelten mit den Beinen, als wollten sie sich streicheln lassen. Aus dem Meer, wo die scharfen Waffensysteme stationiert waren, stiegen weiße Blasen und dunkle Ölschwaden auf.

Der Zugriff der Blauhelme dauerte nicht lange. Stockwerk für Stockwerk durchkämmten die Soldaten den Powerdome, bis sie Tyrell fanden. Seine Assistentin stellte sich ihnen mit einem Gewehr in den Weg, was dazu führte, dass Tyrell mit Blut bespritzt war, als er nach draußen in den wartenden Helikopter abgeführt wurde. Das Sonnenlicht blendete ihn.

Am nächsten Morgen saß er in einem Flugzeug, das er aus früheren Zeiten kannte. Es hatte weiße Ledersessel, und er durfte dort sitzen, wo er als australischer Premierminister gesessen und feixend befohlen hatte, ein neues Kohleabbaugebiet nach dem anderen anzustechen, nur dass er nun gefesselt war und seine Augen verbunden waren. Zehn Stunden flogen sie, in denen er vorgelesen bekam, was in der Welt passiert war, seit er sich in den Powerdome auf Flinders Island zurückgezogen hatte. Als der Bericht beim Taifun Thomas Tyrell angekommen war und den 50000 Menschen, die er allein auf den Vereinigten Philippinischen Restinseln getötet hatte, riss der Bericht ab. »Wir sind nun über unserem Zielgebiet über Mindanao und werden das Urteil vollstrecken«, sagte die Frauenstimme, während ihm Helfer einen Fallschirm anlegten. Eiskalter Wind durchströmte das Flugzeug. »Gute Reise, Mr. Tyrell.«

Patricia Fernandez wachte auf. Ein maskierter Mann hatte sich über sie gebeugt und ihr einen Pistolenlauf in den Mund geschoben. »Schöne Grüße von den Konföderierten Powerdomes.«

III. Lebensnetz

Szenario: Mindpeace

Bobby, der Regenwaldführer, betete in einem kleinen Café in dem Dschungeldorf Bukit Lawang herunter, was er immer sagen musste. Auch tapsige Couchkartoffeln konnten sich im Internet dafür anmelden, vier Tage den Gunung-Leuser-Nationalpark im Norden der indonesischen Insel Sumatra zu durchwandern, und er wollte nicht zwei Tagesmärsche entfernt von der nächsten menschlichen Siedlung mit Typen zusammen sein, die von der puren Natur um sie herum panisch wurden. »Ein falscher Tritt, und es geht senkrecht runter ins Tal. Ein falscher Griff, und ihr macht Bekanntschaft mit einer Schlange, deren Gift euch die Haut abfaulen lässt. Ein Blitz in den falschen Baum, und er erschlägt uns alle.«

Bobby, ein junger Mann mit einem gutmütigen Gesicht, schaute seine drei Kunden herausfordernd an: Sergej, einen etwas plump wirkenden Mann Ende zwanzig, Li, eine durchtrainierte Frau Anfang dreißig, und Paul, der schon über fünfzig sein musste, aber wie weit, das ließ sich nicht ausmachen. Bobby wusste nicht, ob Pauls Blick ihm Angst machen oder ihn faszinieren sollte.

Noch weniger wusste er das bei dem Begleiter, den die drei mitgebracht hatten. Der Roboterhund ging ihm bis zur Hüfte, er sah mit seinen langen Zotteln und dem wedelnden Schwanz eigentlich nett aus, aber bei diesen Teilen wusste man nie. »Keine Angst, Tribi beißt nicht, die frisst nur Pflanzen«, sagte Li lachend.

Dass er es mit einem Programmierer, einer Biologin und einem Meditationslehrer zu tun hatte, die Zoogles »Technobiophilia«-Team[158] leiteten, hatte Bobby auf dem Anmeldeformular gesehen, aber das hatte ihn nicht sonderlich interessiert. Was genau sie vorhatten, wollte er gar nicht wissen. Sein Job war es, die vier für eine Woche sicher durch den Dschungel zu geleiten.

In einem besonders geschützten Rucksack trugen die Zoogle-Mitarbeiter einen Prototyp mit sich. Es war das Ergebnis von vielen Jahren Arbeit in einem riesigen Team von Evolutionsbiologen, Physikern, Gehirnforschern, Informatikern und Materialingenieuren – sowie einer erstaunlichen Kehrtwende in der Geschichte ihres Unternehmens.

Wenn irgendetwas auf dieser Erde noch den Titel »unberührte Natur« verdiente, dann der 9000 Quadratkilometer große Regenwald, der auf der anderen Seite des Flusses begann und tiefgrün ins Dorf herüberleuchtete. Hier lebten, das hatte ihnen Li bei der Anreise erzählt, so viele Orang-Utans, Nashörner, Elefanten und Tiger wie nirgendwo sonst in Asien. Auf jedem Quadratkilometer wuchsen mehr Baumarten als in ganz Europa. Viele der Insekten, Pilze und Mikroorganismen hatte noch kein Wissenschaftler erfasst. Die drei Zoogle-Mitarbeiter blickten auf die Wand aus Blättern, Stämmen und Blüten gegenüber und nickten Bobby zu. Sie hatten sich diesen Ort ausgesucht, um ihre Entwicklung gemeinsam zu testen.

Am nächsten Morgen brachen sie auf. Vorneweg ging Lukong, ein kleiner, drahtiger Sumatraner, der außer einer Wollmütze nur eine kurze Hose trug, an der eine Machete baumelte. Mit einem Kahn überquerten sie den Fluss, und nach wenigen Minuten, als die letzten ausgetrampelten Pfade aufhörten, hatte die grüne Wand sie verschluckt. Bäume so hoch wie Türme wuchsen um sie herum. Es roch dampfig und zugleich frisch, und die Melodien von Vögeln und Zikaden ließen die Luft vibrieren.

Tribi schnüffelte an den Pflanzen herum, und von manchen knabberte sie kleine Stücke ab. Li überprüfte, ob die Datenübertragung ins Basecamp funktionierte. Die ersten DNS-Sequenzen aus dem kleinen Apparat, der sich in Tribis Innerem befand, waren schon eingetroffen.

Bald fühlten die Wanderer sich hineingezogen in die Tiefen des Waldes. Ihre Füße versanken bei jedem Schritt im braunen Waldboden; das Rascheln von Milliarden Blättern breitete um ihre Ohren einen weichen Klangteppich aus; unendliche Abstufungen von Grün leuchteten aus allen Richtungen in ihre Pupillen; ihre Riechzellen sprangen an, sie nahmen Witterung auf von fruchtigen, modrigen, süßlichen Gerüchen. Mit jedem Tritt wurde der Fluss von Wörtern in ihren Gehirnen schmaler, leiser. Dafür traten die Sinne stärker in Aktion, saugten Farben, Formen, Texturen, Düfte, Töne ein. So hatten sie es jahrelang trainiert, angeleitet von Paul, der sie als Lehrer bei ihren Naturmeditationen anleitete.

Li, die Evolutionsbiologin, fühlte sich, als ob sie in einem silbergrün-gelbgrün-blaugrün-grüngrün-graugrün-dunkelgrün-schwarzgrünen Subuniversum verschwunden wäre, einer geheimnisvollen Spalte in Raum und Zeit. Als ob es die Welt der

Menschen, Städte, Straßen und Geschäfte, aus der sie kamen, gar nicht gäbe.

Bobby und Lukong schlugen vor ihnen einen kleinen Weg durch das Dickicht, führten die Gruppe quer durch den Wald über eine Hügelkette. In der Abenddämmerung fluoreszierten ihnen Farne entgegen, als seien sie Lampen an ihrem Weg. Sie bauten am Ufer eines kleinen Flusses aus Ästen und Plastikplane einen Unterstand für die Nacht. Ein Gewitter zog über sie hinweg, das die Erde, auf der sie lagen, zittern und das Wasser um einen Meter anschwellen ließ.

Beim Frühstück fragte Paul Lukong, ob er schon mal in der Stadt gewesen sei.

»Einmal, und es war fürchterlich«, sagte der drahtige Mann, »meine Stadt ist der Wald.«

Von da an suchte Paul die Nähe des Führers und beobachtete jede seiner Bewegungen. Sie wanderten tiefer in den Wald, den Paul als »Hammer-Programmierjob« einstufte. Paul erkundete seine Angst, dass die Äste, an denen er sich festhielt, Schlangen waren. Er nutzte diese Angstgefühle als Übungen, seine Entspannung zu vertiefen, und versuchte, den Wald die Widersprüche zwischen beiden Zuständen verschlucken zu lassen: Zusammenleben und sich gegenseitig töten, kooperieren und kämpfen, wachsen und verschwinden, das floss bei allem, was hier passierte, ständig ineinander, sagte er. Sein Atem beruhigte sich von Stunde zu Stunde. Die Wörter in seinem Kopf waren wie ein Insektenschwarm, der immer leiser wurde. Es war sein Job, den Ort zu wählen, an dem der Test stattfinden würde.

Paul war der Älteste im Team, und er war auf dem ungewöhnlichsten Weg zu Zoogle gekommen. Früher hatte er als Wall-Street-Banker gearbeitet, bis ihn der allgegenwärtige Mix aus Geldsucht, Kokain und Sexclubs so angewidert hatte, dass er hinschmiss. Er reiste ein paar Monate nach Indien und kam verwandelt zurück. Von da an zog er mit kleinem Gepäck durch Metropolen in der ganzen Welt, wo er sich auf den großen Plätzen zum Meditieren hinsetzte. So saß er da, mit überschlagenen Beinen, seine Hände ruhten auf den Knien, und seine Augen waren entweder geschlossen oder schauten durch alles hindurch, was vor ihm geschah. Er blieb für Tage, manchmal für Wochen an einem Platz. Dabei lag nur ein kleines Schild vor ihm, worauf stand: »Deine Aufmerksamkeit ist dein größter Schatz.« Viele Passanten hielten ihn für einen esoterischen Spinner. Aber in seiner Ausstrahlung lag etwas, was zahlreiche Menschen kurz innehalten ließ. Einige legten ihm Essen und Geld hin, das reichte ihm, um zu überleben.

Es war die Zeit, als die Empörung über die Überwachung des Internets durch Geheimdienste sich wieder gelegt hatte und große IT-Konzerne wie Google dazu ansetzten, den Alltag ganzer Gesellschaften zu kontrollieren. Die Mehrheit saugte die neuen Angebote mit großer Lust am Neuen auf. Doch unter der Oberfläche waberte weiterhin das Unbehagen darüber, wer das digitale Leben kontrollierte. Die NSA arbeitete an neuen, dem menschlichen Gehirn abgeschauten Analysetechniken, um »kritische Elemente« zu identifizieren und kaltzustellen. Google und andere IT-Anbieter beuteten ihr Wissen mit dem strategischen Ziel aus, es unmöglich zu machen, offline zu sein. Niemand sollte ihren Dienstleistungen mehr entkommen. Die Arbeitsteilung im militärisch-informationellen Komplex funktionierte perfekt: Die Firmen verdienten mit ihrer Herrschaft über die kollektive Aufmerksamkeit Billionen, während die NSA stets genug weltweite Terrorangst schürte, um die Kritik an der Funktionsweise des Internets zu unterdrücken.

Das lief, bis es zu einem dieser merkwürdigen Ereignisse kam, wie es sie nur im Zeitalter globaler Hyperkonnektivität geben kann. Längst hatten Google und andere IT-Firmen ihre Algorithmen darauf trainiert, Inhalte, die ihnen gefährlich werden konnten, zu filtern oder zu »harmonisieren«, wie es hieß. Kritische Meinungen wurden nicht ganz zensiert. Es wurde nur einfach das Publikum für solche Mitteilungen sehr klein gehalten, und es bestand aus Menschen, die miteinander kaum verbunden waren. So konnte nur eine kritische Masse entstehen.

Kein Algorithmus war jedoch darauf vorbereitet, dass ein Hollywoodstar mit weltweit 350 Millionen Followern während der Berlinale auf dem Pariser Platz in Berlin an dem meditierenden Paul vorbeilaufen, sein Schild sehen, ein Foto schießen und es mit einem einzigen Wort abschicken würde: »Mindpeace«. Das Foto, auf dem ein seliger Paul mit klarem Blick direkt in die Kamera schaute, landete auf 200 Millionen Bildschirmen. Es löste ein mentales Erdbeben aus. Noch am selben Abend kamen trotz klirrender Kälte Tausende auf dem Pariser Platz in Berlin zusammen, um bei Paul Unterricht zu nehmen. Auf Berlin folgten London und andere europäische Großstädte, dann halb Indien, China und schließlich die USA und Westafrika. Erst Zehntausende, dann Millionen begannen, sich auf öffentlichen Plätzen zu gemeinsamer Besinnung zu treffen. Paul hatte einen Nerv getroffen, der unbemerkt offengelegt worden war.

Augenscheinlich hatten viele Menschen einen enormen Widerwillen gehegt, der nun an die Oberfläche kam. Schnell wurde die neue Bewegung politisch. Auf den Plätzen entstanden Zeltlager, in denen ein eisernes Verbot aller digitalen Geräte galt, um freie Diskussionen zu ermöglichen. Gruppen bildeten sich heraus. Die einen fokussierten sich ganz auf Achtsamkeitsübungen, während politischere Menschen sich als »Innenweltschützer« zu Aktionsgruppen zusammenschlossen. Sie traten unter dem Namen »Mindpeace« auf und nutzten Paul als Galionsfigur. In rascher Folge entluden sich weltweit die aufgestaute Wut und der Alltagsfrust von Menschen, die das, was immer noch »digitale Revolution« genannt wurde, als extreme Beschleunigung und Durchdringung ihres Privatlebens erfahren hatten, in Form von scheiternden Ehen, Depressionen, Suchtkrankheiten und einer allgemeinen Verflachung des Empfindens. Nach Jahren ungebremsten Wachstums begann das Geschäftsmodell von Google und anderen IT-Giganten zu bröckeln. Die NSA, die jahrelang darauf gesetzt hatte, Quantenrechner und Drohnen die Überwachungsarbeit machen zu lassen, stellte hektisch neue, menschliche Agenten ein, die auf die neue Bewegung angesetzt wurden.

Die Aktivisten von »Mindpeace« verkündeten, dass es gegen den »militärisch-informationellen Komplex« letztlich nur eine Waffe gebe: offline zu gehen und mindestens so lange analog zu leben, bis die Grundstrukturen des Systems verändert seien. »Analog ist das neue Bio!«, proklamierte ein Mann namens Andy Wilkens, einer der Anführer von »Mindpeace«. Seine Botschaft erlebte weltweit einen Erfolg, mit dem keiner gerechnet hatte.

Es wurde chic, seine Elektrogeräte auf ein Minimum zu reduzieren oder ganz abzustoßen. Analog-Clubs entstanden, in denen Menschen gemeinsam Lebensratgeber und Do-it-yourself-Bücher aus der vordigitalen Zeit lasen. Sie recherchierten, wie es früher möglich gewesen war, ohne Onlineverbindung auszukommen, und entwickelten »postdigitale Lebensformen«. In den Städten entstanden auf großen Flächen Gemeinschaftsgärten, kooperative Handwerksbetriebe und Manufakturen, in denen »analoge Produkte« angebaut wurden, bei deren Herstellung keine digitalen Daten entstanden. Angebote für Digital-Entziehungskuren und Meditationsurlaube florierten. Die »Analogen« knipsten die zahlreichen Sensoren und Messgeräte ihrer »Smarthomes« ab. Es gab hässliche Attacken auf Serviceroboter von Google, und Radikale gingen dazu über, Überwachungskameras und Sensoren im öffentlichen Raum zu zerstören. Es wurde hip, sich für persönliche Gespräche zu besuchen oder sich Briefe mit der Hand auf Papier zu schreiben. In Wohnungen und Büros erklang ein Geräusch, das bereits ausgestorben geglaubt war: das Klappern mechanischer Schreibmaschinen.

Untergruppen entwickelten sich: Die »Analoganer« schworen jedem digitalen Medium komplett ab, was bei vielen dazu führte, dass sie ihre Jobs verloren. Die »Analogitarier« erlaubten ein Minimum an elektronischer Tätigkeit in der Arbeit, übten aber privat totalen Verzicht; und die »Flexanaloger« machten es sich zur Gewohnheit, wenigstens jeweils halbe Tage, Wochen oder Monate offline zu verbringen.

Für Google und andere Firmen entwickelte sich die schnell wachsende antidigitale Stimmung zu einer existenziellen Gefahr. Schlimm waren die täglichen Offlinestunden, zu denen Mindpeace aufrief und an denen sich auch weniger radikale Menschen beteiligten. An manchen Tagen sank der Datenverkehr, mit dem Werbeeinnahmen erzielt werden konnten, binnen Minuten um die Hälfte. Selbst diejenigen, die online blieben, machten den Unternehmen Schwierigkeiten: Mächtige neuartige Gewerkschaften der Digitalnutzer entstanden, die verlangten, dass die Online-User für ihre Aufmerksamkeit bezahlt werden, weil sie das eigentliche Kapital der Firmen herstellten. Ein Generalstreik führte dazu, dass für einige Stunden im Internet nur die Automaten miteinander kommunizierten, aber kaum Menschen. Danach führten zumindest die großen Anbieter Bonussysteme ein, die Nutzer für online verbrachte Zeit belohnten.

Die Geschäftszahlen der IT-Konzerne rutschten in den Keller, Investoren begannen Geld abzuziehen, aus Angst, die »analoge Seuche«, wie Wall-Street-Analysten die Trendwende nannten, könnte sich noch weiter ausbreiten. Und das tat sie auch. Viele Menschen vermissten die Annehmlichkeiten, an die sie sich gewöhnt hatten, doch zugleich empfanden sie den neuen analogen Lebensstil als Befreiung – von ständiger Ablenkung, unendlichen Informationsfluten und dem unguten Gefühl, mit jedem Klick den Datenspeichern von Silicon Valley und NSA zuzuarbeiten. »Lasst die Monster verhungern«, war auf den Demonstrationen der Analogen ein beliebter Slogan. Immer mehr Prominente schwenkten zum analogen Lebensstil um, und so wurde es zu einem gigantischen Trend, offline zu gehen.

»Offline ist das neue Online«, lautete ein anderer erfolgreicher Slogan von Mindpeace, den Aktivisten auf handgeschriebenen Zetteln an andere weiterreichten, mit dem typischen Gruß der Bewegung, einer langen Umarmung. Es wurde ein weltweites Phänomen, dass sich wildfremde Menschen auf der Straße umarmten und das Gespräch suchten. Als Journalisten ein NSA-Memo veröffentlichten, das diese Geste als Ausdruck von politischem Extremismus einstufte, nahm der Utah-Exodus seinen Lauf.

In der NSA und anderen Geheimdiensten rund um die Welt waren zwar riesige Anstrengungen unternommen worden, die Mitarbeiter auf Linie zu halten, aber die Radikalität, mit der die Führungen gegen die Analogen vorgehen wollte, ließ viele am Sinn ihres Tuns zweifeln. Auf den Fluren in Washington, in den Datenzentren in Utah und Nevada und auch in den Geheimdienstzentralen von Peking und Moskau erzählten sich die Mitarbeiter von ihren Kindern, die sich den Analogen angeschlossen hatten. Dann gingen sie zurück an ihre Schreibtische, um Drohnen und andere Techniken zu entwickeln, mit denen in Zukunft Analoge aufgespürt und die Radikalen unter ihnen getötet werden sollten. Wenige Minuten nachdem das Memo bekannt geworden war, das Umarmungen in der Öffentlichkeit zu kriminellen Handlungen erklärte, schickte ein NSA-Mitarbeiter im Datenzentrum in Bluffdale eine Kurznachricht an die gesamte Belegschaft: »Das war's. Ich gehe jetzt nach Hause.« Zwanzig Minuten später stand die Hälfte der Mitarbeiter auf dem riesigen Parkplatz vor den Betonhallen mit den gesammelten Daten der gesamten Menschheit. Der Chef der Haustechnik gab durch ein Mikrofon bekannt, das sei der Tag, auf den er seit Jahren gewartet habe, er habe soeben die Kühlsysteme der Rechner so blockiert, dass sie höchstens noch eine Stunde durchhalten würden. In den Geheimdienstzentralen in Peking und Moskau schauten die Kontrolleure mit großen Augen auf das, was sich unter ihren Satellitenaugen in Bluffdale abspielte. Wenige Stunden später waren auch dort die Parkplätze voll mit Menschen, die sich vom Überwachungssystem lossagten.

Paul hatte die ganze Zeit nichts anderes gemacht, als weiter zu meditieren und sein Wissen darum mit anderen zu teilen. Der Radikalismus vieler Analoger befremdete ihn, Eifer war ihm fremd, seit er sich aus seinem Bankerjob verabschiedet hatte. Was sich änderte, waren die Orte, an denen er sich zur Besinnung zurückzog. Weil ihm der Rummel um seine Person zu groß geworden war, hatte er damit begonnen, nomadisch in Wäldern und Wüsten zu leben, vor allem im Süden von Spanien. Das Eintauchen in die Natur half ihm, neue Verbindungen zu entdecken, nicht nur zu seinem Innenleben, sondern mit seiner gesamten Umwelt, mit Pflanzen, Tieren, Steinen, mit Atomen und elektromagnetischen Wellen. Er verfolgte die Idee, dass der Weg zu vollkommenem Bewusstsein nicht nur nach innen führt, sondern auch nach außen, in die natürliche Welt. Immer einsamer wurde es in der Natur um ihn. Die Bewegung begann ihre Galionsfigur zu vergessen.

Im Silicon Valley war eine Krisensitzung auf die andere gefolgt, es ging ständig nur um tiefrote Nutzerzahlen, Offlinewellen, rückläufige Werbeeinnahmen und stockenden Kreditnachschub. Google sah sich gezwungen, einen neuen Chef zu ernennen. Der stellte am Ende der ersten Vorstandssitzung eine Frage, die jeden im Raum schockgefrieren ließ: »Wo ist eigentlich Paul? Ich will ihn treffen.«

Wenig später verschwand der Vorstandschef für drei Wochen so vollständig, dass Gerüchte auftauchten, er wäre schon wieder abgesetzt. In Wahrheit hielt er sich in der Wüste von Südspanien auf, wo er Paul zunächst ziemlich plump zu überreden versuchte, sich von der analogen Bewegung zu distanzieren. Die Gespräche verliefen dann anders, als er es erwartet hatte. Paul übte eine merkwürdige Faszination auf ihn aus, vor allem, weil dieser ein völlig ungewohntes Verständnis von Technologie offenbarte: Er beschrieb ihm die Datenkabel, Rechenzentren und Satellitennetze nicht nur als soziales und wirtschaftliches Tool, sondern als vom Menschen geformte Natur. Wenn diese Natur sich falsch entwickle, wenn sie zum Töten und zur Repression eingesetzt werde, sagte Paul, dann werde das bald die ganze Zivilisation, ja den ganzen Planeten prägen. Von Tag zu Tag veränderte sich die Perspektive des Firmenchefs. Als er aus der Wüste zurück war, schloss er sich für einige Tage in seinem Büro ein, dann legte er seinen Vorstandskollegen ein Memo vor: »Von den Bedingungen einer zweiten analogen Revolution« stand darüber. Die erste analoge Revolution, merkte er mit kaltem Blick an, treibe Google derzeit geradeaus in den Konkurs.

Einige Monate später verkündete der CEO eine radikale Kehrtwende und stellte einen Vier-Punkte-Plan vor, das war die äußerste Schicht seiner Vereinbarungen mit Paul:

#1 Das Unternehmen wird sich vom Geschäft mit Werbung trennen.
#2 Alle Verbindungen zu den Resten der NSA werden gekappt, der Unternehmenssitz wird dafür nach Europa verlegt.
#3 Die Nutzer bekommen volle Kontrolle über ihre Daten und über Algorithmen.
#4 Google wird seine diktatorischen Strukturen überwinden und sich als gemeinnützige public utility neu definieren.
#5 Die neue Organisation wird »Zoogle« heißen.

»Unser Ziel ist es, die Menschen wieder souverän zu machen und die Technologie in den Dienst von Bedürfnissen und von Achtsamkeit zu stellen«, sagte der Zoogle-Chef. Seinen Coup hob er sich bis zum Schluss auf:

#6 Als Signal dafür, wie ernst wir es meinen, stellen wir Paul aus unseren letzten Reserven fünf Milliarden Dollar zur freien Verfügung.

Binnen Sekunden spalteten sich die Mindpeace-Bewegung und ihre Anhänger in zwei Lager: Die einen hielten Paul für einen Verräter und den Kurswechsel für verlogen, die anderen für einen Helden, der den Konsens im militärisch-informationellen Komplex aufgebrochen hatte. Paul selbst kümmerte sich nicht um die Reaktionen, und auch als andere IT-Konzerne nachzogen und ähnliche Veränderungen ankündigten wie Google, war dazu nichts von ihm zu hören.

Einen Monat später schaltete er eine Internetseite frei, auf der er um Vorschläge bat, wie sein Geld eingesetzt werden könnte. Abstimmungen sollten entscheiden, was schließlich verwirklicht würde. Zehntausende Vorschläge gingen ein, am

Ende setzten sich fünfzig durch. Dazu zählte das Projekt, ein weltweites Medium aufzubauen, bei dem Journalisten und Autoren ihre Werke direkt in sozialen Netzwerken verkaufen; die Entwicklung eines 3-D-Druckers, der aus Kompost ein Spray von organischen Solarzellen herstellt; die Massenfertigung von bionischen Fischen, die sich vom Plastik der Weltmeere ernähren; Gentechnik-Sets für Kleinbauern, mit denen sie ihre eigenen Sorten verbessern können; eine weltweite Lehreroffensive für Achtsamkeitstraining an Schulen. Paul war mit einem eigenen Projekt in den Wettbewerb gegangen und bekam 500 Millionen Dollar zugesprochen.

Er hielt sich nun fast ausschließlich in der Wüste von Südspanien auf, wo sein Team in einer Art Hightech-Wohnwagenpark in einer kleinen Oase zusammenlebte, mit Datenleitungen zu den großen Zentren für Umwelt-, Gehirn und Materialforschung weltweit.

Jetzt, da die Überwachungsapparate implodiert waren, fand er, dass die Zeit reif für seine Idee war. Er wollte ein Experiment wagen: Kann es gelingen, Technologie in den Dienst der Bewusstseinserweiterung zu stellen und die Verbindung zur Natur technisch zu stärken? Die Idee war ihm bei Brahma Mudra gekommen, der »Geste des alles durchdringenden Bewusstseins«, einer Meditationsübung, bei der sich der Blick in alle Richtungen wendet. Könnte es etwas geben, was westlichen Seelen diesen Blick erleichtert?

Vor der analogen Revolution hatte er sich mit einem Freund überworfen, der bei Googles Programm »Search Inside Yourself« mitwirkte. Er hatte ihm vorgeworfen, ausgerechnet mit Meditation zur Zerstörung der Seelen und der Natur beizutragen. Selbstoptimierung für den Kapitalismus, das war aus seiner Sicht das Letzte, wofür Meditation gut sein sollte. Aber jetzt, mit Zoogle und den vielen anderen Veränderungen, wollte er seine Idee mit den Erd-Augen verwirklichen. Fünf Jahre dauerten die Arbeiten, dann war die Brille reif für einen Test.

Als sie auf einem Hochplateau mit dichtem Regenwald auf eine Lichtung kamen, von der aus sich ein Blick hinauf in den Himmel und hinab ins Tal eröffnete, hielt Paul die Gruppe an. »Hier passiert es«, sagte er.

Sie bauten ihr Lager auf, dann begann Paul eine lange Meditation, aus der er erst am nächsten Abend wieder auftauchte. Sergej, der IT-Freak, den eine Freundin vor ein paar Jahren in ein ziemliches wildes Zeltlager von Mindpeace mitgeschleppt hatte und der nach dem besten Sex seines Lebens nicht mehr nur Nullen und Einsen kannte, nutzte die Stunden, um die Software der Brillen zu kalibrieren. Li streifte durch den Wald, über dessen Artenvielfalt sie vor acht Jahren ihre Doktorarbeit geschrieben hatte.

Sie hatte damals verzweifelt versucht, die Pflanzen und Tiere des Gebiets zu identifizieren, es sollte ein Plan für ein neues Gebietsmanagement entstehen. Alles war sich irgendwie ähnlich gewesen und doch nicht, die meisten Tiere bekam sie nur für Sekunden zu sehen, und Pflanzen hatten nur in Ausnahmefällen die üppigen Blüten, die in den Büchern als Erkennungsmerkmale verzeichnet waren. Sie wäre damals beinah verrückt darüber geworden, das brummende, vibrierende Leben des Regenwalds mit dem Ordnungssystem der Wissenschaft in Übereinstimmung zu bringen. An die Sinnhaftigkeit, für ein solches Millionen Jahre altes Waldgebiet einen Managementplan aufzustellen, glaubte sie längst nicht mehr.

Mehr als einmal wollte sie hinschmeißen. Ihre Eltern, beide Fabrikarbeiter, hatten allerdings ihre Ersparnisse eingesetzt, damit sie diese Doktorarbeit machen konnte. Sie hatten zwar keinen blassen Schimmer, was ihre Tochter da eigentlich tat, aber sie hatten Vertrauen. Und das hielt Li am Laufen. Als ihr ein

Freund, der in der Zoogle-Zentrale in Berlin arbeitete, eine Annonce in den Dschungel schickte, begann ihre Motivation wieder zu steigen. Das Unternehmen suchte eine Biologin, um digitale Techniken in den Dienst des Naturerlebens zu stellen. Das klang nach einem Job wie gemacht für sie, und wenig später bekam sie ihn auch.

Nach einer Weile fand Li direkt an der Kante des Hangs, der zu dem smaragdblauen Fluss hinabführte, eine Fläche, die ihr ideal für den Testlauf geeignet schien. Sorgsam bog sie die Vegetation beiseite und holte die drei Matten, die sie als Liegeflächen mitgebracht hatten.

Als Paul seine Meditation beendete, war bereits alles vorbereitet. Die drei baten Bobby und Lukong zurückzubleiben und folgten Li. Sie machten es sich auf den Matten bequem, dann packte Sergej drei schlanke Etuis aus seinem Rucksack, klappte sie auf und holte die kleinen, fast unsichtbaren Brillen heraus. Es war der Moment, auf den das Team viele Jahre hingearbeitet hatte. Sie setzten die Brillen auf, lehnten sich zurück. Sie sahen zunächst nur das, was sie auch mit bloßen Augen gesehen hatten – Regenwald in tausend Grüntönen, Himmel, Hügel, den Fluss. Das System arbeitete jetzt.

»Lasst uns gemeinsam starten und durch die Schichten gehen«, sagte Paul. In einem feierlichen Tonfall, als handle es sich um den Beginn eines alten indischen Mantras, sagte er: »Magnetfeld.«

Ihre Augen brauchten eine Weile, sich an das Strömen, Pulsieren, Fließen zu gewöhnen. Dort, wo vorher der blaue Himmel war, sahen sie nun schwingende Wellen und gigantische Bögen, die sich von Horizont zu Horizont spannten und dabei ständig bewegten und verformten. Alles über ihnen hatte sich in ein flächiges, buntes und wild waberndes Polarleuchten verwandelt.

»So habe ich mir immer einen LSD-Trip vorgestellt«, sagte Sergej.

Paul hatte mit dem weltumspannenden System begonnen, das aus dem Erdinneren kommt und für menschliche Augen unsichtbar ist, das die Zeitwahrnehmung beeinflusst und die Wanderrouten von Fischen und Vögeln, das die Erde vor kosmischer Strahlung schützt und dadurch Leben erst möglich macht. Sie bekamen in ihre Brillen eingespielt, was ein Schwarm von europäischen Satelliten, der mit hochpräzisen Instrumenten um die Erde kreiste, in diesem Moment detektierte. Die Messungen wanderten über das Zoogle-Zentrum in Südspanien direkt in ihre Brillen, verwandelt in sichtbare Farben. Sie waren jetzt eingetaucht in die Magnetosphäre, das Kraftfeld der Erde.

»Jetstream, 10 Hektopascal«, war Pauls nächste Ansage, und nun verwandelte sich der Himmel über ihnen in ein Fauchen und Rasen, sie sahen die Winde, die in mehr als 30 Kilometer Höhe um die Erde tobten. Schicht für Schicht führte Paul sie durch die Luftdruckniveaus der Atmosphäre, vom schnellen Sausen ganz oben bis zu den lauen Winden über den Baumwipfeln, mit Hilfe von Messdaten, die ihnen aus dem Netz der Wettersatelliten überspielt wurden.

Staunend lagen sie auf ihren Matten und vergaßen den Wald um sich herum, bis Paul einen neuen Befahl gab: »Elektromagnetisches Spektrum.«

Li und Paul schrien auf, rissen sich die Brillen von den Augen. Sie waren einmal quer durch das ganze Spektrum gerauscht, auf ihren Netzhäuten waren Farben, Formen, Muster förmlich explodiert.

»Sorry«, sagte Paul, »das System nimmt die Anweisung wohl ziemlich genau, da müssen wir uns noch etwas einfallen lassen. Es ist vielleicht besser, bei einer Wellenlänge zu bleiben, irgendwelche Favoriten, vielleicht die GPS-Signale?«

Für einen Moment sahen sie den Strom der Positionssignale, der alles durchdrang.

»Ultraviolett«, sagte Li, und schon nahm das, was sie sahen, wieder Gestalt an. Es war, als ob ein Künstler den Wald um sie herum mit einer neuen Farbe, einem tiefen Lila, bemalt und mit einem wilden Mix ungewöhnlicher Farben bespritzt hätte. Ein Nashornvogel, der vorbeiflog, und von dem Li wusste, dass er Menschen schwarz erschien, glänzte in einer völlig andersartigen Pracht.

»Wir sehen die Welt mit den Augen der Vögel«, sagte Paul.

Die Pflanzen um sie herum stachen jetzt in neuen Mustern hervor, die Kontraste waren schärfer, Blüten, die gerade noch gelb gewesen waren, erschienen ihnen weiß-rosa. Die Spinnen und Ameisen, die ringsumher auf dem Waldboden krabbelten, leuchteten plötzlich in grellen Neonfarben.

Paul holte die Gruppe zurück in das Spektrum von Farben, die das menschliche Auge sehen kann, und nun erschien ihnen der natürlich grüne Wald auf eine gewisse Weise bizarr – still und ruhig, wie zum Ausruhen gemacht. Er war zufrieden.

»Super Job, Sergej«, sagte er, »die Übergänge sind völlig fließend.«

Sie brauchten vor dem nächsten Schritt etwas Ruhe. Sergej und Li streckten sich benommen auf ihren Matten aus, sie waren, obwohl sie auch in Südspanien immer wieder Testläufe gemacht hatten, sprachlos und ein wenig erschöpft von all den neuen Bildern aus einer unsichtbaren Welt, in der sie ständig lebten. Aber sie wussten, dass dies erst der Anfang war. Sie atmeten tief ein und ließen die Bilder auf ihrer Netzhaut und in ihrem Inneren zwei Stunden lang nachwirken, so wie sie es trainiert hatten.

Die zweite Runde begann: »Wir können mal versuchen zu zoomen«, sagte Paul, und die drei richteten ihre Blicke auf einen einzeln stehenden Baum vor ihnen, ohne die Lider zu schließen. Mit jeder Sekunde, in der sie ihre Augen geöffnet hielten, rückte der Baum näher und näher, bis sie am fleckigen braun-grau-grünen Muster der Rinde angekommen waren. Und dann drangen sie in sein Inneres ein, in ein Adersystem, durch das Wasser floss, in eine hochorganisierte Landschaft aus Zellen, in deren Innerem Flüssigkeiten tanzten.

»Nicht blinzeln«, sagte Paul, und schon waren sie im Inneren einer Zelle angekommen, sahen ein Knäuel von Reaktionen, den Zellkern, sahen Blasen von Stoffen entstehen und platzen, sahen Poren, die sich in der Zellwand öffneten und wieder verschlossen, große Eiweißkomplexe, an deren Oberfläche chemische Reaktionen abliefen.

»Nicht blinzeln«, sagte Paul wieder, und jetzt waren sie im Inneren des Zellkerns, sahen einen unendlich wirkenden Faden, auf dem kleine Gebilde auf- und abfuhren, sahen, wie Dinge, die an dem Faden entstanden, abtransportiert wurden, um neuen Dingen Platz zu machen.

»Nicht blinzeln«, sagte Paul wieder, und den beiden anderen fiel das bereits schwer, weil sich ihre Augen trocken anfühlten und weil ihre Gehirnreflexe darauf bestanden, die Lider zu senken, doch da wurden sie mit einem Anblick belohnt, der den Polarlichtern ähnelte, es waren pulsierende Kraftfelder, die sich miteinander vereinigten, sich trennten, sich abstießen, sich anzogen, in einem wilden Durcheinander, das aber doch Ordnung in sich zu bergen schien, auch wenn ihre menschlichen Augen sie nicht verstehen konnten.

»Wir werden eine halbe Stunde hierbleiben und dann langsam rausgehen«, sagte Paul, und die drei verfielen in eine Art Trance, gefüttert von den Rechenmodellen, welche im digitalen Strom aus Südspanien zu ihnen kamen, die ihnen nach den 3-D-Modellen von Borke, Wassergefäßen und Holzgewebe nun Simulationen zeigten, wie im Inneren der Zellen aus Aminosäuren Proteine entstehen. Sergej, Li und Paul waren tief in die Bilder versunken, die ihnen ihre Brillen präsentierten, und sie wussten, dass sie der lebendigen Wirklichkeit in dem Baum vor ihnen so nahe kamen, wie die Wissenschaft dies nur konnte. Es war für sie, als würde der Wald in ihrem Umfeld ein zweites Mal zum Leben erwachen, denn nun nahmen sie nicht nur die Formen und Farben der starr stehenden, höchstens im Wind wankenden Bäume wahr, sondern das Pulsieren in ihrem Inneren, den ständigen Fluss von chemischer Energie, das Ein- und das Ausatmen.

Beim Herauszoomen sagte Paul: »Kohlendioxid«, und als sie wieder den Wald in seiner Totalen im Blickfeld hatten, war die Luft gefüllt mit blauen Kügelchen, die von der leuchtenden Oberfläche der Bäume aufgesaugt wurden. Paul schaltete eine Textebene hinzu, um das System zu prüfen, und nun schwirrte neben drei verbundenen Kugeln das Kürzel CO_2 durch die Luft, verschwand in einem der Millionen Blätter; und Li machte sich den Spaß, nochmals hinterherzuzoomen und zuzusehen, wie das CO_2-Modell durch den Stoffwechsel des Baums wanderte und die Kohlenstoffkugel in einem Stück Holzgewebe gespeichert wurde, während die Spuren des Sauerstoffs wieder in Richtung Licht führten.

»Ich möchte hierbleiben«, sagte Li.

»Dann machen wir morgen mit deinem Part weiter«, antwortete Paul. »Ich muss meine Eindrücke auch erst fassen.«

Während Sergej und Paul ins Lager zurückgingen, blieb Li auf der Matte liegen. Sie war mit ihrer Aufmerksamkeit gleichzeitig in dem analogen Wald, der sie umgab, mit seinem Blätterrauschen, seinem Vogelgesang, dem Klang von Wassertropfen, die an der Vegetation herabliefen, und im Inneren des Kohlenstoffmodells, dem sie in den Baum hinein gefolgt war.

Sie lag geborgen in einer vibrierenden Kugel an Energie, umsurrt von den paarungsbereiten Elektronen der Atomhülle, und musste nur das Wort »rückwärts« sagen, um eine Zeitreise zu initiieren, die sie mit diesem einen Kohlenstoffatom durch Tiere, Pflanzen, Pilze, Boden, Luft und Wasser kreisen ließ, zurück in die Vergangenheit des Regenwalds von Sumatra, der im Lauf des Trips seine Baumarten änderte, zurück in die Vergangenheit der Evolution, indem sie ihr Atom durch längst ausgestorbene Katzenarten zirkulieren sah, weiter zurück zum Beginn des Lebens, des Sonnensystems, der Galaxie. Die Geschichte der Welt als Geschichte eines Atoms – bis zurück zu dem Moment vor mehr als 13 Milliarden Jahren, in dem das Kohlenstoffatom in einer der ersten Sonnen des Kosmos bei 800 Millionen Grad aus Helium entstanden war.

Li atmete tief ein und aus, sie war aufgeregt.

Von dieser Kohlenstoffreise hatte sie geträumt, seit sie Kind gewesen war. Ihre Eltern hatten ihr, als sie sieben war, ein Kinderbuch geschickt, in dem ein Atom namens Freddie durch die Zeit gereist war. Das Buch war plump gemacht, aber es hatte in ihr die Neugierde geweckt. Sie hatte, als sie das Buch einmal durchgelesen hatte, ihren Eltern gesagt, dass es ein verrücktes Gefühl sei, ein Buch über Kohlenstoff in der Hand zu halten, das ja selbst hauptsächlich aus Kohlenstoff bestehe, das sei doch wie eine russische Matroschka. Das hatten die Eltern ihrer Biologielehrerin erzählt, die sie fortan auf ihre Streifzüge durch die Wälder mitnahm und ihr alles zeigte, was dort kreuchte und fleuchte. Später war sie allein in die Wälder gezogen und kannte bald jedes Lebewesen mit Namen. So war sie Biologin geworden. Es war Lis kleines Seitenprojekt gewesen, die Kohlenstoffreise in das System einzubauen. Das Ganze war ähnlich bizarr wie in ihrer Kindheit: Erst als Wissenschaftler Graphen, eine besondere Form von Kohlenstoff, für die Optik nutzbar machten, wurden ihre Erd-Augen überhaupt denkbar. Nun schauten sie durch Kohlenstofflinsen auf die Tiefen der Kohlenstoffwelt.

Auf dem Rückweg zum Lager stand Li einer Pflanze gegenüber und wunderte sich, dass sie ihr nicht schon früher aufgefallen war. Das Wesen hatte ihre großen sanftroten Tragblätter in alle Richtungen gespreizt. Von einem Knoten zweigten als Dolde zehn große Blüten ab, die unterschiedlich weit entwickelt waren. Sechs waren geschlossen und verbargen noch alles, grüne Fruchtknoten und Staubblätter, aber sie zeigten durch ihre leuchtenden Farben und feucht schimmernden Oberflächen, dass es ihnen um Sex ging, darum, Männliches und Weibliches zusammenzubringen, um neues Leben zu schaffen. Zwei Blüten waren halb entfaltet, purpurne Knäuel, wie zur Explosion bereit. Zwei waren bereits aufgegangen und ragten über die anderen in die Höhe, zugleich geometrisch strukturiert und sinnlich verwachsen, bereit für Insekten, die männliche und weibliche Keimzellen zusammenbringen.

Die Pflanze war in den vergangenen Wochen aus einem unscheinbaren Samen im Boden gewachsen, aus dem Boden, dem Humus, den Überresten anderer Lebewesen. Die Stoffe, aus denen sie bestand, waren bis dahin irgendwo in der Luft und im Waldboden verstreut, nun waren sie durch Gene und Sonnenlicht zusammengeführt zu etwas Neuem. Von dem Doldenknoten aus schwangen sich viele purpurne Fäden nach unten – wie angehängter Schmuck.

Vor ihren Sinnen lief das Fusionieren und Zerfließen, Verbinden und Trennen, Werden und Sterben ab, das die tiefere Realität des Waldes ausmachte, obwohl er so ruhig und gefestigt erschien. Sie war jetzt nicht mehr nur in einem Wald aus Bäumen. Sie war in einem Kontinuum ineinanderfließender Stoffe, in dem sich Tiere in Pflanzen und Pflanzen in Tiere verwandeln, in dem sich in jeder Sekunde Trillionen Zellen ausbreiteten und schrumpften, in dem die Moleküle des Lebens, Proteine, Fette, Zucker, und die Elemente des Lebens zwischen allen Organismen kreisen. Sie sah um sich herum pulsierende Energie, ein fließendes Ungleichgewicht, ein Meer von vibrierender Materie, eine molekulare Landschaft, eine pulsierende Matrix. Vielleicht wäre es für die Menschheit besser, sie würde Kohlendioxid zu lieben lernen, statt es als Abfallstoff zu verachten, dachte Li.

Bobby und Lukong hatten Farnsuppe vorbereitet, Salat aus dem Mark großer Gräser und einen Salat aus den wenigen Früchten, die sie im Wald gefunden hatten. Nach der visuellen Orgie, die die drei gerade erlebt hatten, schmeckte das Essen frisch aus dem Wald noch köstlicher und klarer.

In dieser Nacht war Li lange wach, sie war aufgeregt, denn am nächsten Morgen sollte sich das Herzstück ihrer Arbeit bewähren. Sie dachte darüber nach, wie ihre Kohlenstoffreise auf ein kleines Mädchen von heute wirken würde, wenn bei ihr selbst schon ein Buch gereicht hatte, um die Neugierde zu wecken und letztlich die Liebe zur Natur. Sie fragte sich, ob auch Erwachsene mit Hilfe dieser Brille lernten, die Materie und die Natur zu lieben, weil sie in neuen Dimensionen sinnlich erfahren könnten, in welche Lebewesen und Energieströme sie ständig eingebettet waren.

Am nächsten Morgen waren sie schon um halb sechs Uhr auf den Beinen, sie wollten dabei sein, wenn die Sonne aufgeht, und die Liveaufnahmen von der Sonde, die weit draußen im All den Mutterstern observierte, in ihr Sichtfeld einblenden. So konnten sie, während sie die Sonnenwärme in ihren Gesichtern spürten, immer näher an die Sonne heranzoomen, bis sie in ihr Inneres verschwunden und Teil der gewaltigen Plasmaströme geworden waren.

»Ich konnte es mir heute Nacht nicht verkneifen, den Nachthimmel auszuprobieren, ich war im Tiefenfeld, zehn Milliarden Lichtjahre entfernt, im Kamelaugennebel und bin durch Andromeda geflogen«, sagte Sergej.

Paul lächelte: »Ich habe Dinge gesehen, die ihr Menschen niemals glauben würdet. Gigantische Schiffe, die brannten, draußen vor der Schulter des Orion. Und ich habe C-Beams gesehen, glitzernd im Dunkeln, nahe dem Tannhäuser Tor. All diese Momente werden verloren sein in der Zeit, so wie Tränen im Regen.« Er nickte Li zu.

»Dann fangen wir mit unserer kleinen Biologiestunde an«, sagte sie. Nun richteten sie ihre Aufmerksamkeit auf die grüne Wand vor ihnen, das dichte Blattwerk des Dschungels. Das System tauschte bereits hochauflösende Bilder der Bäume mit den Datenbanken aus, die sie in Südspanien aus den taxonomischen Instituten, Herbarien und botanischen Gärten der Welt zur größten verfügbaren Sammlung von Pflanzenwissen zusammengefügt hatten. Wenig später poppten die ersten Namen auf mit Hinweisen, woran die Bäume zu erkennen waren. Sie bekamen Detailaufnahmen von Blättern, Früchten und Samen präsentiert. Einen Baum konnte das System nicht identifizieren, er wuchs unmittelbar am Abhang, unerreichbar ohne Kletterausrüstung. Li holte einen kleinen Sack aus der Tasche und warf einen Schwarm RoboBienen in die Luft. Sie waren bereits darauf programmiert, den Fragezeichen im Blickfeld der Brillenträger zu folgen und Blätter, Früchte und Samen für eine wissenschaftliche Untersuchung zu sammeln. Wenige Minuten später steckten Gewebeproben im Gensequenzierer von Tribi. Es musste sich um eine neue Art handeln. Li schickte eine Drosseldrohne los, um Zweige und Blüten zu sammeln.

Ein kleiner roter Kreis erschien in ihrem Blickfeld, kaum sichtbar, aber das System hatte den Fleck bereits als Sumatrahäherling identifiziert. Als der Vogel mit dem schwarzen Leib und dem weißen Kopf nahe an ihnen vorbeiflog, schaltete Li auf Zeitlupe. So konnten sie genau sehen, wie sich die Flügel bogen und wie das Tier einen Moment zu ihnen hinüberschaute und jeden einzeln taxierte.

»Wollt ihr rein oder raus?«, fragte Li.

»Raus«, sagte Paul.

Und schon war es, als hätte jemand sie mit einem Katapult in die Höhe befördert, sie schwebten jetzt über Südostasien, als ob sie Astronauten wären. Sie zoomten zu Rodungsflächen hinab und sahen zu, wie keine 100 Kilometer entfernt der Lebensraum des Vogels verschwand. Sie wurden live in Zoos geschaltet, in denen der Vogel vermehrt wurde.

»Das Dollarzeichen?«

»Wenn du willst, kannst du direkt an ein Crowdfunding-Projekt der indonesischen Vogelschützer überweisen.«

Paul musste lachen. »Hatten wir nicht von einem kommerzfreien Projekt gesprochen?«

»Zur Belohnung darf man sein Gesicht in das eines Häherlings verwandeln.«

Sergej und Paul sahen jetzt aus wie Sumatrahäherlinge, von ihren Köpfen spreizten schillernde Federn ab.

»Ich hoffe, ich gefalle euch«, lachte Li und spreizte ihre digitalen Federn ab, bevor sie in ihre menschliche Gestalt zurückkehrte. »In Zukunft werden wir alle wie Tiere aussehen und mit Tieren durch die Welt reisen können. Ich wette, schon bald werden die Straßen von New York, Berlin und Schanghai aussehen wie Zoos.«

Li ließ einen Schwarm kleinerer RoboBienen aufsteigen, die im Sonnenlicht glitzerten. Der Häherling kam zurück und schnappte sich zwei von ihnen.

»Willkommen im Internet der Tiere«, rief Li.

Es war noch immer früh am Morgen. In den Kronen der Bäume vor ihnen schwang sich zuerst ein Clan von Weißhandgibbons singend von Ast zu Ast wie ein nomadischer Chor, dann zog eine Orang-Utan-Familie vorbei. Sie konnten die Tiere Auge in Auge sehen, als stünden sie ihnen direkt gegenüber. Sie hätten durch die Pupillen ins Innere gelangen und die neuronalen und genetischen Gemeinsamkeiten aller Menschenaffen erkunden können. Aber Paul hatte seine Brille abgenommen, saß mit geschlossenen Augen vor ihnen, atmete in einem tiefen und langsamen Rhythmus und war durch nichts zu stören, auch nicht durch die Mücken, Ameisen und die vereinzelte Spinne, die über sein Gesicht krabbelte. Er saß da, wie er Jahre zuvor auf den großen Plätzen der Metropolen gesessen hatte, scheinbar völlig unberührt von dem, was um ihn herum vorging.

Doch Paul war nicht unberührt von dem Wald. Er war in diesem Moment der Wald. Er hatte sich über Jahre hinweg durch seine Übungen immer weiter in die Welt ringsumher versenkt, hatte die Einheit der Elemente und Kräfte, die Menschen, Tiere, Pflanzen existenziell verbanden, so lange zu verspüren versucht, bis er gelernt hatte, in einem großen vibrierenden Feld zu sein, im Fließen und Kreisen, das »Leben« genannt wird. Nun vermengte sich er sich mit dem Strom der Bilder, vom Inneren der Atome bis hinaus zu den Galaxien.

Paul hatte das Technobiophilia-Projekt verfolgt, weil er glaubte, dass die Menschen einen Augenöffner brauchten für das, was um sie herum vorging, etwas, was ihnen half, die künstlichen Trennungen zwischen Mensch und Tier, Tier und Pflanze, Pflanze und Boden, Boden und Stein, Stein und Erdkruste, von denen die westliche Kultur geprägt war, zu überwinden. Er war fasziniert davon gewesen, dass man ein Stück Kohlenstoff durch Erfindergeist so verwandeln konnte, dass es einen Blick in tiefere Wirklichkeiten ermöglichte, die dem westlichen Auge sonst unsichtbar blieben. Er hatte die Erd-Augen als Prothese begriffen, die durch Jahrzehnte kommerzieller Internetnutzung verkrüppelten Sinne wieder zu vervollständigen, und den Menschen mit den digitalen Mitteln, die sie kannten, einen Weg in ein tieferes analoges Naturerleben zu ebnen.

Nun war er überwältigt von den Eindrücken, von der Fusion der in Jahrhunderten wissenschaftlicher Arbeit gesammelten Daten mit dem lebendigen Regenwald in seiner Umgebung, von seiner innigen Verbindung zu den Lebewesen und den Satelliten weit draußen im Weltall, diesen Fühlern des menschlichen Geistes im Kosmos. Das war es, was er wollte: eine Brücke zu bauen, über die Menschen tiefer in die Liebe zu Leben gelangen könnten, in die Wertschätzung ihres Seins, in die Kontemplation der Natur.

Jetzt stand Paul vor der Frage, wie es mit den Brillen weitergehen sollte: Sollte er sie frei verteilen? Oder würden sie dann doch wieder missbraucht? Er wusste nicht, ob es das Risiko wert war, ein solch mächtiges Werkzeug in die Welt zu setzen. Vielleicht sollte er alles begraben und dazu zurückkehren, Meditationsunterricht zu geben. Vielleicht gab es keinen schnellen Weg, sondern nur einen langsamen.

Als der Google-Chef zu ihm in die Wüste gekommen war, hatte Paul überlegt, ihn ins Leere laufen zu lassen und einfach wieder wegzuschicken. Doch er hatte gespürt, dass es zu einem gewaltigen Konflikt werden könnte, wenn die Analogen-Bewegung und der digitale Komplex weiter gegeneinander kämpften. Deshalb war er den Weg der Mitte gegangen, der ihm als der unbequemste erschienen war. Er hatte dazu beigetragen, dass die IT-Konzerne sich radikal gewandelt hatten. Das Konzept der Bürgerkomitees hatte dazu geführt, dass die Daten nun dezentral gelagert wurden, dass jeder Internetnutzer kontrollieren konnte, wem seine Informationen nutzen, und dass die Usurpation von Lebenszeit und Aufmerksamkeit durch IT-Kommerz drastisch zurückgegangen war. In Bhutan hatte sich durch Volksentscheide durchgesetzt, dass das Internet an wechselnden Tagen in der Woche abgeschaltet wurde, um die ganze kollektive Aufmerksamkeit auf das analoge Leben zu lenken. Und alles das, was das analoge Leben so gut machen konnte, Lebensmittel selbst anzubauen, Menschen zu helfen, die Natur zu erleben, Wissen zu teilen, seinen Geist zu entwickeln, hatte einen unglaublichen Aufschwung erfahren, war nun in weiten Teilen der Welt nicht nur Lebensstil, sondern Kultur geworden.

War es möglich, die digitale und die analoge Welt zu versöhnen?

Während seiner Meditationen war Paul normalerweise frei von Wörtern und Gedanken, doch nach dem Blick in die Schichten der Welt, die ihnen die Brillen gebracht hatten, durchkreuzten solche Fragen seinen Geist. War das, was sie sahen, eine Annäherung an »Brahma Mudra«, an die Geste des allumfassenden Bewusstseins, mit der alles begonnen hatte? Oder war es eine gigantische Ablenkung, eine optische Täuschung, ein besonders tolles Spielzeug, das doch nur wegführen würde vom Wesen der Welt?

Sergej hatte sich die Zeit mit Bobby und Lukong vertrieben, war mit ihnen am Fluss angeln gewesen, hatte ihnen geholfen, Essen aus dem Wald zu gewinnen, und am Lagerfeuer ihren langen Geschichten gelauscht. Als Lukong gerade in der Dämmerung zu einer neuen Geschichte ansetzte, kam Paul hinzu. Sein Blick war klar, er setzte sich schweigend dazu, nahm den ersten Schluck Wasser nach zwei Tagen Meditation.

Lukong erzählte von den Umang, Zwergmenschen, etwa ein Meter groß, die im Wald lebten und denen er häufig begegne.

»Manchmal stehen sie in der Dämmerung am Bach und bitten um eine Zigarette«, sagte Lukong, »manchmal werden unsere Männer von ihren Frauen verführt und kommen nicht zurück.«

»Wo wohnen sie?«, fragte Paul.

»In hohlen Bäumen, Felsspalten, Höhlen, sie sind die Geister der Erde, die Hüter des Waldes, und man sollte es sich mit ihnen nicht verderben. Sie sehen alles.«

»Alles, was meinst du damit?«

»Nicht nur die Baumstämme, die Steine, die Tiere, sondern das, was sie verbindet«, sagte Lukong.

»Wie das hier?«, fragte Paul und reichte ihm seine Brille.

»Was ist das?«

»Erdkruste, die wir ein bisschen bearbeitet haben.«

Paul schaltete die Brille online und ließ Lukong auf die Reise gehen.

Der Waldführer lag im Gras, schaute amüsiert um sich, zog an seiner Zigarette, während Paul immer neue Wörter sprach, die wie Zauberformeln klangen.

Nach einer Stunde nahm er die Brille ab.

»Guter Versuch, Paul«, sagte Lukong, »aber bei den Umang sind die Übergänge fließender, und sie sehen bei den Tieren auch das Flackern des Bewusstseins.«

Das analoge Internet

»Es ist nicht wahr, dass … hier ein lebendiger schaffender Geist ist, und dort ein stumpfer toter Körper, eine blinde und mechanische Masse.«

Alfred Döblin, Das Ich über der Natur (1927)

Es gibt eine andere Geschichte des Internets, die nicht die Geschichte von Timothy John Berners-Lee, nicht von Geeks in Kalifornien, nicht von Larry Page oder Mark Zuckerberg und auch nicht von DARPA und NSA ist. Sie beginnt im Nordatlantik, auf Island.

»Am mittleren Vormittag des Pfingstsonntags, des 8. Juni 1783, erschien bei klarem und ruhigem Wetter eine schwarze Sandwolke nördlich der Berge in der Nähe der Bauernhöfe der Síða-Gegend … In der Nacht folgten starke Erdbeben …« So beginnt der isländische Geistliche Jón Steingrímsson seinen Bericht von einem der größten und folgenreichsten Vulkanausbrüche der Neuzeit. Im Süden der Insel strömte kurz nach dem Pfingstsonntag aus 130 Kratern Lava. Das Erdinnere entließ zudem über viele Monate hinweg giftige Dämpfe, die zuerst Island und dann weite Teile Europas und Nordamerikas einhüllten.

»Móðuharðindin«, die Not mit dem Nebel, wie das Ereignis in Island bekannt ist, setzte 15 Kubikkilometer Lava frei, genug, um eine Fläche von 600 Quadratkilometern zu bedecken, und mindestens 120 Millionen Tonnen Schwefeldioxid und andere Gase, darunter auch das besonders giftige Fluor. Einer von vier Isländern starb durch die Naturkatastrophe. Nicht nur auf der Insel im Atlantik, sondern in ganz Europa folgten harte Winter und kurze Sommer. Die Partikel, die aus den Kratern in die Atmosphäre strömten, verhinderten, dass Sonnenstrahlen die Erde erreichten.

Jón Steingrímsson wurde wegen seiner »Feuerpredigt« in einer Kirche berühmt, der sich die Lavaströme bereits gefährlich genähert hatten. Dass die Kirche heil blieb, gehört zu den Wundern der isländischen Folklore. Wirklich bleibenden Ruhm sicherte er sich aber mit seiner genauen Beschreibung des Ereignisses in seinem Buch *Eldrit*, das bis heute von Geologen gerühmt und konsultiert wird.[159] Obwohl er von Unmengen glühend heißer Lava, herabfallenden Gesteinsbrocken und ätzenden Dämpfen umgeben war, richtete Steingrímsson seine Aufmerksamkeit auf ein Phänomen, das filigraner nicht hätte sein können: Am Boden und in der heißen Luft beobachtete er »Fäden, blauschwarz und glänzend, so lang und dünn wie das Haar von Seehunden«.

Der Pfarrer war einer der Ersten, die mit wissenschaftlicher Genauigkeit das Material beschrieben, das heute zu den wichtigsten Zutaten des Internets gehört: Glasfasern. Nur dass die glänzenden Fäden, die er sah, nicht aus Fabriken, sondern frisch aus der Natur kamen.[160] Solche Strukturen entstehen, wenn starker Wind über heiße Lavafelder mit frischen Magmaströmen bläst. Der Wind zieht aus dem glühenden Gestein kleine Fäden heraus und verlängert sie mit seiner Kraft. Die Fäden rollen sich zusammen und bilden am Rand von Lavafeldern Matten, die in Gold, Grün, Blau und anderen Farben glänzen, je nachdem, aus welchem Vulkan sie stammen.[161] »Pele-Haare« nennen Geologen inzwischen die Fäden, die sie an aktiven Vulkanen in der ganzen Welt gefunden haben, nach Pele, wie die Ureinwohner von Hawaii ihre Vulkangöttin nennen. 1910 berichtete der Vulkanologe Titus Munson Coan, wie bei einer Expedition zum aktiven Vulkan Kilauea auf Hawaii die Glasfasern vor seinen Augen aus heißer Lava entstanden.[162]

Fragt man einen IT-Ingenieur nach Glasfasern, dann wird er sie als Geniestreich zweier Wissenschaftler preisen, die in den sechziger Jahren entdeckten, wie das Material so hergestellt werden kann, dass es sich bestens zur Signalübertragung eignet. Der Ingenieur wird die Tatkraft der Firmen preisen, die seit den achtziger Jahren das weltweite Glasfasernetz gelegt haben, das heute Hunderte Millionen Computer miteinander verbindet, über unterseeische Kabel zwischen den Kontinenten und über Millionen Kilometer Leitungen, die sich durch Städte ziehen.[163] Und er wird darüber sprechen, wie schnell, zuverlässig und verlustfrei das Hightech-Material unsere E-Mails, Dateien und Programme transportiert, viel besser, als Satelliten dies können.

Würde man den IT-Techniker neben eine Matte von Peles Haar stellen, könnte er womöglich denken, dass die Glasfasern aus einem Hubschrauber gefallen sind, der bei der Belieferung des regionalen Internetanbieters vom Weg abgekommen ist. Der IT-Techniker wird mit ziemlicher Sicherheit nicht wissen, dass Glasfasern, dieses Medium der digitalen Revolution, schon seit Ewigkeiten in der Natur sind, dass sie schon immer eine geologische Eigenschaft der Erde waren.

Der natürliche Ursprung der Glasfasern geht sogar noch weiter. Peles Haare sind seit Urzeiten durch die Welt geweht, ohne dass dies einen Menschen inspiriert hätte, sie zu nutzen. Das ist verständlich, denn Menschen, die mit fließender Lava konfrontiert waren, hatten wohl kaum die Muße, über die Erfindung des Internets nachzudenken. Was den Weg für die industrielle Nutzung von Glasfasern ebnete, waren vielmehr die Vögel und Schmetterlinge des Thüringer Waldes.

In dieser Weltgegend sind die nächstgelegenen Vulkane, nämlich die des heute sächsischen Erzgebirges, schon seit Millionen Jahren erloschen. Umso reicher ist Thüringen und das angrenzende Sachsen mit geologischen Schätzen gesegnet, mit Mineralien aller Art, mit Erzen und Kristallen von Eisen, Mangan, Kupfer, Blei, Silber, Antimon, Gold, Baryt, Fluorit, Kochsalz, Kalisalz, Uran und vielen anderen Schätzen, und kann deshalb auf eine lange Bergbaugeschichte zurückblicken. Agricola, Alexander von Humboldt, Goethe und andere geologisch versierte Naturforscher suchten die Höhlen und Hänge der Region nach Schätzen ab. Goethe wanderte über die »ungeheuren Lager« der Region, sammelte Tausende von Gesteinsproben, fertigte die erste geologische Bestandsaufnahme des Herzogtums Weimar an, förderte den Bergbau, etwa rund um Ilmenau, und wirkte daran mit, die »Sozietät für die gesamte Mineralogie zu Jena« zu gründen, eine der ältesten geowissenschaftlichen Vereinigungen der Welt.[164]

Diese Wanderungen haben dazu beigetragen, dass vor Goethes innerem Auge der »Erdgeist« heranwuchs, eine nur kurz auftretende, aber zentrale Figur am Beginn des »Faust«. Er lässt diesen Erdgeist in der »Nacht« mit dem an sich und seiner Wissenschaft zweifelnden Faust sprechen und ihn sich so beschreiben:

> In Lebensfluten, im Tatensturm
> Wall ich auf und ab,
> Webe hin und her!
> Geburt und Grab,
> Ein ewiges Meer.
> Ein wechselnd Weben,

Ein glühend Leben,
So schaff ich am sausenden Webstuhl der Zeit,
Und wirke der Gottheit lebendiges Kleid.[165]

Man muss nicht an Gott und schon gar nicht an Geister glauben, um sich von diesen Zeilen angesprochen zu fühlen. Hier redet die größere Kraft, die Summe aller irdischen Prozesse, und in ihren neun Zeilen kommt das Wort »Web« dreimal vor. Der Erdgeist selbst webt (oder wabert) in den Lebensfluten hin und her; die Lebewesen weben sich wechselseitig, indem sie sich voneinander ernähren und beim Sterben ihre Materie wieder in den Stoffkreislauf abgeben; und die Zeit selbst erscheint als großer Webstuhl, der neue Verbindungen, Gewebe, Texturen schafft.

Das Netz aus dem Wald

Goethe kam, wie er in seiner *Mineralogie von Thüringen und angrenzender Länder* 1782 schreibt, auch an Glasöfen vorbei, die sich prächtig entwickelten, weil ihre Rohstoffe – Sand, Soda, Pottasche, Kalk und Holz zum Befeuern der Öfen – reichlich vorhanden waren. Schon seit dem 12. Jahrhundert hatten sich in Thüringen Glasmacher angesiedelt und breitgemacht. Hier, in einem kleinen Ort namens Lauscha, der abgeschieden im Süden des Thüringer Waldes liegt, nahm zur Zeit von Goethes Erkundungen die moderne Geschichte der Glasfasern ihren Lauf, des Materials, aus dem das World Wide Web erwachsen sollte. Schon seit 1597 ließen sich aus Böhmen und Schwaben vertriebene Protestanten in dem engen Bachtal nieder, das zu dieser Zeit noch ein mächtiger Mischwald mit einem großen Reichtum an

Tieren und Pflanzen war. Die Ortschaft wuchs rasch, und ihre mit schwarzen Schieferkacheln verkleideten Häuser, die sich an steile bewaldete Hänge schmiegen, geben ihr bis heute einen besonderen, koreanisch wirkenden Charakter. Über die Jahrhunderte wurden immer mehr Glashütten gegründet. Den Quarzsand samt seinem Silizium bezogen sie aus dem Steinheider Sandberg, Soda und Kalk aus gebranntem Weißenbrunner Tuffstein, Pottasche aus verbrannten Buchen. Es bestand kein Mangel an Holz, um die Schmelzöfen zu betreiben. Die Lauschaer Glasmacher produzierten immer größere Mengen, sie gründeten in ihren Häusern »hausindustrielle« Manufakturen, die sie von den Hüttenbesitzern unabhängig machten, und sie zeigten sich offen für Neuerungen.

Im frühen 19. Jahrhundert gelang es nun einem Glasmacher namens Friedrich Guido Greiner, der auf den Namen Adams Guido hörte, einen Stoff herzustellen, der so fein und erstaunlich war, dass er die Menschen in seinen Bann zog. Was rund um die Vulkane der Welt seit Jahrmillionen passiert war, was der sprichwörtliche Erdgeist ganz von selbst gewebt hatte, wurde hier zur maschinellen, letztlich industriellen Fertigkeit des Menschen: Die Lauschaer zogen in ihren Heimwerkstätten das glühende Glas zu langen Fäden. Anfangs übte das neue Material hauptsächlich Faszination aus, es war gar nicht für einen bestimmten Zweck hergestellt worden, sondern ein Zufallsergebnis ihrer Arbeit.

Im Verlauf des 19. Jahrhunderts stiegen die Glasmacher auf neue Produkte um: Sie begannen, Christbaumschmuck herzustellen und in die gesamte christliche Welt zu exportieren. In den Monaten vor Weihnachten herrschte, wie aus örtlichen Chroniken hervorgeht, am Bahnhof von Coburg geschäftiges Treiben, weil Tausende von Schachteln mit verspiegelten Christbaumkugeln und anderem Schmuck auf den Weg nach Amerika gebracht wurden.

Wenn sie nicht rund um ihre Schmelzöfen arbeiteten, waren die Lauschaer vom Wald umgeben, von Blumen, Vögeln, Schmetterlingen. Deshalb begannen sie nachzubilden, was für sie als Waldbewohner selbstverständlich war. Der neue Werkstoff war dafür bestens geeignet: Aus der »Glasseide« und »Glaswolle«, wie die Glasfasern hießen, machten die Kunsthandwerker nun die Schwänze von gläsernen Spechten, Kleibern, Birkenzeisigen und von Vogelgeschöpfen, die allein ihrer Fantasie entsprangen. Sie verklebten das feine Material auch zu den Flügeln von Schwalbenschwänzen und anderen Schmetterlingen, zu Kometen und Sternen. Weil die Glasfasern so zart glänzten, als kämen sie aus einer anderen Welt, schmückten sie bald die Köpfe von Engelpuppen. Sie wurden auch als »Feenhaar« angeboten, das den Zweigen des Christbaums einen besonderen Zauber verleihen sollte.[166]

So trat die Glasfaser ihren Siegeszug rund um die Welt an – als Vogelschwanz, Schmetterlingsflügel, Engelshaar. Hergestellt hatten sie schon die alten Ägypter und die Venezianer der Renaissance. Auch anderswo in Europa experimentierten Künstler und Industrielle im 19. Jahrhundert mit dem Material. In Manchester entstanden erste Glasgewebe, und in Wien gründete der Chemiker Jules de Brunfaut 1866 eine Glasspinnerei, deren Produkte die damals renommierte *Laibacher Zeitung* bejubelte: »Das Leichte, Geschmeidige, Weiche, Wärmende, das die Natur in dem Pelz von Thieren vereinigt hat, einst wird es aus dem sprödesten aller Stoffe nachgeschaffen, vielleicht übertroffen.«[167] Der Autor stellte jedoch auch fest, dass Brunfauts Kreationen

»zu keiner industriellen Bedeutung gelangt« und »sehenswürdige Seltsamkeiten« geblieben waren.

Genau das änderten die Glasmacher im Thüringer Wald. Sie begannen, den Prozess zu industrialisieren und den Stoff zu globalisieren. Die Fähigkeit, die Fäden auf große Räder zu wickeln, von denen sie wieder abgespult werden konnten, hatten sie in erstaunlich kurzer Zeit perfektioniert. Für 1 Gramm Faser mussten sie zunächst noch fünf Stunden arbeiten. Die maschinelle Fertigung folgte rasch, zumal die Nachfrage schnell stieg: Anfang des 20. Jahrhunderts wurde die Glasfaser schon in der Industrie für Bürsten und Pinsel und zum Filtrieren verwendet, im Ersten Weltkrieg kam sie zu Platten verklebt als Dämmmaterial in U- und Torpedobooten zum Einsatz. Wenige Kilometer von Lauscha entfernt, in Haselbach, entwickelte ein Mann namens Hermann Schuller das »Stabtrommelabziehverfahren« – die »Endlosfaser« war entstanden, ohne die das Internet von heute nicht denkbar wäre. »Die Glaswolle dürfte eine große Zukunft haben«, urteilte der Autor einer Doktorarbeit über die Lauschaer Glasindustrie 1922.[168]

Gut vierzig Jahre später entdeckte der deutsche Physiker Manfred Börner, der nur 120 Kilometer von Lauscha entfernt im sächsischen Rochlitz aufwuchs und später bei der Firma Telefunken in Ulm arbeitete, wie Laserlicht, das durch Glasfasern geschickt wird, über weite Strecken Nachrichten übertragen kann. Kurz darauf zeigten die Physiker Charles Kuen Kao und George Hockham, wie rein das Glas sein muss, um Daten ohne Verluste und um ein Vielfaches effektiver als in den bis dahin üblichen Kupferkabeln zu übertragen. Die technischen Grundlagen für das Internet waren nun vorhanden, und weltweit begannen Telekommunikationsfirmen, Glasfaserkabel zu verlegen – nun fehlten nur noch Massen von Computern, die damit verbunden werden konnten.

Glasfasern und aus ihnen entwickelte Kunststofffasern bilden heute nicht nur das weitmaschige Telekommunikations- und Datennetz, das so selbstverständlich geworden ist. Aus den Schmetterlingsflügeln, die aus verklebter Faser bestanden, wurde das Material, auf dem die elektrischen Schaltkreise von Computern montiert werden. Die Inspiration aus dem Wald hat viele andere fantastische Hightech-Anwendungen hervorgebracht, von Leichtbauteilen in Flugzeugen bis zu Windrädern. Glasfasern durchweben im wahrsten Sinne des Wortes die Welt.

Computer und Internet werden heute eng mit dem Silicon Valley verbunden, der Gegend im Süden der San Francisco Bay Area, in der große Software- und Internetfirmen ihren Sitz haben. Doch das Silicon Valley im ursprünglichen Sinn, die Gegend, in der das Silizium die Erdkruste verließ, um zu leitfähigen Drähten zu werden, das sind die tief eingeschnittenen Täler im Thüringer Wald, wo aus Sandgruben wie der von Weißenbrunn Silizium und andere Zutaten für die ersten Glasfasern gewonnen wurden. Hier begannen sich Geologie und Geist, Glas und Gedanken zu einem filigranen Netz zu verweben, das erst später in Kalifornien zu einem globalen Projekt werden konnte, von dem es nun heißt, dass es das 21. Jahrhundert wirtschaftlich, kulturell, sozial und militärisch prägen wird.

Die ersten technischen Grundlagen des Internets kommen aus dem Wald – und sie kommen aus der Gegend, in der Goethe seinen Erdgeist auftreten ließ. Sein Erschaffer war weit davon entfernt, ein Esoteriker zu sein. Der Erdgeist verkörpert vielmehr auf beinahe unheimliche Art eine Ahnung, die, wie sich heute zeigt, tief in die Zukunft reichte. Vom Wissenschaftler Faust sagt der Erdgeist, dass er »eine Welt in sich erschuf und trug und hegte«, während Faust den Geist damit beschreibt, dass er »die weite Welt« umschweift. Das spannt den Raum auf zwischen dem Menschen, der die Welt zu verstehen und nun mit digitalen Weltmodellen zu verändern versucht, und der Welt selbst, die diesen Menschen umfasst. Faust strebt nach Versöhnung, er will, dass die Welt des Erdgeists und die Welt seines Wissens eins werden. Doch der Erdgeist verweigert sich: »Du gleichst dem Geist, den du begreifst, nicht mir«, schmettert er ihm entgegen, bevor er so schnell verschwindet, wie er gekommen ist.

Worin der Widerwillen gelegen haben mag, den der Erdgeist gegenüber Faust verspürte, wird deutlich, als der zaudernde Wissenschaftler sich gegen Ende des Stücks in einen brutalen Usurpator verwandelt, dessen »Arm die ganze Welt umfasst«. Faust bedient sich der »Dreieinigkeit« von »Krieg, Handel und Piraterie«,[169] um in den »Weltbesitz« zu kommen. Er lässt die Erde kolonisieren, brennt die Natur unter großen Menschenopfern nieder, um Kanäle und Siedlungsgebiete zu schaffen.

Der Reichtum, den er sich zusammenrauben lässt, reicht ihm aber nicht, er quält ihn sogar, weil er ihn erst so richtig fühlen lässt, »was uns fehlt«. Deshalb will er auch noch das letzte Stückchen Land, das er nicht erobert, kontrollieren: die Linden, in die sich das alte Pärchen Philomenon und Baucis zurückgezogen hat. Dort will er einen »Luginsland« bauen, der den Blick ins Unendliche ermöglichen soll. Seinen Befehl, die Alten zur Seite zu schaffen, erfüllen Mephisto und seine Gehilfen mit Übereifer, sie brennen die Linden nieder samt der beiden Alten und einen Wanderer, der sie verteidigen will.

Es sind gar keine Allegorien mehr, die dieses Stück mit der Gegenwart verbinden, vielmehr erweisen sich Erdgeist und Faust als Science-Fiction-Figuren, und diese Science-Fiction spielt zwischen 2014 und 2025, der Zeit, in der sich das Wesen des Internets entscheidet. Fausts Wissenschaftlerbrust, die »eine Welt in sich erschuf und trug und hegte«, ist in den bald zwei Jahrhunderten seit der Uraufführung des Stücks zu einem weltumspannenden System von Datenströmen, Datenbanken, Datennetzen und Welt- und Klimamodellen herangewachsen, das sein Wissen in den Dienst einer umfassenden Welteroberung stellt, deren Strategien mit »Krieg, Handel und Piraterie« präzise umschrieben sind. Ein Unterschied ist, dass aus der Inbesitznahme des umkämpften geologischen Mediums von früher, Münzen aus Gold, Silber und andere Metalle, nun ein neues geologisches Medium geworden ist: die Festplatten der Superrechner an der Wall Street und in anderen Zentren, auf denen sich das Geld von bestimmten Leuten ganz von selbst vermehrt. Wie sich die Ölfelder und Bergwerke in die Küsten Westafrikas, die Regenwälder Südamerikas und die Taigas von Russland und Kanada fressen und wie am anderen Ende Plastikmüll aus den Flüssen der Industrienationen ins Meer fließt, folgt einer ähnlichen Logik, mit der in den digitalen Ökosystemen Menschen in Datenbergwerke umdefiniert werden und Computer, Tablets und Smartphones sich im Jahresrhythmus in Elektroschrott verwandeln sollen, um die Maschinerie am Laufen zu halten.

Die Methoden, mit denen dieses Systems nun unser Leben in Daten und unsere Daten in Profite verwandeln möchte, erinnern an die des späten Faust: Seine Anweisungen klingen sanft, fast wie eine Dienstleistung. Die Alten sollen dank seiner »großmütigen Schonung« doch nur freundlich in ein neues Gut geleitet und umgesiedelt werden. Als sie dann samt ihres Zuhauses zu Asche gemacht sind, verdrängt Faust, was er kurz zuvor eigentlich gesagt hat: »So geht und schafft sie mir zur Seite!«[170]

Die merkwürdige Figur des Erdgeists verschwindet aus dem »Faust« nach nur 34 Zeilen Dialog, und man könnte sie getrost verschwinden lassen, wenn es wirklich ein mystisches Wesen sein sollte, ein ätherisch-esoterisches Ding.

Aber setzen wir an seine Stelle die naturwissenschaftlichen Begriffe der Geo-, Bio- und Noosphäre, dann entsteht ein starker Nachhall: Die Geosphäre hat die dünnen Glasfäden, aus denen heute das Menschenwerk Internet besteht, schon lange in der Nähe von Vulkanen fliegen lassen. Die Biosphäre hat die Vögel und Schmetterlinge hervorgebracht, von denen die Thüringer Glasmacher inspiriert wurden, die Glasfaser industriell zu produzieren. Nun webt sich alles zusammen, das Silizium aus der Erdkruste, das Netz des Lebens und das Netz der menschlichen Gedanken, das sich um die Erde spannt. Das Internet und alle seine Komponenten sind nur zu einem Teil »digital«, indem sie mit Codes von Nullen und Einsen kommunizieren. Viel stärker sind die analogen Eigenschaften: Die Signale werden mit geophysikalischen Impulsen übermittelt, die Infrastruktur besteht aus Materie der Erdkruste, und je stärker das Internet wächst, desto analoger sind die Effekte, die sich in unserem Leben breitmachen. Die analogen und digitalen Eigenschaften vermischen sich.

»Das Internet ist kein Anhängsel des richtigen Lebens; es ist kein anderer Ort. Man macht nicht Sachen ›im Internet‹, man macht einfach Sachen. Das Netzwerk ist in jeden Moment unseres Lebens gewebt, und wir sollten es dementsprechend behandeln.«[171] Das bringt das Lebensgefühl von Hunderten Millionen Menschen zum Ausdruck – Menschen wie mich, alles andere als ein Geek, aber Atari-Käufer im Alter von vierzehn und Intensiv-Netznutzer seit 1992 –, für die das Netz so selbstverständlich ist wie Wasser und Elektrizität. Nur dass das Netz nicht einfach nur Sachen antreibt wie Strom, sondern selbst einen Strom von Sachen hervorbringt.

Heute leben noch mehrere Milliarden Menschen ohne Internetzugang, aber der Drang sich anzuschließen ist riesig. In Indien und Afrika werden Feste gefeiert, wenn Dörfer an das Internet angeschlossen werden – zu Recht. Wetterinformationen, Marktpreise von Lebensmitteln, Schulwissen, Mitwirkung bei Planungen, Informationen über Regierungsprojekte, Transparenz gegen Korruption, das sind lebens-, manchmal überlebenswichtige Fragen. Indigene Volksgruppen beginnen inzwischen damit, ihre Territorien und deren Heiligtümer mit Hilfe von Google Maps zu kartieren – in der Hoffnung, dass Bergbau- und Erdölkonzerne sich besser abschrecken lassen, in die Gebiete vorzudringen.

Dass Menschen heute selbstverständlich über Kontinente hinweg in Verbindung stehen und sich gar nicht mehr vorstellen können, wie es je anders war, zeigt ein tiefes Bedürfnis nach neuen Verbindungen. Diese digitale Vernetzung ist eine ungemein starke und positive Kraft. Das Internet realisiert, von was der russische Geologe Wladimir Wernadsky und der Geologe Teilhard de Chardin, ein Jesuit, im frühen 20. Jahrhundert sprachen: eine »Noosphäre«, eine Sphäre des Geistes und des Bewusstseins, die zu Geosphäre, Atmosphäre, Biosphäre (und Technosphäre) hinzutritt und beginnt, diese zu beeinflussen.[172] Wernadsky schrieb von einem »neuen und spontanen geologischen

Prozess«, der »mit den Idealen der Demokratie übereinstimmen« soll.[173] Das war mitten im Zweiten Weltkrieg und noch dazu von der totalitären Sowjetunion aus geschrieben nur eine vage Hoffnung. Wernadsky setzte sich mit seinen demokratischen Idealen auch von Utopisten in einem intellektuellen Umfeld ab, die wenig menschenfreundliche Pläne hegten.[174] Gerade deswegen wies der Wissenschaftler mit diesem Satz so weit in die Zukunft.

Ich stehe am Strand von Rantum auf der Insel Sylt, und vor mir rauscht das Meer, das ultimative Internet, das der Wasserkörper, der alles verbindet und Wolken, Bäche, Flüsse, Ströme und das Innere unserer Körper speist. Der Himmel ist wolkenlos, es ist ein kalter Januartag. Vor meinen Füßen liegen Kabel, die aus der Düne kommen, über den Strand laufen und im Meer verschwinden. Sie müssen kürzlich noch unter dem Sand gelegen haben, aber ein Wintersturm hat sie freigelegt. Das ist wohl das transatlantische Datenkabel AC-1, von dem bekannt ist, dass es exakt hier verläuft. Kaum zu glauben, dass es so offen daliegt. 14 000 Kilometer ist dieses Kabel lang, es bildet einen transatlantischen Ring. Von Sylt geht es in die eine Richtung direkt nach Brookhaven an der amerikanischen Ostküste, in die andere Richtung über das niederländische Bewerwijk und Lands End im Südwesten Englands auf Umwegen dorthin. Ich stelle mir die dunklen Tiefen vor, durch die dieses Kabel führt, durch Fischgründe und über Meeresrücken. Und in dem Kabel können gleichzeitig 625 000 Telefongespräche laufen, verschlüsselt in Lichtimpulsen. Seit 1989 wurden mehr als 8 Millionen Kilometer Internetkabel im Meer verlegt.[175] Der menschliche Geist senkt sich in die Tiefsee hinab und pulsiert in ihr umhüllt von einer Kunststoffschicht. Hier ist die Noosphäre greifbar.[176]

Das Kabel, umgeben von Sand, Muscheln, Mikroorganismen und Wasser, ist ein Sinnbild dafür, wie die digitale Sphäre in Zukunft eingebunden sein sollte: als integraler Teil der umfassenden analogen Netzwerke des Planeten, als ein System, das menschlichen Gemeinschaften dabei hilft, Natur und Technik zu einer Welt voll von Neuheit, Leben, Vielfalt und Gemeinsinn zu verweben. Von »Technobiophilie«, also gleichmäßiger Zuwendung zu Natur und Technologie, spricht Sue Thomas.[177]

Dafür sind die Achtsamkeitsübungen, die Alex Soojung-Kim Pang als Therapie gegen Atemlosigkeit am Bildschirm empfiehlt, eben nur ein Einstieg. Achtsamkeit und Kontemplation verdient nicht nur unser Innenleben, sondern auch das, was früher »Umwelt« hieß. Der Kontakt zur analog verbundenen Natur kann unseren Geist reinigen, beruhigen, inspirieren, stärken und erweitern.[178] Vor allem für Kinder und Jugendliche, die inmitten der Produkte der Zerstreuungsindustrie aufwachsen, ist dieser Kontakt sogar überlebenswichtig.[179]

»Berge Meere und Giganten«

Die natürlichen Kräfte, in die alle technischen Umbrüche eingebettet sind, hat kaum jemand so lebendig beschrieben wie vor bald hundert Jahren der deutsche Schriftsteller Alfred Döblin, der 1878 in Stettin geboren wurde und vor allem mit seinem Roman *Berlin Alexanderplatz* Weltruhm erlangt hat.

1921, fast hundert Jahre nachdem Goethe seinen *Faust* auf seinen langen Weg über die Bühnen gebracht hat, fuhr Döblin von Berlin aus an die Ostsee in den Urlaub, nach

Arendsee, das heute den westlichen Teil von Kühlungsborn bildet. Sich an der Natur zu ergötzen oder gar nach einem Erdgeist zu fahnden war ganz und gar nicht seine Sache. Döblin war Großstädter durch und durch. Er hatte nach eigenem Bekunden erst mit fünfzehn Jahren das erste Mal einen Kirschbaum gesehen, ein Umstand, an dem er sich nicht sonderlich störte. Als Erwachsener begeisterte er sich vor allem für »Häuser, Maschinen, Menschenmassen«.[180] Ihn widere das Aufsuchen ästhetisch schöner Landschaften an, es sei erbärmlich, an einer Wolkengruppe nichts zu finden als die schöne Schattierung, fand er.

Doch am Strand von Arendsee passierte etwas mit dem Schriftsteller, der damals Mitte vierzig war. Er habe »einige Steine gesehen, gewöhnliches Geröll, das mich rührte«, notierte er später. Steine und Sand nahm er mit nach Hause. »Es bewegte sich etwas in mir, um mich.«[181]

In dem Naturskeptiker Döblin brach sich eine eigene Art von analoger Revolution ihre Bahn. Angestoßen von der Begegnung mit den Steinen, erlebte er nun »täglich die Natur als das Weltwesen, das ist: das Schwere, das Farbige, das Dunkel, die zahllosen Stoffe, als eine Fülle von Vorgängen, die sich lautlos mischen und durchkreuzen«. Es passierte ihm, dass er über seiner Kaffeetasse saß und sich nicht zurechtfand vor dem, was da geschah: Der weiße gepulverte Zucker verschwand in der braunen Flüssigkeit, löste sich.[182] Döblin fragte sich: Was tut das Fließende, Flüssige, Warme, dem Festen, sodass es nachgibt, sich hinschmiegt?

Drei Jahre nach dem Urlaub an der Ostsee veröffentlichte Döblin einen Roman, der in vielerlei Hinsicht die Grenzen des Vorstellungsvermögens sprengte. Die Handlung von *Berge Meere und Giganten* erstreckt sich vom Ende des 20. bis zum 27. Jahrhundert und beschreibt das Ringen zweier

Grundkräfte in der Menschheit der Zukunft: einer naturaffinen Strömung und einer technokratischen Ideologie.[183]

Es passiert in diesem Roman viel Dunkles, das als Ahnung des heraufziehenden Faschismus, des Zweiten Weltkriegs und sogar des Holocaust gedeutet werden kann. Völker des Ostens und Westens bekämpfen sich in einem bestialischen Uralischen Krieg. In späteren Jahrhunderten übertreffen sich die Diktatoren unterirdischer Städte gegenseitig in ihrer Menschenverachtung – bis hin zu organisiertem Kannibalismus. Beim technischen Großprojekt, Grönland zu enteisen, werden Zwangsarbeiter, die mit dem dafür vorgesehenen Energienetz in Berührung kommen, »vergast, wie alles Feuchte«.

Den Zukunftsroman erzählt Döblin in einer expressionistischen Sprache, die bis heute schwer zugänglich ist und oft gekünstelt und schwülstig klingt, weshalb Günther Grass über das Buch gesagt hat, es sei »wie unter visionärem Überdruck« geschrieben. Döblins Zukunftsschau war allerdings so visionär, dass ihr heute, wenn man durch die Eigentümlichkeiten der Sprache hindurchblickt, eine unheimliche Relevanz zukommt. Es handelt sich um die größte und wichtigste Science-Fiction in deutscher Sprache, einen Stoff, der endlich einen feinsinnigen Regisseur verdiente. In feinster Dialektik zuckt die Handlung zwischen Erdliebhabern und Erdbezwingern hin und her, und nicht immer sind die Freunde der Natur die Guten, vor allem, als es am Ende des Buchs gen Norden geht.

Ganz vornedran bei dem Versuch, die Natur zu bezwingen, ist der Berliner Stadtfürst und Botaniker namens Marduk. Er baut vor den Toren der Stadt eine Art »Soylent-Green«-Fabrik, in der er seine menschlichen Opfer und Pflanzen zur Kunstnahrung Meki zusammenwuchern lässt. Ihm eifert sein Schüler Kylin nach. Dem Schweden gelingt es, die geheimen Wachstumskräfte der Steine zu entschlüsseln. »Er hatte das Futter gefunden, mit dem man Gesteine speist.«[184] Dieser Kylin macht sich mit 200 Schiffen und einem Flugzeuggeschwader auf den Weg, um die Energie der isländischen Vulkane anzuzapfen, was dazu führt, dass die ganze Insel in sich kollabiert. Es gelingt den Pionieren, die Energie der Erde in Turmalinen zu speichern, die »das strahlende Feuer der Vulkane an sich saugen«. Das Projekt dient einem ungeheuren Plan: Delvil, ein politischer Führer der westeuropäischen Stadtschaften, will Grönland enteisen, das Klima der Nordhalbkugel ändern und den Golfstrom umlenken, um im hohen Norden neuen Siedlungsraum zu schaffen. Als Kylin in seinem Auftrag die Turmaline gen Grönland transportiert, ist das der Beginn einer unheilvollen Entwicklung. Zunächst bemerken die Pioniere nur, dass ihre Schiffe Lebewesen aller Art wie magnetisch anziehen, sodass sie bald von einem Meer aus Kraut und Algen umgeben und von Pflanzen überwuchert sind. »Es waren keine Schiffe mehr. Es waren Berge Wiesen. Sie klangen mit demselben hohen Ton, den die Schleier von sich gegeben hatten, als die Fluggeschwader sie von den Feuerseen Islands abzogen.«

»Ölwolkenschiffe« und »Gasschiffe« eilen herbei, um die Turmalinfracht zu befreien. Nun breiten sich ihre Kräfte über den Eismassen aus. Ein weithin sichtbares »rosafarbenes, fast weißes Licht« legt sich über die Arktis und wird noch durch ein feines Stromnetz verstärkt, das ein weiteres Schiffsgeschwader auslegt.

Zunächst reagiert nur das Klima. »Alle Windrichtungen waren verändert. Der sonnenartige Brand am Pol zog wie ein Äquator die Luftströme an; sie wehten nach Norden in einem heftigen oft zu Böen gesteigerten Drang.« Grönland zerfällt in zwei enteiste Inseln, die, von der Eislast befreit, wie ein Korken nach oben treiben. Dann setzt die wuchsfördernde Kraft der Turmaline eine Art lebendigen Tsunami in Gang. Es regnet Vogelfedern und Pflanzen. Ein Teppich von Tieren legt sich über das Wasser. Ein braungrünes schuppenglänzendes Untier taucht aus der Tiefe auf und verschlingt einen Teil der fliehenden Schiffe. Ein »Riesenlager von Lebendigem« breitet sich aus, ein »grünes Meergebirge«, die Wälder und Wiesen des Meeres wachsen »zu einem einzigen hauchenden Wesen« ineinander, in dem Lebendes und Totes, Pflanzen, Tier und Boden nicht zu unterscheiden sind. Diese wuchernde Masse gebärt lawinenartig Wesen, wie sie die Erde noch nicht gesehen hat: »... wie sie rollten, backten sie an ihren Leib, was sie fassen konnten.« Ein gigantischer Schwarm ungeheuerlicher Flugechsen, Vögel und Fischwesen entsteht, der sich gen Europa in Bewegung setzt. Das unkontrollierte Wachstum, das Marduk im Brandenburger Labor vorexerziert hatte, erfasst nun die ganze Erde.

Während Kylin, der Anführer der Siedler, auf die Shetland-Inseln flieht, nimmt auf dem Festland der Diktator Delvil den Kampf gegen die Unwesen auf, die Hamburg und andere Städte verwüsten und jedem, der sie berührt, einen schrecklichen Tod bereiten. Dieser Delvil »hasste diese Welt, die Erde, die ihm dies antat, die phantastische blöde schrankenlose Macht, die sich vor ihm aufstellte und ihn wie ein wilder Bulle umwarf«. »Man hatte nicht dazu die Äcker verachten gelernt, das Korn weggeworfen, das der Boden gab, das Vieh, das sich selbst fortpflanzte, um dies zu erdulden.« Delvil schwört Rache: »Die Bestien! Die Kreidezeit! Die ganze Kreidezeit! Was macht's aus? Sie sollen kommen. Je mehr, desto besser. Sie sollen es fühlen.« Er lässt Steine, Tiere, Pflanzen und Menschen zu riesigen, lebendigen Türmen verbauen, die an den Küsten eine Front von Riesen bilden und die Unwesen aus dem Norden abwehren. Die Bevölkerung lässt Delvil in unterirdische Techno-Städte verlagern, in denen sie abhängig von Kunstnahrung und Apparaten leben und sich mit brutalen Zirkusspielen amüsieren. »In diesen meilenweiten warmen Bezirken in der Erdrinde gab es nicht Tag und Nacht. Keine Vögel sangen; Gräser, Pflanzen, Bäume wuchsen nicht.«

Delvil und die anderen Techno-Diktatoren erlangen mit Hilfe der Maschinen und Apparate, an denen die Menschen »wie Fliegen an der Honigstange« hängen noch eine Weile ungeheure Macht. Sie können in die Gestalt von beliebigen Lebewesen und Wolken schlüpfen und die Bevölkerung terrorisieren. Döblin lässt Delvil den Imperativ der heutigen Ökonomie ausrufen: »Wachst! Saugt die Erde auf. Nehmt auf die Fahrt mit, was ihr könnt.« Doch je mehr die Giganten wachsen, desto mehr verwachsen sie mit der Erde, die sie doch hassen, bis sie sich schließlich selbst in Gebirge verwandeln.

Als »Hochspannungsprosa« haben Kritiker den Zukunftsroman bezeichnet.[185] Das Wichtigste an diesem Werk ist aber nicht die hollywoodtaugliche Action, sondern der fein gewobene Strang der Naturbeschreibungen, der Annäherung des früheren Naturverachters Döblin an die Erde. *Berge Meere und Giganten* ist ein biologischer, ein geologischer Roman, in dem die Technik als Produkt der Erde erscheint und der Mensch als Ausdrucksform der sich ständig wandelnden organischen Materie. Zu dieser Materie entfaltet Döblin eine zärtliche, warmherzige, ja liebevolle Beziehung. Überall erkennt er, obwohl er sich tief in die Naturwissenschaft seiner Zeit versenkt hatte, Beseelung, was sein Wort dafür war, dass darin eben viel mehr steckt als nur Rohstoffe und Zwecke.

Döblin lässt das, was sich seit seinem Erlebnis am Ostseestrand in ihm entwickelt hat, verschiedenste Figuren zum Ausdruck bringen, etwa den Anführer De Barros, der Kylin wegen der Zerstörung der isländischen Vulkane anprangert: »Und wie viele Tiere hast du geröstet erstickt erdrückt verstümmelt und lässt sie unbeerdigt und bringst ihnen keine Hilfe. Da sind die Spinnen, die in den Bergritzen saßen, eine halb Million an der Zahl. Sechsunddreißigtausend junge und erwachsene Fliegen, nebst ihrer noch lebendigen Vor- und Nachkommenschaft. Familien, Mütter. Hingemordet, erloschen. Wie konntest du das, wer konnte das! Und in den Flüssen die Lachse, die Mücken auf dem See, und der Farn, Moos, das Gras auf dem Boden: vorbei ... Kylin, vor dem Gott der Mücken wirst du erscheinen, vor dem Gott der Lachse der Fliegen der Spinnen.«[186] Als Kylin später seine Taten bereut, ruft er aus: »Ein lebendiges Wesen die Welt: das ist ungeheuer zu denken. Ist es möglich zu sterben, nachdem wir dies wissen. Hör wie sie rufen. Sie verstehen alles wie wir. Dies verstehen alle Menschen. Es ist keine Zaubersprache, die wir verstecken können.«[187] Und am Ende des Buchs ist es erneut Kylin, der eine Einheit von Geist und Erde beschwört: »Und wenn die Herzen stillstanden, die Zellen sich trennten und auflösten, waren sie neue Seelen, zerfallendes Eiweiß Ammoniak Aminosäuren Kohlensäure und Wasser, Wasser das sich in Dampf verwandelte.«[188]

Dass es Döblin selbst ist, der da spricht, enthüllte er 1928 in einer eigenen philosophischen Schrift mit dem Titel *Das Ich über der Natur*.[189] Sieben Jahre hatte nun das Erlebnis am Ostseestrand in seinem Inneren gearbeitet. Ein durch und durch analoges Weltbild hatte er da entwickelt, animistisch, jenseits der eingeübten Grenzen von Kultur und menschlichem Ich.[190] In dieser feingesponnenen Naturphilosophie reist er durch die Phänomene Licht, Kraft, Hitze, Kälte, Zeit, Zellen, Gewebe, Organismen, Kosmos, nicht immer mit naturwissenschaftlicher Exaktheit, aber darum geht es ihm auch nicht, sondern um »bessere, tiefere, reichere Wege, sich der Natur zu nähern«.[191]

Gerade im Licht dessen, was Wissenschaftler über sie herausfinden, erscheint sie ihm als untrennbar mit dem Menschen verbunden. »Was meine ich damit, wenn ich sage: Pflanzen, Steine sind beseelt? Ich will sagen: man erkennt sie, man erfühlt sie, wenn man sich selbst an ihre Stelle setzt und in sie hineinversetzt. Vieles in der Natur ist völlig so, als wenn wir es selbst konstruierten. Die Natur, die so handelt, ist keine Maschine, sondern umgekehrt: unsere Maschine ist die Fortsetzung dieser Natur.« Den Menschen, diesen »Lichtmaulwurf«, der aus der in tiefster Finsternis um die Sonne kreisenden Erde hervorgegangen ist, reiht Döblin in eine »Identität alles Lebendigen« ein und in eine tiefe Verbindung mit dem Anorganischen.[192]

Der Mensch ist für ihn »nur real und bestimmt mit der Erde, mit anderen Tieren und Pflanzen, mit der Sonne. Will ich zur vollen Realität des Menschen alle Bedingungen aufzählen, so muss ich Erde, Sonne, Milchstraße mit aufzählen und habe lange damit noch nicht die Fülle der Bedingungen erschöpft, die zu seiner Realität gehören. Wenn ich anfange, die Kreise zu ziehen, die ihn bestimmt real machen, so komme ich fast augenblicklich ins Unendliche.«[193] Von diesem Unendlichen gelangt Döblin aber immer wieder tief in die Sphäre der Geologie und Geophysik, die Welt dieser Dinge und Energien, die doch nicht so tot sind, wie sie scheinen. Über sie staunt er wie ein Meditierender, wie er da zum Beispiel am Strand sitzt und Wasser durch seine Hand laufen lässt: »Sofort, wie ich die Hand drehe und bewege, rinnt es nach unten zu, zerreißt in Teile, tropft, zerteilt sich im Sand. Im Sand ist nur noch Feuchtigkeit zu sehen. Jetzt ist auch die Feuchtigkeit fort. Das Wasser ist nicht mehr da. Dies kann alles das Wasser. Solche Dinge werden in der Welt gekonnt, und ich habe sie nicht bemerkt bis jetzt.« In diesem Fließen empfindet er nun sich selbst eingebettet, es ist eine persönliche analoge Revolution: »Ein merkwürdig wimmelndes, riesig aufgeteiltes Kontinuum ist da, das eigentümlich strahlt und dem Ich entgegentritt. Eine Flammenschrift an der Wand. Das Ich ist darin. Es wiegt sich darin!«

Poröse Grenzen

Eine mögliche instinktive Reaktion: Das ist doch übler Ökokitsch, Ganzheitlichkeitsgeschwurbel, Antiwissenschaft? Es sind wirklich Worte wie aus der Zeit gefallen, bei denen sich manche aufgeklärt fühlenden Zuhörer instinktiv zusammenkrampfen werden. Nur: Was passiert, wenn die Erde und ihre nichtmenschlichen Bewohner nur reine Rohstoffe sind, frei von ökonomischem Wert und einer eigenen Perspektive und einer eigenen Sprache, Bioroboter ohne Eigenwert? Das haben die letzten Jahrzehnte gezeigt. Die ökologische Krise nahm ihren Lauf, und nun wird sie sich Jahrzehnt für Jahrzehnt verschärfen, wenn es beim *business as usual* bleibt.

Die Frage, welche Natur genau Militär, Hightech-Industrie und IT-Konzerne zum Vorbild nehmen, wenn sie nun die Welt der Zukunft mit Robotern, Drohnen, Supercomputern und neuen Netzwerken überziehen wollen, ist noch viel grundsätzlicher als die Frage nach einem sorgsamen Umgang. Wenn man sich aus dieser Natur ein Element herauspickt, weil man es für eine bestimmte Anwendung braucht, dann stellen sich gleichzeitig tiefere Fragen: Wenn ich diese Natur als ein »wimmelndes Kontinuum« und nicht nur als Sammelsurium von Ingenieurslösungen begreife, kann ich dann wirklich die hierarchischen, zentralistischen, auf Dominanz und Extraktion zielenden Prämissen verfolgen, wie sie der militärisch-industrielle Komplex heute an den Tag legt?

Döblins Weltwahrnehmung bietet eine Alternative an: Die Offenheit für das Verbindende in der Natur führt zu offenen, fließenden, dezentralen Strukturen. Die analoge Art, Natur zu sehen, steht für einen ganz anderen Ansatz als das, was der militärisch-informationelle Komplex nun von der Natur übernehmen will. Bei der analogen Sicht geht es um die stufenlosen Verbindungen, das Miteinander, das Ineinander, die fließenden Grenzen, die offenen Poren, die geteilten Eigenschaften und Elemente, die Gemeinsamkeiten. Übersetzt in die Technosphäre heißt das: offener, freier Austausch, kooperatives Entscheiden, eine planetare Demokratie, die letztlich alles Anorganische und Organische einzubeziehen versucht – ein Internet, das über die Menschensphäre hinauswächst.

In dieser analogen Perspektive erscheint das digitale Internet als etwas, dessen Materie seit langer Zeit von Vulkanen ausgespuckt wird und das sich in immer neuen Phänomenen – in Netzen von Protoplasmen, Bodenorganismen oder Nervenzellen – immer wieder neu manifestiert. So produzieren Bakterien der Gattung Geobacter um sich herum ein Netz elektrisch leitfähiger Nanodrähte, die ihnen den Austausch von Elektronen mit ihren Artgenossen erlauben, eine Art bakterielles Internet, das Wissenschaftler nun direkt bei der Energiegewinnung anzapfen wollen.[194] Noch aufregender ist die Entdeckung aus dem Jahr 2010, dass es im Meeresboden riesige Netzwerke elektrisch leitfähiger Bakterien gibt, die über relativ große Entfernungen Strom transportieren. Die Bakterien, die in den tiefer gelegenen, sauerstoffarmen Sedimentschichten leben, schaffen dies nur, weil sie überschüssige Elektronen aus ihrem chemischen Betrieb über das Drahtsystem nach oben abführen können.[195] Als die Menschen im 19. Jahrhundert begannen, Kupferkabel auf dem Meeresboden zu verlegen, um die Kontinente miteinander zu verbinden, stießen sie in ein Reich vor, in dem das seit langem gang und gäbe war.

Von solchen Systemen wimmelt es in der Natur, und die Übergänge sind fließend. Nicht egoistische Gene, sondern ein großes Verbinden, Verschmelzen und Miteinander prägt die Evolution. Dieses Prinzip nimmt nun in Form des Internets im Zusammenwirken von Geologie und menschlichem Geist eine für uns sichtbare und spürbare soziale Gestalt an.

Das digitale Internet ist ein Versuch, die viel komplexeren und älteren Internets der Protoplasmen, Bodenorganismen, Nervenzellen mit neurogeologischen Mitteln aufzugreifen und neu zu interpretieren. Wer dieser Spur folgt, kommt in eine Welt, in der sich eben nichts mehr isolieren und vereinzeln lässt. Er oder sie gelangt zu einer tobenden Party vibrierender Materie, bei der die Reduktionisten in der Ecke stehen und auf ihren Handys blasse Schnappschussaufnahmen anstarren, während um sie herum das pralle Leben tobt. Hier geht es nicht um die Privatsphäre, sondern um ein großes Miteinander.

Wer heute an einen Strand geht oder auch nur vor die Türe tritt oder in seiner Wohnung bleibt und die Dinge betrachtet, die aus aller Welt zu uns kommen in Lebensmitteln, Elektronik, Kleidung, hat die Chance, ein ähnliches Erlebnis zu erfahren wie Döblin vor bald hundert Jahren. All das, was Döblin als »Kontinuum« beschrieb, ist um uns, auch in uns. Eigentlich würde die rasante Ausdehnung der Naturwissenschaft, die uns nun Bilder von realen Atomen beschert, die das Fließen von Elementen und Molekülen durch Zellen, Organismen, Ökosystem und den Kosmos kartiert, die das Zusammenwirken der Lebewesen auf der Erde erhellt und den Blick in die Tiefen des Kosmos, ja bis zurück zum Urknall richtet, dazu beitragen können, jeden Tag das analoge Verbundensein, das Teilen der Erde mit Steinen, Pflanzen, Tieren, den Wert allen Lebens zu erfahren und auszukosten. Doch das ist nicht so.

Es ist exotisch geblieben und erscheint heute als esoterikverdächtig, so organisch, vital, direkt und so wenig ichfixiert wie Döblin wahrzunehmen, obwohl es doch darum geht, als Mensch in das Phänomen Leben und das Phänomen Erde einzutauchen, also um das wirklich Natürlichste auf der Welt. Etwas entrückt und entfernt uns von diesen existenziellen Bezügen.[196]

Das Weltall nicht nur als schwarze Kuppel mit weißen Punkten zu erleben, sondern als vibrierenden Weltraum, in und durch dessen Kraftfelder wir uns bewegen; die Sonne nicht nur als Wort »Sonne« zu sehen, sondern als fauchenden, vernichtenden, lebenspendenden Feuerball, der uns durchdringt; die Erde als schwingende Atom- und Molekülwolke wahrzunehmen, in deren Kruste das langsame Silizium mahlt, während an deren Oberfläche das Schwesterelement Kohlenstoff die Lebewesen tanzen lässt; im eigenen Körper den Bauplan der Fische, Amphibien, Reptilien und anderen Säugetiere zu spüren, all die Gemeinsamkeiten; zu wissen, welchen Teil unseres Erbguts wir mit Vögeln, Pflanzen, Bakterien teilen; beim Essen zu vergegenwärtigen, welche Tiere und Pflanzen dabei sind, sich in Menschengewebe zu verwandeln und dann wieder zurück; in den Lebewesen, die uns begegnen, die Kräfte zu erkennen, die uns selbst antreiben; in den Spurenelementen und Metallen, ohne die unsere Körper nicht leben könnten, den fließenden Übergang von Steinen zu Menschen wahrzunehmen und in der Technik und den Maschinen die früheren Steine; im Kohlendioxid die Umrisse der künftigen Lebewesen, die aus ihm bestehen werden.

Ich stehe in einem Bergwerk im Bayerischen Wald und habe ein Stück Graphit in der Hand. Seit Jahrtausenden haben Bauern den Graphit hier abgebaut und verkauft. Die Töpfe und Kessel von Menschen in ganz Europa wurden mit diesem Gestein gegossen, um sie wasserfest und undurchlässig zu machen.[197] Der Stein ist rau, eckig, schroff, sein dunkles Grau durchsetzt von silbrigen Einschlüssen. Das Grau ist reiner Kohlenstoff. Der Kohlenstoff stammt von Blaualgen und Bakterien, die vor mehr als 500 Millionen Jahren lebten – nicht hier, im südlichen Indischen Ozean. Die Kleinstlebewesen wuchsen in riesigen Mengen, sammelten sich in Teppichen, starben, sanken, vermischten sich mit Sand, Kalk, Ton, wurden zu Gestein, wurden von immer neuen Sedimenten tiefer und tiefer gedrückt. Bis 15 Kilometer tief in die Erdkruste sanken die Überreste ab, der Druck wurde 3500-mal größer als in der Atmosphäre, die Blaualgen und Bakterien wurden auf 600 Grad erhitzt. So entstand aus ihnen der Graphit, es ist der reine Kohlenstoff ihrer Körper, der eine Staubschicht auf meinen Fingerspitzen bildet.

Das Stück Erdplatte, das nun Bayern bildet, lag in der Vorzeit, in der das geschah, noch in der Nähe des Südpols. Dann wurde es Teil einer Inselkette mit dem poetischen Namen »Amorikanische Terranes« und begann gen Norden zu driften, stieg empor und lag vor 300 Millionen Jahren eingebettet in das Variszische Gebirge, ein Hochgebirge von den Dimensionen des Himalajas, das sich von Polen nach Spanien zog. Wo jetzt ein Bergwerk ist, kamen die zu Graphit gepressten und gekochten Kleinstorganismen zur Ruhe, bis Menschen sie aufspürten.[198] Nun stehen sie vor ihrer nächsten Transformation: Eine Bergbaufirma holt das Graphitgestein aus der Erde, reinigt es und speist es in die Technosphäre ein: Die Materie der Meeresbewohner verwandelt sich in Teile von Computern, Batterien, Brennstoffzellen, Leichtbauteilen. Hinter dem Bergwerk liegen künstliche Teiche, in denen sich der Abraum der Graphitförderung ablagert. Das Wasser schimmert hellblau wie der tropische Ozean, in dem die Blaualgen einst lebten. Das uralte Meer lebt nun in unseren Maschinen weiter.

Was ist mit dem Kohlenstoff, aus dem ich selbst bestehe, ein Viertel meines Körpers, das organisierende Prinzip in wässriger Lösung? Wo sonst im Universum war »mein« Kohlenstoff schon? Durch welche Gesteine und durch welche Lebewesen ist er vor mir gereist? Mit welchem Kometen oder Asteroiden ist er auf die Welt gekommen? In welchen Lebewesen und Gesteinen wird er nach mir sein?

Das ist das Internet 0.0: Menschen sind nicht allein auf der Erde, sondern Teil einer lebendigen Gemeinschaft, einer beständigen Kommunikation und Kommunion, eines fließenden Übergangs, einer andauernden Verwandlung von Steinen in Böden, Böden in Nahrung, Nahrung in Tiere und Menschen, Tiere, Pflanzen, Menschen in Boden, Boden in Stein. Jeder Atemzug macht uns zum Teil eines globalen Atmens und Geatmetwerdens, bei dem wir Kohlendioxid freisetzen, den Stoff, aus dem neue Pflanzen entstehen. Jeder Biss und jeder Schluck etabliert eine Lebensgemeinschaft, den Übergang von Pflanze in Mensch. Unsere Körper fusionieren Landschaften und Lebensvielfalt in sich. Das ist schon ein Internet der Dinge, der lebendigen Dinge und der anorganischen.

Jetzt kommt ein Netz an neuartigen Kohlenstoffdingen hinzu, denn das Element des Lebens erweist sich nicht nur in Form von Graphit als Hightech-Werkstoff. Vor allem Graphen, die dünnstmögliche Schicht von Kohlenstoffatomen, wird für Anwendungen in Supercomputern, Batterien und neuartigen Brillen getestet.[199]

Es zeichnet sich ab, dass Menschen und Maschinen der Zukunft aus dem gleichen Material bestehen beziehungsweise um das gleiche Element herum organisiert sind – auch das ist eine ontologische Neuerung. Bisher kamen Maschinen aus dem Reich der Mineralien und Menschen aus dem Reich von Kohlenstoffverbindungen. Künftig gibt es eine geteilte Materialität.

Aber die westliche Kultur trainiert es nicht an, eher wieder ab, in diesem anorganisch-organischen Kontinuum, dem wahren Internet der Dinge, bewusst zu leben. Der westliche Dualismus hat besagte tiefe Kluft zwischen Natur und Kultur entstehen lassen, hier der Geist, dort der Körper. Der digitalen Technik wurden in den vergangenen Jahrzehnten erstaunlicherweise geistige Eigenschaften zugeschrieben, sie galt als körperlos, immateriell, virtuell eben im Gegensatz zum wässrig-dinglichen analogen Leben. Die verkrampften, passiven, gequetschten Körperhaltungen, in denen wir bisher »online« gelebt haben, sind ein Ausdruck davon. Noch erstaunlicher ist es, was wir dann meinen, wenn wir von Materialismus sprechen. Wir leben in einer Kultur, die »materialistisch« genannt wird, aber es nicht ist; denn die natürliche Materie, der »Dreck« zu unseren Füßen, die blanke Geologie, das Gewimmel der Zellen, hat an sich keinen Stellenwert, im Gegenteil gruselt es vielen Menschen vor einer innigen Beziehung zu ihr. »Materialismus« umfasst heute nur käufliche Objekte, und das blendet 99 Prozent der Wirklichkeit aus.

Aber hilft es auf Dauer, einfach nur wegzusehen, wegzuhören, wegzufühlen, als wäre die westliche Menschengesellschaft von einer riesigen körperlichen Taubheit ergriffen, einer Wahrnehmungsstörung, einer kollektiven Anästhesie?

Die Fakten werden unterrichtet, in abstrakten Wörtern und Begriffen – aber wird es erlebt und gelebt? Wie kommt es, dass wir es lieben, uns in Bildschirmen zu verlieren und in Google Earth oder Apple Maps die Perspektive der Internationalen Raumstation einzunehmen, aber dass es kaum ein sachliches oder gar emotionales Vokabular dafür gibt, in der Erde zu leben und die alltäglichen Beziehungen auszudrücken, die uns überhaupt erst leben lassen? Kaum kulturelle Praktiken, diese Verbindungen wachsen zu lassen, sichtbar zu machen, auszuleben? Warum müssen Menschen, die dreißig, vierzig, fünfzig Jahre alt sind, wieder lernen zu atmen?

Das wahre Internet der Dinge können wir jeden Tag in uns und um uns herum erleben. Und wie auch immer das Internet der Dinge gestrickt sein wird, an das sich nun die

Ingenieure machen, es wird eine Komponente von dem größeren Netz sein.

Auch in unseren eigenen Körpern sind wir nicht allein, sondern millionenfach verbunden. Nach der Bakterienhysterie des 19. und 20. Jahrhunderts entdecken Wissenschaftler nun, dass die Krankheitserreger nur die eine Seite sind und unser Leben viel stärker als gedacht von den Billionen Mikroorganismen abhängt, die uns als Mitbewohner innen und außen besiedeln. Die westliche Kultur hat die Idee des abtrennbaren Ichs und seiner festen, zu verteidigenden Grenzen so aufgeblasen, dass die Erkenntnisse, die aus der Mikrobiologie kommen, wie ein Affront erscheinen, eine Erniedrigung des hochgestellten Menschen. Aus rund 37 Billionen Menschenzellen besteht ein typischer Körper.[200] Die Bakterien, die auf und in diesem Körper leben, machen zwar nur einen kleinen Teil unseres Gewichts aus, doch die Zahl ihrer Zellen übertrifft jene mit menschlicher DNS um ein Vielfaches – um wie viele Potenzen genau, ist noch nicht einmal bekannt.[201] Gemessen an den Zellen sind wir vielleicht 10 Prozent Mensch und 90 Prozent Bakterien. Um nachdenklich zu werden, würde schon ein Verhältnis von 50 zu 50 mehr als reichen.

Man kann dieses Phänomen wieder zynisch einordnen – dann sind Menschen eben nur ein Vektor für Bakterien, um sich zu vermehren. Man kann daraus Gesundheitstipps machen – dann stehen in den Schaufenstern von Apotheken probiotische Kapseln. Man kann sich angeekelt abwenden und das Ganze vergessen.

Aber dann verpasst man, dass diese Lebewesen immer da sind, und zwar nicht einfach nur da, sondern dass sie in ständiger Verbindung mit uns stehen, indem sie unsere Haut gegen Angreifer verteidigen, dem Immunsystem dabei helfen, »fremd« und »selbst« zu unterscheiden, den Appetit und den Stoffwechsel zu regulieren und, ja, sogar Einfluss auf die Entwicklung des Nervensystems und des Verhaltens zu nehmen. An Mäusen, die als Versuchstiere für die Autismusforschung gezüchtet wurden, haben Wissenschaftler bereits gezeigt, dass das Mikrobiom, also die Lebensgemeinschaft der Bakterien im Körper, Einfluss auf das Verhalten nehmen kann. Erhielten die Mäuse andersartige Darmbakterien, verschwanden viele der Symptome von Autismus. Die Forscher sprechen von einer »Gehirn-Mikrobiom-Verbindung«. Als Nächstes untersuchen sie, wie stark diese Verbindung auch beim Menschen ausgeprägt ist.[202] Neuere medizinische Forschungen stellen eine Verbindung her zwischen dem Auftreten von Krankheiten und einer veränderten Zusammensetzung des Mikrobioms im Darm, für die vor allem Antibiotika verantwortlich gemacht werden.[203]

Die Hinweise verdichten sich, dass die Bakterien in ständiger Kommunikation mit dem riesigen menschlichen Nervensystem im Bauch und im Gehirn stehen, dass es einen Fluss von Informationen zwischen diesen Lebensgemeinschaften und den menschlichen Zellen gibt, und zwar nicht nur bei Autisten, sondern bei jedem Menschen: Wollen wir das auch zu ignorieren versuchen? Oder würde es das menschliche Selbstverständnis berühren, wenn zum Beispiel plötzlich nicht das »Ich« als alleiniger Akteur erscheint, sondern »ich und mein Mikrobiom« gemeinsam Entscheidungen treffen? Die Einsicht, dass wir als Mensch-Mikrobiom-Gemeinschaft durchs Leben gehen, ist alles zugleich: erschreckend, lustig, beunruhigend, schön.

An der Frage, ob wir den Schritt zulassen, entscheidet sich sehr viel. Dass das menschliche Ich in zweieinhalbtausend Jahren Denkgeschichte bis zu dem Punkt hochgezüchtet wurde, an dem das »Selfie« zum Ausdruck einer ganzen Generation geworden ist, macht die Ich-Grenzen zu einer akuten Frage. Die Überhöhung des Ichs, der Grenzziehung von Individuum und Welt, hat sehr viel Gutes bewegt. Sie hat nach den verbrecherischen Massenideologien des frühen 20. Jahrhunderts die Charta der Menschenrechte geboren und die Idee der individuellen Würde globalisiert. Aber zugleich hat sie ein Weltbild genährt, das so scharf zwischen Ich und Außen, Objekt und Subjekt, Mensch und Natur trennt, dass die Ökonomie, die darauf gründet, zerstörerisch wirkt.

Der moderne Kapitalismus organisiert und nährt ein Heer von Egoisten, die sich im Leistungskampf messen, sich unaufhörlich vergleichen, alles im Verhältnis zum eigenen Status bewerten sollen. Der Idealbürger dieses Systems will über anderen stehen und immer größere Mengen an Geld und prozessierter, bezahlpflichtiger Materie anreichern, und er investiert sein Humankapital, also seine Lebensenergie, in das Projekt des Aufstiegs relativ zu anderen. Er macht Yoga und Fitnesstraining, er ernährt sich gesund und gibt sich als geübter »Netzwerker« sozial, aber nur um sich und seine kapitalistische Performance zu optimieren.

Es ist dieser Homo oeconomicus, der mit den Algorithmen der IT-Industrie herangezüchtet wird. Seine digitalen Zwillinge in den Servern von Google, Apple, Facebook und Amazon sind ständig präsente Therapeuten und Coaches, die Einfluss auf sein Verhalten nehmen sollen, die wie bei Versuchsmäusen im Labor tröpfchenweise zuckerartige Belohnungen spenden, um ihn im Sinn ihrer Erschaffer zu optimieren. Nicht Glück und Zufriedenheit soll dieses System kultivieren, sondern das Streben nach mehr, eine permanente Unzufriedenheit.

Dieser Idealmensch nutzt Verbindungen nicht, um sich zu verbinden, sondern um Ressourcen in seine Richtung zu bewegen. Bei diesem Spiel sitzen dann aber doch die mächtigen Strukturen am längeren Hebel, die mit ihren gigantischen Daten-Visualisierern den Millionen Ego-Einheiten beim Spielen zuschauen können. Wer die Datenmacht hat, gewinnt. Hauptsächlich so nutzen die Player diesen geologisch-geistigen Traum von Verbindung und Verbundenheit, das Internet. Es dient aus deren Perspektive nicht einer freien Verbindung, sondern einem unfairen Kartenspiel, bei dem ein Spieler alles sieht und die anderen ihr Glück versuchen sollen. Von den »Sirenenservern« spricht Jared Lanier, angelehnt an die griechische Mythologie, und meint damit die Server von mächtigen Institutionen der Finanz- und IT-Wirtschaft und der Geheimdienste. Sie seien charakterisiert von Narzissmus, extremer Risikovermeidung und extremer Informationsasymmetrie. Sie seien die ständigen Gewinner von Alles-oder-nichts-Wettbewerben, bei denen sie einen strukturellen Vorsprung hätten.

Die ständige Ego-Optimierung zieht sich durch viele Lebensbereiche, vom Individuum bis zu Großinstitutionen, und sie ist das Zeichen einer Krankheit. Die Suche und Sucht nach dem Ich, dieses Verlangen nach immer klareren Beweisen einer fixierten Identität durch materielle Statussymbole, ist der psychologische Kern der westlichen Wirtschaftsweise. Die Wachstumsideologie stellt den Versuch dar, eine klare Grenze von Mensch und Natur zu etablieren, indem die Menge menschlich prozessierter Güter ins Unendliche zunimmt. Aber dieser Versuch ist im Scheitern begriffen, weil dieses klare, abgegrenzte Ich in dieser Form ein kulturelles Konstrukt ist.[204] Uns wird für viel Geld ein Produkt verkauft.

Eine unerwiderte Einladung

Um daran etwas zu ändern, soll die Frage relevant sein, wie Menschen ihre Beziehungen zu Bakterien, Steinen, Kohlenstoff, Atemluft kultivieren? Das Beispiel der Bakterien zeigt, warum das so sein kann. Wenn ich ihre Existenz anerkenne, öffne ich meine psychologischen Poren und lasse etwas anderes an meinem Ich-Sein teilhaben, nicht nur einen anderen Menschen, sondern andersartige Lebewesen. Ich überschreite die harten Grenzen von Objekt und Subjekt, in die das westliche Denken die Welt zerteilt, und werde stattdessen flüssig, weich, veränderlich. Es wird Teil meines Lebensgefühls, dass sich meine Körpermaterie ständig in diese Bakterien verwandelt und umgekehrt. Das Ich ist nicht mehr etwas Monolithisches, das es gegen die Welt zu behaupten gilt, sondern wird zur Flüssigkeit, die sich durch die Welt bewegt und unterwegs Dinge aufnimmt und abgibt.

Ähnlich ist es mit den Steinen, diesen toten Dingen, über die wir hinweggehen und -rollen, die wir aus der Erde reißen und verbauen, ohne sie wahrzunehmen. Was hieße es, seine Poren dafür zu öffnen, wie eng das eigene Leben mit Mineralien verbunden ist, vom Salz früherer Meere, ohne das unser Nervensystem nicht funktioniert, über die Metalle, die das riesige Geflecht der Proteine in unseren Körpern überhaupt erst funktionieren lassen, bis zum Phosphor, der unsere DNS aufbaut? Sind das wirklich nur banale physiologische Tatsachen, etwas für spießige Ernährungsratgeber, für das Marketing von Nahrungsmittelzusätzen, geht es dabei nur um fahle Haut und brüchige Nägel, wenn eine Körperzutat fehlt?

Oder signalisieren diese geologischen Akteure in uns nicht viel mehr, dass da noch mehr ist, eine bislang unerwiderte Einladung, diese intimen Beziehungen überhaupt erst wahrzunehmen und zu erkunden, was das mit einem anstellt, wenn man eben nicht vom Himmel fällt, sondern als Mensch aus der Erde und ihren Gesteinen herauswächst wie eine Pflanze und wenn früher alle Zutaten für den menschlichen Geist, die Elemente, die heute unsere Körper samt Gehirnen aufbauen, aus dem Erdinneren über Vulkane nach außen geschossen und in die lange Evolution eingespeist wurden, deren Zwischenergebnis wir heute erleben?[205]

Diese Geologie des menschlichen Geistes zu sehen kann zu neuen Sehnsüchten und Zielen beitragen: nach wirklich tiefen Verbindungen zueinander und zu den Lebewesen und anorganischen Materien, mit denen wir Welt und Weltall teilen.

Schon jetzt gibt es intensive geologische Verbindungen, aber es sind die falschen: Der Kern des Kapitalismus, die Beziehung zum Geld, bedeutete über Jahrtausende eine relative Verschiebung von (geologischen) Metallen auf der Erdoberfläche, die sich über menschliche Hände hier konzentrierten, dort verknappten. Papiergeld hat die Macht, die im Geld steckte, kurzzeitig auf das Medium Zellulose transferiert, auf eine biologische Beziehung. Nun ist das Geld mit den Magnetstreifen auf den Kreditkarten und den magnetischen Änderungen auf Silizium-Datenträgern wieder zurück im Reich der Metalle und Gesteine, in äußerst verfeinerter, für das menschliche Auge unsichtbarer geophysikalischer Form.

Nicht nur Bergbaukonzerne und die Ölindustrie, sondern Investmentbanken und IT-Konzerne sind in diesem Sinn die Institutionen mit den innigsten geologischen Beziehungen überhaupt, weil sie ihren Reichtum durch ständige Veränderungen im Magnetfeld der Erde erwirtschaften und als elektronisches Geld in ihren Großrechnern speichern.

Sollen es wirklich diese Institutionen sein, die das intimste Verhältnis zur Erde unterhalten? Sollen sie damit wirklich allein bleiben und Deutungshoheit darüber behalten, was wir sehen, wenn wir Steine sehen, ob nur Rohstoffe oder zum Beispiel verfestigte frühere Lebewesen, wie in Kalk oder Erdöl, die man vielleicht mit Respekt behandeln könnte, weil sie im wahrsten Sinn die Grundlagen für unsere eigene Existenz gelegt haben?

Soll das brutale, von jeder kultivierten Form des Respekts ferne Herausbrechen, Heraussprengen, Herausbohren, Herausschaffen die einzige geologische Handlung sein, an der letztlich jeder Mensch durch seinen Lebensstil, den Durchsatz seiner Autos, Tablets, Smartphones, teilnimmt, während die Geophilie, die Wertschätzung der Gesteine, etwas für die vergleichsweise wenigen Bergsteiger, Mineraliensammler, Künstler und Sensiblen unter den Geologen bleibt und jene Esoterikszene, die dann an ihren Zaubersteinen doch nur wieder Geld verdienen will?

Eine innigere Verbindung zu Steinen aufzubauen würde sehr viel an unserer Perspektive auf die Welt ändern. Auch das würde die Ego-Grenzen perforieren, uns durchlässiger machen, offener. Anzuerkennen, dass die Welt nicht klar in Totes und Lebendiges geschieden ist, sondern unentwegt Stoffe und Energien zwischen dem Mineralischen und dem Organischen fließen, hieße, den Steinen einen ganz anderen Stellenwert zukommen zu lassen.[206] Eine solche Offenheit in die Welt wäre der ideale Nährboden für ein echtes Internet und für wirklich lebendige Bio-Roboter, die sich in die Billiarden analogen Verbindungen der Erde einreihen.

Die moderne Wissenschaft hat ein enormes Potenzial, die analogen Internets und ihre Verbindungen zu uns sichtbar und spürbar zu machen – vom Weltraum aus, durch die Erforschung ökologischer Systeme, aber auch durch das wachsende Wissen um das Geschehen im Gehirn.

So entsteht um die Erde herum ein feinsinniges Netz von Sensoren, das dabei hilft, planetare Prozesse zu erfassen und zu verstehen. Ein wichtiges Element des Sensorennetzes brachte am 22. November 2013 um 13.22 Uhr mitteleuropäischer Zeit eine Rakete vom Typ SS-19 in den Orbit. Die Rakete stand im Kalten Krieg viele Jahre dafür bereit, einen Atomsprengsatz über weite Entfernungen zu tragen und eine Großstadt in Westeuropa oder Nordamerika einzuäschern. Doch als sie im russischen Plesetsk, 200 Kilometer nordöstlich von Moskau, in den Himmel abhob, ging es um rundum friedliche Ziele. Die Interkontinentalrakete brachte drei Satelliten der Europäischen Raumfahrtagentur ESA in den Weltraum, mit hochsensiblen Messinstrumenten an Bord. Während die Trägerrakete für das gewaltigste Zerstörungspotenzial gebaut wurde, das Menschen je ersonnen haben, gehörte die Ladung bei diesem Start zum Feinfühligsten, was die lange Geschichte der menschlichen Technik hervorgebracht hat.

Die Satelliten, die seit dem Launch Ende 2013 in mehreren hundert Kilometern Höhe um die Erde kreisen, werden von ihren Entwicklern mit großen Insekten verglichen, aber in Wahrheit sehen sie aus wie gigantische Spermien.

Ihr fünf Meter langes Vorderteil trägt Solarzellen, GPS-Antennen und Beschleunigungsmesser. Die entscheidenden Komponenten befinden sich an dem rund 4 Meter langen Schwanzteil: Sensoren, die das Magnetfeld der Erde erfassen und jede noch so kleine Änderung registrieren. Beim Launch schossen die Resultate von Hunderten Jahren Wissenschaft in den Weltraum, die jahrelange Arbeit von Ingenieuren und die Hoffnung darauf, dass der Blick von oben die Menschen unten die Erde besser verstehen lässt.

»Swarm« heißt das Projekt der ESA. Es ist Teil des groß angelegten europäischen »Kopernikus«-Programms, in den kommenden Jahren eine Flotte von dreißig neuen Erdbeobachtungssatelliten auszubringen. Sie sollen den Planeten rund um die Uhr betasten, vom Erdkern über seine pulsierende Oberfläche bis hinaus zu den magnetischen Schwingungen im Van-Allen-Belt 25 000 Kilometer weit im Weltall.

Die drei schwarzroten Swarm-Maschinen bilden nur einen kleinen Teil der Technosphäre aus Satelliten, bewohnten Stationen und Weltraumschrott, die sich seit dem Start des ersten Sputnik-Satelliten 1957 rund um die Erde aufgebaut hat. Ein großer Teil dieser Technosphäre ist aus militärischen Motiven entstanden, inklusive der Satelliten des heute allgegenwärtigen GPS-Systems, die ihren Ursprung darin hatten, Atomraketen genau an ihr Ziel zu lenken. Eingebettet in diese dunkle Matrix hat sich ein Beobachtungs- und Messnetz entwickelt, das den menschlichen Blick auf die Erde transformiert.

Auf der Erde, in der Erde

Wie die Erde wohl von weit draußen aussehen würde, hat vor dem Beginn der Raumfahrt die Fantasie vieler Menschen beschäftigt. Alfred Döblin beschrieb 1928 die Bewohner der Erde als »Lichtmaulwürfe«, weil sie auf einem kleinen hellen Punkt in einer kosmisch-schwarzen Tiefe leben, so wie der normale Maulwurf eben über einen kleinen dunklen Punkt im Boden in seinen Lebensraum findet.[207] Es sollte bis zum Ende der sechziger Jahre dauern, bis die Menschen ein Bild der echten Erde zu sehen bekamen. Obwohl bereits ins Weltall vorgedrungen, war die US-Raumfahrtbehörde NASA lange Zeit nicht auf die Idee gekommen, ein solches Foto zu veröffentlichen. Das änderte sich erst durch eine Kampagne des amerikanischen Schriftstellers Stewart Brand, eines früheren Fallschirmspringers der US-Armee, der sich während der sechziger Jahre in Kalifornien in der Hippie- und Künstlerszene bewegte. In San Francisco verkaufte er Anstecker mit der Aufschrift: »Warum haben wir noch kein Bild der ganzen Erde gesehen?« Brands Aktion hatte Erfolg.

Von 1967 an bekam die Menschheit von der NASA immer neue Aufnahmen der Erdkugel präsentiert. »Blue Marble«, »Earthrise« und andere Bilder wurden schnell zu Ikonen. Die entstehende globale Umweltbewegung setzte die Motive ein, um zu zeigen, wie einsam und verletzlich der Planet in der Tiefe des Alls liegt.[208] Im Jahr 1987 priesen die Autoren des Brundtland-Berichts, einer Zustandsbeschreibung der Erde, auf der seither quasi die gesamte internationale Umweltpolitik aufbaut, die Bilder als »einflussreicher als die Kopernikanische Revolution«. Und weiter: »Aus dem Weltraum sehen wir einen kleinen und fragilen

Ball, der nicht von menschlicher Aktivität und Bauwerken dominiert ist, sondern von einem Muster aus Wolken, Ozeanen, Vegetation und Boden. Die Unfähigkeit der Menschheit, ihr Tun in diese Muster einzupassen, verändert die planetaren Systeme fundamental.«[209]

Je weiter die Raumsonden von der Erde ins Weltall vordrangen, desto prekärer wurden die Bilder. Vom Mars oder vom Jupiter betrachtet, aus Millionen Kilometern Entfernung, zeigte sich die Erde nicht als blaue Murmel, sondern als Pixel.[210] 1990 setzte sich der Astronom Carl Sagan mit Erfolg dafür ein, dass die NASA die Kamera der Voyagersonde, die gerade in 6 Milliarden Kilometer Entfernung das Sonnensystem verließ, um 180 Grad drehte und zurück in Richtung ihres Zuhauses fotografierte. Der berühmte »blassblaue Punkt« entstand, auf dem die Erde nur noch ein kleines Stückchen Astroplankton darstellt. Der Anblick inspirierte Sagan zu einer Art modernem Gedicht, in dem er die Einzigartigkeit der lebenden Erde pries und den Menschen als Teil eines dünnen »Films« einordnete, der die Oberfläche dieses Planeten überzieht.[211]

In den vergangenen Jahren traten dann wieder andere, nähere Bilder in den Vordergrund: nach dem Fall der Berliner Mauer gewann die ökonomische Globalisierung so an Fahrt, dass die Beschreibung eines »Ball, der nicht von menschlicher Aktivität und Bauwerken dominiert wird«, nicht mehr stimmt. Die wirtschaftliche Dynamik vor allem in Asien, aber auch in anderen Teilen der Welt veränderte das Antlitz der Erde wirklich grundlegend. Bei den Nachtflügen der internationalen Raumstation ISS dominiert inzwischen in vielen Regionen das Licht der Städte, und die Ozeane funkeln in Küstennähe von der Vielzahl der Schiffe.[212] Diese neue anthropozäne Wahrnehmung der Erde schlägt sich visuell nieder, vom Logo der Filmfirma »21st Century Fox«, auf dem die Erde rötlich schimmert und die Städte als flächige Feuer aufflackern, bis zu Alfonso Cuaróns Film »Gravity«, in dem die abendlichen Städte wie eine Leuchtschrift vorbeirollen.

Der Blick von oben auf die Erde war früher Göttern vorbehalten und dann Geheimdiensten. Heute ist er selbstverständlich und steht (auch dank Google) jedem zur Verfügung, der über ein Smartphone oder einen Internetzugang verfügt. Die kosmische Perspektive auf uns selbst hat viel verändert. Kein anderes Bild wurde in den vergangenen Jahrzehnten so oft dafür eingesetzt, an das Gute im Menschen zu appellieren, wie die Darstellung des Globus von außen. Ursula Heise von der University of California in Los Angeles hat nachgezeichnet, wie die Erdabbilder zu »ökologischen Allegorien« aufstiegen und Marshall McLuhans Idee vom »globalen Dorf« ebenso beeinflussten wie James Lovelocks Hypothese von der Erde als Superorganismus Gaia.[213] Die Bilder bringen zum Ausdruck, »dass die Bewohner der Erde unabhängig von ihren nationalen oder kulturellen Unterschieden von einem globalen Ökosystem verbunden sind, dessen Funktionsweise menschengemachte Grenzen übersteigt«.[214]

Die technische Infrastruktur dieser Erdvisualisierung ist weiter im Begriff zu wachsen – als Netz von Sensoren, das uns die messbaren Kräfte im Erdsystem anschaulich vor Augen führt. Die Swarm-Mission der ESA ist nur ein kleiner Baustein. Das neue Global Precipitation Monitoring (GPM) Core Observatory der NASA, das seit Februar 2014 in Betrieb ist, schickt 3-D-Aufnahmen der globalen Niederschläge, die dem menschlichen Betrachter einen räumlichen Blick durch die dichtesten Wolken eröffnen.

Aus den 2-D-Schnappschüssen der Anfangszeit entwickelt sich eine 4-D-Wahrnehmung der Erde, ein rund um die Uhr laufendes planetares Selfie. Den Anfang für dieses Erdkino machte 1972 der »Earth Resources Technology Satellite-1« der NASA, der wenig später den Namen »Landsat« bekam. Stand ursprünglich bei der Raumfahrtbehörde und ihrem Partner, dem U.S. Geological Survey, im Vordergrund, neue Bodenschätze aufzufinden, erweiterte sich der Blick aus dem All rasch auf die Veränderungen des Erdsystems: Die Bildfolgen der bisher acht Landsat-Satelliten führen der Menschheit das ganze Spektrum beunruhigender wie faszinierender, biogeochemischer wie anthropogener Phänomene vor Augen – den Lauf der Jahreszeiten, schrumpfende Seen und Regenwälder, expandierende Städte, austrocknende Flüsse, schmelzende Gletscher, blühende Wüsten, sich verästelnde Verkehrsnetze, Massenbewegungen von Menschen und Materie.[215]

Auf den Bildern ätzen sich Rodungen und Bergwerke in die Landschaft, während sich anderenorts Regionen von Naturkatastrophen erholen. Die Folgen von Genoziden werden sichtbar, wenn entleerte Landstriche zuwachsen, während anderswo das Grün zunimmt, weil Naturschutzgebiete ihre Wirkung zeigen. Satellitenbilder sind zu unerlässlichen Hilfsmitteln in der Wettervorhersage, beim Katastrophenschutz und bei Hilfsaktionen nach Naturkatastrophen und Unglücken geworden. Mit dem GPS-System hat die US-Regierung zudem vom Weltall herab eine neue geophysikalische Zeitrechnung etabliert, die seit einiger Zeit nicht mehr nur dem Militär dient, sondern vor allem der Logistik von Unternehmen und Millionen von privaten Anwendungen.

Lange Zeit wurde die Erdbeobachtung von den USA dominiert, von der NASA und der Privatfirma Digital Globe, die einen Großteil der Bilder in kommerziellen Anwendungen wie Google Earth und Apple Maps bereitstellt. Europa zog mit zwei ERS-Satelliten und dem »Envisat« nach. Mit dem Start der Swarm-Satelliten begann eine neue Phase der europäischen Erdbeobachtung. Im April 2014 starteten die ersten von insgesamt dreißig »Sentinel«-Satelliten. Sie sollen bald pro Tag die gesamte Erde ablichten, hochauflösende Radarbilder der Land- und Meeresgebiete liefern, den Wandel der Vegetation aufzeichnen, Wärmeflüsse in den Ozeanen aufspüren, das Wachsen und Schrumpfen von Gebirgen verfolgen, Wetter- und Klimadaten sammeln und die chemische Zusammensetzung der Atmosphäre dokumentieren. Hinzu kommen neue europäische Satelliten, die ein eigenes europäisches Navigationssystem namens Galileo bilden sollen.

Kontrolliert werden die Satellitenmissionen der ESA von einem unscheinbaren Gelände in der Nähe des Bahnhofs von Darmstadt. Im schummrigen Steuerungsraum des Europäischen Raumflugkontrollzentrums erscheinen nicht die Ortszeiten von New York und Tokio an der Wand, wie das in anderen globalisierten Orten – in Hotels, Börsen und Flughäfen – üblich ist. In roten Lettern stehen in Darmstadt die Zeiten von Orten wie Kourou in Französisch-Guayana, Perth in Australien und der Kerguelen-Inseln tief im Indischen Ozean. Diese Lokalitäten sind Teil des weltumspannenden Netzes aus Bodenstationen und Antennen, mit dem die 260 ESA-Mitarbeiter von Hessen aus die europäische Satellitenflotte überwachen und steuern. Auf den Bildschirmen hier ist das Abbild der Erde so normal wie das Eurozeichen im Display einer Supermarktkasse. Die Erde erscheint auf diesen Bildschirmen als geophysikalischer Körper mit Schwerkraft, Umfang und Sonnenbahn, mechanischen Daten, die einfließen, um Startmanöver und optimale Umlaufbahnen zu errechnen.

Als ich vor einigen Jahren in diesem Zentrum zu Besuch war, herrschte eine sachliche, ingenieurhafte Betriebsamkeit. Die Menschen waren ihrer Arbeit völlig hingegeben, es ging gerade darum, den nächsten europäischen Satelliten startklar zu machen, eine Komponente des EU-eigenen Navigationssystems Galileo, das Europa vom US-Militär unabhängiger machen soll. Es leuchtete mir sofort ein, dass diese Sachlichkeit ihren Sinn hat, schließlich geht es um heikle Operationen, bei denen Hunderte Millionen Euro Steuergelder auf dem Spiel stehen. Fehler und Versagen können Menschenleben kosten.

Erstaunlich ist aber, dass die fantastischen Bilder, die bei dieser Arbeit entstehen, letztlich von der Gesellschaft ebenfalls mit ingenieurhafter Sachlichkeit aufgenommen werden. Tausende solcher Sensoren wie in den Swarm-Satelliten bauen eigentlich die Grundlagen für eine neue Art von Sinnlichkeit. Unseren Augen erschließt sich, was sie von Natur aus nicht sehen können, selbst nicht als Raumfahrer in der Internationalen Raumstation. Die Satelliten machen die Tiefenstrahlung im Universum ebenso sichtbar wie Infrarotmuster auf der Erde und die Konzentrationen bestimmter Chemikalien. Die Wahrnehmung erweitert sich. Aber wohin führt diese gesteigerte Sinnlichkeit?

In Platos Schriften aus dem 4. Jahrhundert v. Chr. war von einem Menschen die Rede, der an Flügel gelangt und in die höchsten Höhen der Luft fliegt, um von dort die Welt wahrzunehmen »wie ein Fisch, der seinen Kopf aus dem Wasser reckt«. Plato glaubte, diese Perspektive müsse umwerfend sein. Um sie auszuhalten, bräuchte es eine »robuste Natur«, spekulierte er. Wer sie habe, könne den »wahren Himmel« sehen.[216]

Heute ist die Google-Earth-Perspektive vielen schon langweilig – der Blick auf die Erde ist zur pragmatischen Benutzeroberfläche geworden. Der britische Anthropologe Tim Ingold warnt, dass eine Menschheit, die den Blickwinkel von oben einnähme, nur noch »auf« der Erde lebe, aber nicht mehr »in« der Erde, dass der digitalisierte Globus die Menschheit weiter von der Welt trennen werde, statt sie wieder in diese Welt zu integrieren.[217] Doch muss das so kommen? Schließlich eröffnet erst diese Perspektive die Möglichkeit, weit entfernte Phänomene, mit denen mein Leben aber verbunden ist, sinnlich wahrzunehmen. Die schmelzenden Gletscher, die steigenden Meeresspiegel, die agroindustriellen Monokulturen, die gigantischen Waldrodungen wären kaum zu verstehen, wenn es die Satellitenbilder nicht gäbe. Und auch viele Naturwunder erschließen sich durch den Blick von oben neu: Es kann Naturkunst sein, was Satelliten bieten, und wenn das Gemessene für menschliche Augen unsichtbar ist, wie das Magnetfeld der Erde, stellen die Messungen eine Bereicherung unserer Sinne dar. Ich denke eher, dass die Bilder aus dem All bisher nicht sinnlich und künstlerisch genug für die Öffentlichkeit aufbereitet werden und dass sie deshalb weit unter ihrem Potenzial bleiben, bei Menschen dauerhaft jenes Erstaunen und Wundern auszulösen, das Carl Sagan beschrieben hat. Auch wenn es schon zahlreiche fantastische Medien gibt, tut sich hier ein weites Feld für Lehrer, Datenjournalisten, Künstler und Wissenschaftskommunikatoren auf.

Wenn die Militärs, Google und Digital Globe als alleinige Kuratoren für den kollektiven Blick auf die Erde problematisch sind, heißt das, dass andere, zivile und nichtkommerzielle Institutionen diese Rolle übernehmen sollten. Die ESA hat hier eine große Chance, zu einem Global Player zu werden, wenn sie sich ganz in den Dienst der Erdsinnlichkeit stellt, statt wie Google Earth und Digital Globe auch als Dienstleister Bergbau- und Erdölfirmen den Weg zu weisen. Sie könnte Visualisierungstechniken entwickeln, die jeden CEO einer Teersandfirma zurückschrecken lassen, seine Projekte weiterzuverfolgen, und die jedem, der morgens aufwacht, die Fülle und den Reichtum der Erde vor Augen führt. Dafür bräuchte es aber eine klare Strategie ihrer Mitgliedsländer.

Nachdem die ESA ihre Projekte oft nach berühmten Europäern benennt, müsste der Name dieses Programms Holbach heißen. Denn der deutsch-französische Philosoph und Enzyklopädist Baron d'Holbach hat schon 1770 – dreizehn Jahre vor dem spektakulären Ballonversuch der Gebrüder Montgolfier und 180 Jahre vor dem Beginn der bemannten Raumfahrt – beschrieben, wie man beides tun kann: auf die Erde als Ganzes blicken und in der Erde mit ihrer kulturellen und ökologischen Vielfalt zu leben. In seinem Buch *System der Natur* schrieb d'Holbach 1770, wie der Blick auf die Erde zu einer neuen Perspektive auf uns selbst führen könne: »Lasst den Menschen sich mit der Kraft seiner Gedanken über den Globus erheben, den er bewohnt, und er wird auf seine eigene Spezies mit denselben Augen sehen wie auf alle anderen Wesen in der Natur.«[218] Mit denselben Augen zu sehen – das würde für d'Holbach bedeuten anzuerkennen, »dass die Idee, der Mensch rage als Wesen aus der Natur heraus, nur von seinen besonderen Interessen und seiner Befangenheit zu seinen eigenen Gunsten kommt und dass diese Doktrin auf einem sehr verdächtigen Fundament steht, nämlich Ignoranz und Selbstliebe«.

Ein gehendes Ökosystem

Noch ist ein solcher mentaler und kultureller Wandel weit entfernt. Die Weltraumbilder haben bisher nicht vermocht, ihn herbeizuführen. Vielleicht ist die abstrakte Draufsicht doch nicht der »wahre Himmel«, vielleicht suchen wir instinktiv den Blick von innen, der uns Orientierung über soziale Beziehungen gibt?

Hier kommt uns ein zweites Netz von Sensoren zu Hilfe, das den Blick auf die Erde in diese Richtung zu weiten hilft. Weltweit dokumentieren Wissenschaftlerinnen und Wissenschaftler den Reichtum des Lebens auf der Erde, die Vielfalt der Erbinformationen, der Organismen, der Arten und der Lebensräume. Diese Forscher tauchen in die Tiefsee hinab, um verborgene Fische und Bakterien zu identifizieren, sie durchkämen den Luftraum, Regenwälder und Savannen nach unbekannten Lebensformen. Das Netz des Lebens, wie Biologen es nennen, ist weit mehr als eine Metapher. Im Geist der Zeit haben Darwin-Interpreten lange Wettbewerb und Egoismus als Schlüsseleigenschaften von Natur und Evolution identifiziert, aber nichts könnte falscher sein.

Ein Sinnbild dafür ist das Dreifingerfaultier, ein Säugetier, das in den Wipfeln mittel- und südamerikanischer Regenwälder lebt. Lange Zeit war es Biologen ein Rätsel, warum dieses behäbige, stets freundlich dreinblickende Tier etwa einmal in der Woche das Astwerk verlässt, wo es vor Raubtieren sicher ist, und auf den Boden hinabklettert, um dort zu koten. Eine erste Vermutung war, dass die Fäkalien die Bäume düngen sollen, von deren Blättern das Tier teilweise lebt. Doch das stellte sich als unzutreffend heraus. Anfang 2014 veröffentlichten Wissenschaftler der University of Wisconsin die Lösung des Rätsels. Sie deckten eine erstaunliche Kooperation zwischen zahlreichen Arten auf, ein analoges Symbiose-Netzwerk erstens Rangs. In den langen, zotteligen Haaren der Faultiere fanden die Forscher eine Schmetterlingsart aus der Gruppe der Zünsler. Von diesen Tieren können hundert und mehr in den Zotteln eines Tieres leben, ohne Schaden anzurichten. Im Gegenteil: Die toten Motten dienen als Nahrung, aber nicht direkt für das Faultier, sondern für Bakterien und Pilze, die sich ebenfalls eingenistet haben. Und beim Zerfall der Insektenkörper werden Nährstoffe frei, die wiederum andere Organismen wachsen lassen: Grünalgen, die das Säugetier regelrecht überwuchern. Die Wissenschaftler kamen dem analogen Netzwerk auf die Spur, als sie den Mageninhalt von Faultieren analysierten: Die Tiere fressen die Algen direkt von ihrem Pelz.

Wenig später entdeckten sie dann den Grund für die wöchentlichen Expeditionen hinab zum Waldboden: Die Motten legen ihre Eier in den Kot des Faultiers, wo sie sich wiederum mit Hilfe der Nährstoffe dort bestens entwickeln können, um dann als ausgewachsene Tiere wieder zurück in den Pelz zu fliegen. Faultiere kratzen sich offenbar auch deshalb so langsam, um den Motten keinen Schaden zuzufügen.[219]

Kot, Motten, Pilze – die spezielle Kombination der Akteure in diesem Beispiel ist bestimmt nicht jedermanns Sache. Aber die wechselseitigen Abhängigkeiten auf dem Faultierpelz zeigen, was im Netz des Lebens mindestens genauso wichtig ist wie Wettbewerb: Kooperation und Miteinander, weit über Artgrenzen hinaus. Das Faultier ist nicht ein Tier, sondern ein »gehendes Ökosystem«.[220] Solche Beziehungen finden Forscher, wohin sie schauen – in Korallenriffen, Wurzelsystemen, Blumenwiesen. Aus ihren Beobachtungen entsteht ein Wissensnetz jener Knotenpunkte und Beziehungen, das die analoge Welt leben und funktionieren lässt. Dieses Wissensnetz besteht aus den Organismen selbst und aus den Fachleuten, Publikationen, Samenbanken, zoologischen und botanischen Gärten, in denen Informationen und Expertise gebündelt sind. Noch vor hundert Jahren waren nur wenige zehntausend Lebensformen auf der Erde bekannt, inzwischen sind es über 1,5 Millionen.[221] Die neuesten Schätzungen, wie viele Arten es insgesamt gibt, liegen bei acht Millionen. Und die Wissenschaft wird immer präziser darin, die Wechselwirkungen dieser Arten zu kartieren und quantifizieren.

Wir lernen durch diese Interaktionen, wie eng verbunden Organismen miteinander sind und wie sehr die Vielfalt und das Wohlergehen eines Lebensraums, etwa eines Flusses, mit der Vielfalt und dem Wohlergehen eines anderen Lebensraums, etwa des Ozeans, zu tun haben. Wir lernen, wie entscheidend Vielfalt dafür ist, dass ein Ökosystem nicht bei der ersten Krise kollabiert, sondern resilient reagiert, also auch unter akutem Stress seine Funktionen aufrechterhält und seine frühere Stärke wiederherstellt. Wir lernen, welche Stoffströme dieses Netz des Lebens überhaupt erst funktionieren lassen und die Grundlagen des Lebens, fruchtbaren Boden, sauberes Süßwasser, atembare Luft und Nahrung fortlaufend regenerieren. Wäre die Natur so hierarchisch strukturiert wie das Internet, abhängig von Knotenpunkten in einem Land und bei wenigen

Großkonzernen, könnte sie alle diese Leistungen nicht vollbringen.

Diese Stoffströme sind unseren Augen weitgehend verborgen, aber Wissenschaftler sind dabei, sie Schritt für Schritt offenzulegen. Das konnte ich in der Nähe von Jena miterleben, wo Mitarbeiter des Jenaer Max-Planck-Instituts für Biogeochemie zwischen 2010 und 2013 ein einzigartiges Experiment namens »Quasom« durchführten.[222]

Das Institut ist eine Verkörperung von Goethes Erdgeist – hier wird erforscht, wie die biologischen, chemischen, geologischen und physikalischen Kräfte weltweit zusammenwirken.

Auf einem Gelände in Sulza bei Jena mit Blick auf das Saaletal schufen die Postdoktoranden Marion Schrumpf und Enrico Weber drei kleine, komplett verkabelte künstliche Ökosystemchen, in denen sie jede Veränderung von Temperatur, Feuchtigkeit und den Konzentrationen verschiedener Stoffe wie Kohlendioxid, Methan und Stickoxid messen konnten. Zwei der Plots waren überdacht, um die Umweltbedingungen kontrolliert verändern zu können, ein drittes lag im Freien. Über Schläuche wurde die Luft aus dem Boden durch Geräte gejagt, um ihren Kohlendioxidgehalt bestimmen zu können. Pflanzen, Boden und Bakterien bekamen eine besondere Art von Kohlenstoff geboten, ein Isotop, das etwas schwerer ist als üblicher Kohlenstoff. Durch den Unterschied lässt sich messen, wie sich das Element in den Wurzeln, im Humus und in den Gemeinschaften der Mikroorganismen messen ließ.

Ich nahm auf der Probefläche etwas Erdboden in meine Hand: Die Sandkörner fühlten sich rau an, der braune Humus zerfloss auf der Haut. Da waren unzählige Bakterien, die ich nicht sah, vielleicht mehr, als es Menschen gibt. Da zogen sich unsichtbare Pilzfäden hindurch. Ich sah weiße Knöllchen an einer alten Wurzel, das waren Bakterienkolonien, die den Stickstoff aus der Luft holten. Ein altes Blatt war dabei, sich aufzulösen und seine Materie wieder abzugeben. Eine Asselkugel rollte sich auf, das Tier kroch davon. Ein Regenwurm wand sich und wollte zurück ins Dunkel. Würde man alle Beziehungen kartieren, die es in einem Kubikmeter Bodens gibt, wären sie vielleicht so komplex wie das ganze elektronische Internet. Die optischen Darstellungen, die es vom Netz gibt, ähneln nicht umsonst dem Geflecht von Pilzfäden und Wurzeln.[223]

Auf der Probefläche legten zwei Wissenschaftler ihre technisch vergrößerten Ohren ganz nah an die Erde und konnten im Wortsinn das Gras wachsen hören. Wie das markierte Kohlendioxid zwischen Boden, Bakterien und Pflanzen hin und her wanderte, konnten sie nach fast zwei Jahren Untersuchungszeit sehr genau nachvollziehen. Mit ihren zahlreichen Sonden und Sensoren sahen die Plots aus wie eine Art biotechnologisches Internet. Aber eigentlich brauchte der Boden keine Zusätze, um Internet zu sein – das war er an sich schon.

Die Messergebnisse der Jenaer Wissenschaftler werden in Modelle eingespeist, wie die Biosphäre funktioniert, und viele dieser Modelle wachsen zusammen zu einem größeren Modell, mit dem Forscher Vorhersagen treffen können, wie zum Beispiel die Erderwärmung das Wachstum von Pflanzen beeinflusst und wie sie die Zusammensetzungen der komplexen und lebenswichtigen Mikrobengemeinschaften im Boden verändert.

Unter den globalen Ökosystemen, die aus dem Weltraum zu sehen sind, ist der Boden das mit den engsten, dichtesten Verbindungen, ein ständiges Verweben und Verschmelzen von Bio-, Geo- und Technosphäre, Mikro- und Makroorganismen, Wasser, Feststoffen und menschlichem Geist.[224] Dichter und verwobener geht es wahrscheinlich nur in einem einzigen anderen System auf der Erde zu: Wir zoomen von dem bunten, verwobenen Film aus Materie, das die um die Erde kreisenden Satelliten abtasten, über das analoge System namens Boden zur Mutter aller Internets.

Bewusstsein, überall?

Die Gehirne der bald acht Milliarden Menschen und der Billionen anderen Tiere bilden das dichteste analoge Netz der Welt. Es ist ein Netz der Wahrnehmungen, der Erinnerungen, der Empfindungen, der Emotionen. Allein die Gehirne der Menschen bringen es zusammengenommen auf ein Gesamtgewicht von 10 Millionen Tonnen, und bis 2050 werden durch das Bevölkerungswachstum um 2,5 Milliarden Menschen weitere 3 Millionen Tonnen bioorganischer Materie, die heute noch in Pflanzen, Tieren, Böden und Ozeanen kreisen, in menschlichen Gehirnen gebunden sein und menschlicher Wahrnehmung dienen.

Was und wie werden diese Gehirne sehen? Wird die Menschensphäre so wachsen, dass Menschen nur noch Menschen wahrnehmen? Wird das analoge Netzwerk der Menschengehirne sich noch weiter von den anderen analogen Netzwerken der Natur entkoppeln, angetrieben von digitalen Netzwerken, die komplett die menschliche Aufmerksamkeit binden, permanente Zerstreuung liefern, das Leben aus Fertigprodukten zusammensetzen, die keiner Fantasie und Vorstellungskraft mehr bedürfen, in kommerzialisierte Subwelten abdrängen, die uns von den reichen Netzen der Natur fernhalten?

Es gibt Gehirnforscher, die an diesem Prozess aktiv mitarbeiten und ihr Wissen darum, wie menschliche Gehirne funktionieren, in den Dienst von IT-Konzernen stellen, deren Ziel es ist, möglichst alle Menschen mit einer einzigen Art der Wahrnehmung – ihrer Art – zu kolonisieren. Die Arbeit dieser Gehirnforscher reicht davon, die Mechanismen der Aufmerksamkeit auszubeuten, um Blicke auf Werbung zu lenken, bis dahin, die Muster neuronalen Rechnens auf die digitalen Netzwerke der IT-Oligarchen zu übertragen. Mit ihrer Arbeit machen sie die IT-Giganten im Wettkampf mit menschlicher Intelligenz unschlagbar. Big Data wird, wenn das so weitergeht, ein kleiner Vorgeschmack auf eine neue Stufe der Entwicklung sein: Big Information, wenn aus Daten Informationen über uns werden und Maschinen uns, um mit Google-Chefingenieur Ray Kurzweil zu sprechen, besser kennen als wir selbst.

Das US-Militär investiert in großem Stil in Neurobiologie, um dieselben Methoden für seine Zwecke einzusetzen. Diese Art von Neurobiologie geht Hand in Hand mit der totalen Übereignung der Gesellschaften an den militärisch-informationellen Komplex.

Aber es gibt andere Gehirnforscher – Menschen, die ihre Disziplin im Dienst nicht einer verengten, monotonisierten, sondern einer erweiterten, vielfältigen Weltwahrnehmung praktizieren. Zu diesen Menschen gehört Christof Koch, Chefwissenschaftler des weltweit renommierten Allen Institute for Brain Science in Seattle, das der Microsoft-Mitbegründer Paul Allen mit 400 Millionen Dollar ausgestattet hat. An dem Institut entstehen hochauflösende Landkarten von Gehirnen. Sie sollen der Navigation zu den Quellen des Bewusstseins dienen – und auf diesem Weg findet Koch vor allem Verbindungen zwischen den Gehirnen von Menschen und den Billionen anderen Gehirnen auf der Erde, von Bienen, Delfinen und anderen Tieren.

Knallrote Schuhe, aufgehellte Haare, grellbunte Weste. Koch sah an dem Abend, an dem ich ihn in der Bar des Hotels »Bonaventure« 34 Stockwerke über dem Zentrum von Los Angeles traf, aus wie eine der irritierenden Figuren, die der Regisseur David Lynch in »Mulholland Drive« aufblitzen lässt, einem Meisterwerk über Amnesie. Seine markigen Züge, sein durchdringender Blick und sein trainierter Körper ließen auch an einen verjüngten Harrison Ford denken, an einen Mutantenjäger in einer Neuauflage von »Blade Runner«.

Koch war mit jungen Wissenschaftlern zusammengekommen, um zu überlegen, wie sie Risikokapital für eine neue Firma auftreiben könnten. Aber solche Fragen können ihn immer nur für kurze Zeit begeistern. Deshalb war er froh, als kurz vor Mitternacht einer aus der Runde das Gespräch endlich vom Geld auf die eigentliche Frage seiner Forschung lenkt: »Ist unser Bewusstsein wirklich reine Biologie?« Das ist das Lebensthema des Wissenschaftlers, der 1956 als Sohn deutscher Eltern in Kansas City geboren wurde und der, nachdem ihn die Diplomatenlaufbahn seines Vaters nach Bonn, Holland, Marokko und Kanada geführt hatte, wieder in Amerika gelandet ist. Koch versucht die Tiefenstrukturen des Menschen naturwissenschaftlich zu ergründen. Vom Caltech bei Los Angeles ist er 2011 an die Spitze eines der größten Hirnforschungsprojekte weltweit gerückt. Für Koch ist klar, dass Bewusstsein ein materielles Phänomen ist: »Ohne Gehirn kein Bewusstsein«, war seine Schnellschussantwort auf die Frage des jungen

Kollegen. »Wir haben uns daran gewöhnt, dass Vererbung durch Moleküle geschieht, aber dass das Bewusstsein aus Materie entstehen soll, ist noch immer ein ungewohnter Gedanke.« Dann komprimierte er viele Jahre Forschung in wenige Sätze, erzählte von den Zigtausenden dynamischen Schaltkreisen von Nervenzellen, die Aktionen oder Erinnerungen kodieren und ständig darum ringen, bewusst wahrgenommen zu werden. Das Bewusstsein, sagte er, entstehe in einem speziellen Teil der Hirnrinde, der äußere Reize nicht direkt übermittelt bekommt, sondern selbst wie ein Sinnesorgan in andere Gehirnteile hineinschaut.

Mitte der achtziger Jahre lernte Christof Koch Francis Crick kennen, einen der Mitentdecker der DNS-Struktur. Er war damals nach dem Physikstudium in Tübingen und Forschungsarbeiten über biologische Informationsverarbeitung am Massachusetts Institute of Technology (MIT) frisch nach Kalifornien gekommen. Eine symbiotische Beziehung entwickelte sich, in der die beiden sich jede Woche trafen, immer neue Ideen entwickelten, sie wechselseitig torpedierten und das, was an Hypothesen standhielt, gemeinsam veröffentlichten. Die Forscher einte der Drang, der Natur zu entreißen, wie sie aus Atomen und Zellen Bewusstsein entstehen lässt. Koch steht für einen Ansatz, der keine Tabus kennt. »Das Universum ist ein merkwürdiger Ort, wir entdecken immer neue seltsame Dinge, Quarks etwa und dunkle Energie«, sagte er an dem Abend in der Bar über Los Angeles. »Da müssen wir auch beim Bewusstsein offen für seltsame Lösungen sein.«

Seine Position am Allen-Institut ist heute so herausgehoben, dass Koch der Welt nicht mehr beweisen muss, was für ein harter Naturwissenschaftler er ist, das Gegenteil eines Esoterikers. Und das gibt ihm die Freiheit zu bekennen, was genau er mit einer seltsamen Lösung meint: Er hält es für hochwahrscheinlich, dass Bewusstsein nicht auf den Menschen begrenzt ist, sondern dass es überall entsteht, wo ein System aus ausreichend vielen verbundenen Teilen besteht. Dass Bewusstsein überall auf der Erde und im Kosmos verbreitet ist. Mit diesem Denken sieht Koch sich in der Tradition berühmter Denker: Buddha, Spinoza, Leibniz, Schopenhauer und Teilhard de Chardin.[225]

Als Naturwissenschaftler hält er eine Version ihrer Überlegungen, die an das 21. Jahrhundert angepasst ist, für die »eleganteste und am wenigsten aufwändige Erklärung des Universums in biologischer, metaphysischer und informatischer Hinsicht«.[226]

Koch hat bei seinen Gehirnstudien bisher keinen überzeugenden Unterschied zwischen Menschen und anderen Tieren gefunden, keinen »Rubikon«, der einfache von komplexen Tieren und einfache von komplexen Verhaltensweisen trennen würde. Alle Arten – Bienen, Oktopusse, Raben, Elstern, Papageien, Thunfische, Mäuse, Wale, Hunde, Katzen und Affen – seien in der Lage zu ausgeklügelten und erlernten Verhaltensweisen, die mit Bewusstsein begründet würden, wenn ein Mensch sie ausführte. Die Proteine, Gene, Synapsen, Zellen und Verschaltungen ihrer Nervensysteme seien so komplex, vielfältig und spezialisiert wie beim Menschen.

Der Forscher schlägt eine neue Grundannahme, eine neue Nullhypothese vor: »Bis das Gegenteil bewiesen ist, sollten wir davon ausgehen, dass viele, wenn nicht sogar alle vielzelligen Organismen auf ihre Weise Schmerz und Genuss empfinden und wahrnehmen können, dass sie leben.« Das Bewusstsein unterscheide sich von Organismus zu Organismus, je nachdem, wie der Sinnesapparat an den

Lebensraum angepasst ist. »Aber alle sind in der Lage, subjektive Gefühle zu empfinden.«[227]

In Zusammenarbeit mit dem Schlaf- und Gehirnforscher Giulio Tononi von der University of Wisconsin/Madison arbeitet Koch an einer einheitlichen Bewusstseinstheorie, der »Integrierten Informationstheorie«. Tononi hat in *Phi*, einem der schönsten und eindrucksvollsten Wissenschaftsbücher, die ich kenne, Galileo Galilei an die Hand genommen, den Begründer der modernen Naturwissenschaft, der den Beobachter strikt vom Beobachteten abgetrennt hat und von dem der Imperativ stammt, dass alles gemessen werden müsse und alles, was noch nicht messbar sei, messbar gemacht werden müsse. [228] Tononi führt Galilei bei einer Wanderung durch fantastische Räume, in denen er auf Personen der Zeitgeschichte, Patienten und physikalische Phänomene trifft, vor, wie problematisch die Trennung von Beobachter und Beobachtetem ist und wohin der völlig entleerte Reduktionismus geführt hat: »Die Wissenschaft behandelt seit Galileo Galilei alles wie einen Zombie, den Planeten, die Menschen, die Tiere und Pflanzen«, sagt er warnend.[229]

Tononi will den Blick der Öffentlichkeit dafür weiten, dass Bewusstsein kein exklusives Reich des Menschen, sondern ein weit verbreitetes Phänomen ist. Der Forscher träumt von einem Gerät der Zukunft, mit dem er das Bewusstsein in der Natur sehen kann, wie heute Astronomen ferne Galaxien betrachten. »Qualiaskop« nennt er das Gerät, weil in der Bewusstseinsphilosophie Empfindungen »Qualia« heißen. Durch dieses Qualiaskop erscheint die Weite der Gebirge und des unbelebten Weltalls unendlich klein, während das Bewusstsein eines Insekts groß aufleuchtet. »Du wirst erfolglos auf Steine und Flüsse, Wolken und Berge schauen«, sagt in *Phi* eine alte Frau zu Galileo, der in einem »Garten der Qualia« herumwandert, »der höchste Berg ist klein verglichen mit einer kleinen Motte.« Galileo sieht den Mond aufgehen, aber ganz klein, während aus dem Gehirn einer aufwachenden Eule ein Komet erwächst, das Licht des Bewusstseins.

»Inmitten des Nebels begann er andere Kometen zu sehen, andere Konstellationen, eine Galaxie, wenn man wirklich alles würde sehen können. Die Tiere erwachten aus dem Schlaf und machten ihre Lichter an. In diesen Feuern waren Seelen, erinnerte sich Galileo, tanzende, bebende Flammen, deren Gestalt sich endlos ständig wandelte. Kathedralen von Feuer, in jedem Moment erbaut und umgebaut. Sie leuchteten aus dem Inneren, mit dem Licht, das sehen kann, nicht mit dem Licht, das ein Auge braucht, um gesehen zu werden.«

Zusammen mit Koch die Wissenschaft auf den Kopf stellen: Das Bewusstsein selbst soll ihnen zufolge künftig der Startpunkt der wissenschaftlichen Weltbetrachtung sein. Und diese neue Wissenschaft soll bereit dafür sein, Bewusstsein in verschiedensten Ausprägungen zu beschreiben und anzuerkennen. Das hätte Tononi zufolge weitreichende Wirkungen: »Wenn etwas Bewusstsein hat, darf man es nicht mehr als Mittel zum Zweck behandeln, sondern muss es als Zweck an sich respektieren und wertschätzen.«

Man kann diese Weltsicht für unbewiesen und spekulativ halten, und natürlich haben Koch und Tononi viele Widersacher. Man kann ihre Darstellung, dass sich das menschliche Gehirn strukturell nicht von dem von Tieren unterscheide, für ebenso naiv einstufen wie Gagarins Aussage, er habe hoch oben im Himmel keinen Gott angetroffen, weil das, was in der landläufigen Meinung den Menschen ausmacht, ja gerade seine nicht messbare Seele wäre.

Aber wäre eine mit Bewusstsein gefüllte Welt nicht eine reichere, verbundenere, interessantere Welt als eine, in der Menschen allein sind mit einer bewussten Wahrnehmung? Wäre es wirklich so schlimm für uns, nach der Stellung im Mittelpunkt des Weltalls und an der Spitze der Evolution auch beim Bewusstsein nicht mehr nur von menschlichen Alleinstellungsmerkmalen, die es sicherlich reichlich gibt, zu reden, sondern eben auch von der Vielzahl geteilter Eigenschaften?

Was passiert, wenn man sich auf Kochs Perspektive einlässt? Würde wirklich ein Band des Bewusstseins alles Leben verbinden, wäre das Wesen des Planeten, auf den die Satelliten herabschauen, ganz anders, als die westlichen Denkmodelle es bisher vorsehen. Ein unendlich tiefes analoges Netz wechselseitigen Empfindens würde hervortreten, das sich als unsichtbare Matrix über die farbigen Oberflächen ausdehnt, die uns heute als nüchterne Erdbilder begegnen. Die Erde, von oben durch ein Qualiaskop betrachtet, wäre ein wild bebendes Gebilde.

Koch ist wirklich mutig, sich in seinen Schriften auf Pierre Teilhard de Chardin zu berufen. Teilhard, der von 1881 bis 1955 lebte, war in der katholischen Kirche wenig gelitten, weil er christliche Lehren mit starken buddhistischen Einflüssen und einer radikalen Offenheit für die Naturwissenschaft und ihre Erkenntnisse verband. Deshalb wurde er wiederholt in akademische Verbannungen geschickt, etwa nach China. Sein Hauptwerk *Der Mensch im Kosmos* durfte viele Jahre nicht veröffentlicht werden, weil der Vatikan und der jesuitische Orden dies verboten.[230] Teilhard gehört zwar zu den Mitentdeckern des Homo erectus pekinensis, an dessen Ausgrabung er 1929 teilnahm, hat also naturwissenschaftliche Meriten erworben. Doch seine Philosophie ist mit der heutigen reduktionistischen Weltsicht schwer vereinbar: In seinem Hauptwerk *Der Mensch im Kosmos* entwirft er das Bild einer kosmischen und organismischen Evolution, die – im Gegensatz zum naturwissenschaftlichen Weltbild – ein Ziel hat: den Punkt Omega, an dem der Kosmos als Ganzes sich seiner selbst bewusst wird und in eine neue Phase tritt.

Aus Sicht abgebrühter Reduktionisten, die überall nur reine, zweckfreie und ziellose Physik sehen, kommt es sogar noch schlimmer. Teilhard beschreibt in *Der Mensch im Kosmos* eine Entwicklung von Natur, Mensch und Technik, die abgeklärten Bewohnern des 21. Jahrhunderts als hoffnungslos idealistisches Konzept erscheinen muss. Der Mann spricht von Liebe! Der Geo-Theologe gehörte zu den Verfechtern der Darwin'schen Evolutionslehre, und dennoch ist Liebe für ihn der Grund allen Seins: »Wenn nicht schon im Molekül – gewiss auf unglaublich rudimentärerer Stufe, aber doch schon angedeutet – eine Neigung zur Vereinigung bestünde, so wäre das Erscheinen der Liebe auch auf höherer Stufe, in ihrer menschlichen Form, physisch unmöglich. Im Prinzip müssen wir voraussetzen, dass sie zumindest in einem Anfangszustand in allem Seienden vorhanden ist ... Wenn wir rings um uns die steigende Flut bewusster Wesen beobachten, die sich vereinigen, so sehen wir, dass die Liebe tatsächlich nirgends fehlt ... Warum sollte sie nicht eines Tages in Erddimensionen wiederholen, was sie täglich in verkleinertem Maßstab ausführt? Die Menschheit: der Geist der Erde; die Synthese der Individuen und Völker; die paradoxe Versöhnung zwischen dem Element und dem All, der Einheit und der Menge: damit sich diese Dinge, die man als utopisch bezeichnet und die dennoch eine biologische Notwendigkeit haben, in der Welt verwirklichen, genügt nicht vielleicht die Vorstellung, unsere Liebeskraft könne sich entwickeln, bis sie schließlich die Gesamtheit der Menschen und der Erde umschlingt? … Universale Liebe: sie ist nicht nur psychologisch möglich, sondern sie ist die einzige vollständige und endgültige Art unserer Liebesfähigkeit.«

Ist das nur ein verwegener, romantischer, utopischer Gedanke, wie Teilhard de Chardin selbst einwirft?

Man mag das so abtun und sich vor lauter »Gutmenschentum« krümmen, aber so zu denken wie Teilhard macht Defizite der modernen, technokratischen Gesellschaften spürbar. Wie würde eine Gentechnik aussehen, eine Roboterentwicklung, ein künftiges Internet, die seine Ideen verkörpern?

Teilhard de Chardin rührt an die Frage, zu was Big Data führen soll. Zu einer Atomisierung der Welt, die dann nach den Gesetzen des militärisch-industriellen Komplexes wieder zusammengefügt wird, oder zu einem digital-analogen Organismus, bei dessen Gestaltung vor allem Empathie und Gemeinsinn im Vordergrund stehen?

Die Technologien, die im Geist von Teilhard entstehen, wären etwas ganz anderes als Ray Kurzweils Singularität. Diese gründet auf kaltem, empathiefreiem Zweckdenken, das den militärisch-informationellen Komplex prägt. Kurzweils Aussage, dass in Zukunft (seine) Maschinen einen Menschen besser kennen werden als seine engsten Mitmenschen, ist nichts anderes als eine Erniedrigung des Menschlichen, eine Maschinisierung unserer Beziehungen, eine digitale Besatzung unseres analogen Lebens. Wenn erst die menschlichen Beziehungen entwertet sind, was droht dann den Beziehungen zu Lebewesen, die schon heute unbeachtet bleiben oder schlecht behandelt werden? Koch und Tononi warnen mit scharfen Worten vor einer künstlichen Intelligenz, die in der Logik von Google entsteht.

Die Denkweise, die diese beiden Forscher, wie auch Döblin, Holbach, Teilhard und andere, verbindet, zielt dagegen nicht auf eine repressive, bewusstseinsleere Singularität, sondern auf eine organische, verbundene, bewusste Pluralität. Die Politologin Jane Bennett hat das Konzept eines »organischen, vitalen Materialismus« entwickelt, der »Ähnlichkeiten und strukturelle Ähnlichkeiten von materiellen Formen in ›Natur‹ und ›Kultur‹ über kategorische Grenzen hinweg sichtbar macht« und den Respekt vor ihnen stärkt.[231] So öffnet sich eine andere Sicht auf die Welt, in der auch Steine, Pflanzen, Tiere, Wasser Akteure und Subjekte sind und nicht nur Ressourcen. Ein viel tieferes, vielfältigeres und lebendigeres Internet entsteht.

Bennett sieht eine große Chance darin, die alten Grenzen von Objekten und Subjekten zu überwinden. Naturwissenschaftler bekommen (zu Recht) eingetrichtert, nicht zu anthropomorphisieren, also etwa in Tiere menschliche Intentionen hineinzuinterpretieren. Für wissenschaftliche Experimente ist diese Regel essenziell. Doch das muss nicht heißen, dass alle Lebensbereiche davon geprägt sind. In einer Welt, in der ein großer Teil der Tiere und Pflanzen ohnehin vom Menschen gezüchtet, in der ein großer Teil der zirkulierenden Stoffe menschlichen Ursprungs sind und in der zwei Drittel der Landfläche und weite Meeresgebiete vom Menschen dominiert werden, lösen sich die alten Grenzziehungen ohnehin auf. Die Anthropomorphisierung der Erde ist in vollem Gange. Bennett hält es für sinnvoll, wenn ihr eine Anthropomorphisierung des Denkens folgt. »Eine Portion Anthropomorphismus kann eine ganze Welt von Resonanzen und Ähnlichkeiten aufdecken – Klänge und Anblicke, die mehr Widerhall haben, als wenn man das Universum hierarchisch strukturiert«, schreibt sie. »Wir sehen vielleicht zuerst eine Welt, die nur unserem eigenen Antlitz entspricht, aber was als Nächstes erscheint, ist ein Schwarm von begabten und vibrierenden Materialitäten, zu denen das sehende Selbst gehört ... Erstaunlicherweise arbeitet Anthropomorphismus gegen anthropozentrisches Denken, eine Verbindung entsteht zwischen Person und Ding, und ich bin nicht länger über oder außerhalb einer ›Umwelt‹.«

Panarchie statt Egoshooting

Die moderne Biologie hat unseren Blick auf die Welt revolutioniert. Sie hat mit Mythen einer direkten göttlichen Schöpfung aufgeräumt, die Evolution erklärt, die Substanzen des Lebens freigelegt und vieles mehr. Aber ihre Erkenntnisse wurden und werden für eine utilitaristische Ideologie missbraucht.

Ideologen haben Darwins Lehren dazu benutzt, um das Leben als einen Kampf aller gegen alle zu inszenieren, bei dem nur die Stärksten und Rücksichtslosesten gewinnen. Diese Interpretation ist komplett verengt, wurde aber in den Weltgegenden, in denen nicht soziale Marktwirtschaft regiert, sondern »liberaler« Kapitalismus, gezielt eingesetzt: Aus dem *survival of the fittest* wurde das »Recht des Stärkeren« gemacht, bis die »egoistischen Gene« das Konzept im Thatcherismus auf die Spitze trieben. So half Biologie, Menschen zu vereinzeln, sie gegeneinander in Wettbewerb zu schicken und die dabei frei werdende Energie in Profite zu verwandeln.

Überhaupt prägte lange Zeit Vereinzelung die biologische Herangehensweise. Die Wissenschaft schied die Lebensräume, die Arten, die Gewebe, Zellen und Moleküle so lange voneinander, bis sie glaubten, alles sei voneinander getrennt. Darüber ist der Blick für die Bio-Unität, die Gemeinsamkeit allen Lebens, verloren gegangen. Die geteilten Elemente, die geteilten Gene, die geteilten Zellfunktionen, die geteilten Hirnarchitekturen, die geteilten Stammbäume und die geteilten Lebensräume, all das ist der großen Unterscheidung lange zum Opfer gefallen. Viele Menschen hadern schon damit, dass unser Erbgut zu mehr als 95 Prozent mit dem von Gorillas übereinstimmt – aber dass es auch zu erheblichen Teilen mit dem von Pflanzen identisch ist, liegt dem westlichen Denken bisher komplett fern.[232]

Eine dritte Fehlentwicklung ist eine so merkwürdige wie systematische Degradierung der Materie in den Veröffentlichungen vieler Forscher. Vielen Gehirn- und Genforschern macht es diebischen Spaß nachzuweisen, dass Liebe, Ich, Kooperation und was sonst das Leben zusammenhält, »nur« das Produkt von Stoffwechselprozessen und letztlich, wie das »Ich«, nur eine Illusion sei.[233] Alles, was Menschen lieb und teuer ist, ist in ihrer Welt »nur« schnöde Materie und »nur« ein fest programmiertes Verhaltensprogramm, das letztlich unseren Egoismus optimiert. Dieser »Nurismus« impliziert, dass Phänomene von geringerem Wert sind, wenn sie wissenschaftlich mit materiellen Eigenschaften erklärt werden können. Die heutige »Ich«-Idee als Illusion zu sehen und herauszuarbeiten, wie unser Ich sich erst durch die Gemeinschaft mit Menschen, Tieren, Pflanzen, Steinen und Kosmos formt und erhält, wäre ein positiver Weg. Aber die desillusionierten Menschen werden von dieser einflussreichen Gruppe der Deterministen allein gelassen mit dem Heer von »Zombies«, das sich anstelle des Ichs angeblich in ihrem Inneren befindet. Solche Modelle werden dann höchstens genutzt, um uns als Kunden zu klassifizieren, uns nach unserem ökonomischen Wert zu sortieren, unser Verhalten vorauszuberechnen.[234] Das ebnet den Weg in eine Singularität à la Kurzweil.

Weil die Wissenschaft das Leben zwar in isolierte Phänomene zerteilt, messbar macht und in mechanische Modelle verwandelt, aber sich davon fernhält, die gesellschaftliche Wertschätzung des Lebens als Ziel zu verfolgen, ist eine schwierige Situation entstanden: Die modernen Gesellschaften belichten den Film des Lebens auf der Erdoberfläche vom Weltall aus und bis tief hinein in die organismischen, zellulären und elementaren Prozesse, aber liefern keine Interpretationen, die zu einer »Ausbreitung von Sinn« beitragen würden, wie Döblin sie skizziert hat. Die wissenschaftliche Aufklärung, einer der wertvollsten Prozesse in der Geschichte der Menschheit, bleibt deshalb ein kaltes Projekt. Der Biologe Andreas Weber fordert daher, das »Enlightenment« zu einem »Enlivenment« weiterzuentwickeln, einer »Verlebendigung« des Weltverstehens.[235]

Das erscheint dringend nötig, denn der ökonomische Mainstream hat die naturwissenschaftliche Methodik des Isolierens und Trennens auf seine Art übernommen, die Weltökonomie ist zu einer Maschine des Isolierens und der Messbarkeit geworden. Alles wird in Einheiten aufgetrennt und messbar gemacht, und jeder Messwert hat einen Preis. Der Wert eines Geschehens misst sich am messbaren Einkommen, das es generiert. Eine Entwicklung droht, bei der die Großrechner nun uns Menschen als Ihresgleichen definieren: als seelenlose und sinnfreie Ausgaben des Homo oeconomicus. Es kommt das heraus, was wir gerade erleben: Ein seelen- und sinnfreier Cyborg, der Gesteine und Daten mit gleicher Kälte bearbeitet, marschiert um die Welt und versucht, uns ihm anzupassen. Die Verbindungen, die nicht in sein eigenes System mess- und kontrollierbarer Größen passen, werden passend gemacht oder zum Verschwinden gebracht.

Die Kräfte, die auf allen diesen Ebenen des Lebens alles zu einem gigantischen analogen Internet verbinden, haben in der Alltagssprache keine Namen und in der Ökonomie keinerlei Wert.[236] Ein intakter Regenwald, das wohl komplexeste Internet der Welt, hat in den Büchern der Banken einen negativen Wert, weil er nicht genutzt wird. Erst wenn in Brasilien die Bäume fallen und Sojafelder sich ausbreiten, um mit der Ernte niedersächsische Schweine zu füttern und nach China zu exportieren, entsteht das, was heute »Wert« genannt wird. Die analogen Dienste, das Weltklima zu regulieren, ungezählte Arten zu beherbergen und Hunderte Millionen Menschen mit kostenlosen Früchten und Wildfleisch zu ernähren, hat bisher null Wert, weil es noch kein isolier- und messbares »Produkt« gibt.

Es gehört zu den Grundprinzipien der Naturwissenschaft, die Welt messbar zu machen und nur das zu betrachten, was messbar ist. Diese Reduktion auf das Messbare ist ein wertvolles Werkzeug, um Phänomene zu verstehen und nutzbar zu machen. Erst wenn sie isoliert und vereinzelt sind, werden sie überprüfbar, verifizierbar, vor allem falsifizierbar, handhabbar. Die naturwissenschaftliche Kultur des Zweifelns, des Hinterfragens, des

Entdeckens bekommt durch die Reduktion auf Messbares überhaupt erst ihre Energie. Die Messtechniken haben den Blick auf die Welt revolutioniert und ungemein bereichert: Es ist heute möglich, Ereignisse im Nanomaßstab direkt zu beobachten und den Nachhall des Urknalls im Weltall zu messen, wir sind dabei, wenn Atome reagieren, und wissen im Voraus, wann polare Luftmassen sich gen Süden in Bewegung setzen. Aber es ist wichtig zu beachten, dass das nicht heißt, es gäbe nur das, was heute messbar ist. Eine solche positivistische Haltung widerspricht dem Geist der Wissenschaft als »momentanem Stand des Irrtums«, der Offenheit für neue Phänomene, neue Methoden, neue Hypothesen.

Das Internet der Tiere

Das Entstehen eines weltweiten wissenschaftlichen Sensorennetzes zeigt das positive Potenzial, die Fragmentierung des Wissens und der Disziplinen zu beenden. Big Data ist zwar noch weit entfernt davon, das »Big Picture« zu sein, aber ein wichtiger Schritt dorthin.[237] Messnetze wie die Satellitenbilder der ESA, die Bodenexperimente in Jena oder die Gehirnkartografien am Allen-Institut in Seattle gehören zu einem weltweiten Sensorengebilde, das durch digitale Technologien ungemein an Leistungskraft gewonnen hat. Weil Daten nun leicht aufgezeichnet, gesendet und analysiert werden können, bringen diese Sensorennetze der Forschung Einblicke, die früher undenkbar waren.

Das Wissensnetz ist bereits extrem vielfältig. Zu ihm gehören kosmische Sensoren wie »IceCube« in der Antarktis: Das ist ein Kubikkilometer Eis, der seit 2010 unter der amerikanischen Amundson-Scott-Station mit Lichtsensoren durchsetzt ist und einen der größten Teilchendetektoren der Welt bildet, um Neutrinos aus fernen Galaxien aufzufangen. Am gleichen Ort stehen die BICEP2-Radioteleskope, mit denen Quantensignale, die der Urknall im Kosmos hinterließ, aufgefangen werden konnten.

Physikalische Veränderungen registriert zum Beispiel das »Global Seismographic Network«. Es besteht aus 150 weltweit verteilten Messstationen in achtzig Ländern, die aufzeichnen, wie Sonne und Mond die Erde in Bewegung versetzen, und jedes noch so kleine Erdbeben registrieren. Ein weiteres physikalisches Netzwerk ist »Argo«, eine Flotte von 3000 marinen Roboterbojen, die weltweit verteilt ist. Die Roboter tauchen täglich bis in 2000 Meter Tiefe hinab und wieder zurück und messen dabei Temperaturen und Salzgehalte, was für die Klima- und Meeresforschung wichtige Daten liefert.

Auch Biologen haben die Erde mit einem dichten Netzwerk von Sensoren umgeben. Dazu gehören Forschungsflächen wie die deutschen »Biodiversitäts-Exploratorien«, auf denen jede Veränderung in der Zusammensetzung der Arten registriert wird, ebenso wie bioakustische Systeme, die die Klanglandschaften ganzer Landstriche erfassen und darüber Rückschlüsse über deren ökologischen Zustand erlauben.[238] Überwachungskameras in Schutzgebieten sowie Peilsender und Mikrokameras an seltenen Tieren oder Zugvögeln bilden die Anfänge eines »tierischen Internets«.[239]

Die Übergänge von diesem zum menschlichen Netz sind bereits fließend: Ich bin auf Facebook mit dem Waldrapp (Geronticus eremita) befreundet, einer gänsegroßen Vogelart, die mit ihrer Punkerfrisur und ihrem langen gebogenen Schnabel wirklich großartig aussieht. Waldrappe gehören zu den Ibisvögeln und waren früher in Europa häufige Waldbewohner. Im 17. Jahrhundert wurden sie bei uns jedoch durch zu heftige Bejagung ausgerottet. Heute gehen zahlreiche Initiativen daran, die Tiere wieder zu vermehren und sie in geeignete Lebensräume zu bringen. Das ist viel Arbeit, zum Beispiel müssen ausgewilderte Waldrappe lernen, im Winter Quartiere in wärmeren Weltgegenden zu finden. Dabei helfen ihnen Naturschützer mit Leichtflugzeugen. Auf Facebook kann ich jeden einzelnen der Waldrappe, die eine österreichische Initiative betreut, verfolgen, weil sie mit Peilsendern ausgestattet sind. Das liest sich dann zum Beispiel so: »Gonzo ist zurück in Italien und hat Pepe am Militärflugplatz in Aviano um einige Stunden verpasst. Diese hat erneut ihren Aufenthaltsort gewechselt und ist nun bei Belluno. Bima ist 130 Kilometer nach Osten geflogen und befindet sich in Österreich am Millstätter See. Von Salem gab es leider keine Position, gut möglich, dass sie an Bimas Seite ist. Mikesch und Julio sind noch in Fagagna.«

Das wissenschaftliche Sensorennetz reicht vom Kosmos über den Waldrapp bis hinein zu den Gensequenzen in unseren Körpern. Noch sind diese Sensorennetze untereinander nicht verbunden. In Zukunft wird das aber möglich. Dann können Forscher soziale und psychologische Prozesse in Städten in Beziehung zu ökologischen und physikalischen Prozessen in Ozeanen setzen und reale Verbindungen offenlegen, die zum Beispiel zwischen den Gehirnen der Stadtbewohner und den Lebensbedingungen in Korallenriffen oder der Tiefsee bestehen. Das ist ein faszinierender Prozess. Da die alten Einteilungen der Welt in Umwelt und Kultur, Geistes- und Naturwissenschaften, Ökonomie und Ökologie, Subjekt und Objekt, Mensch und Tier, Stadt und Land obsolet werden, sind solche neuen Weltmodelle jenseits eingeübter Denkgrenzen dringend nötig. Sie können dabei helfen, die neuen Ensembles, Akteure und Entitäten sichtbar zu machen, die die rapiden technisch-ökologisch-sozialen Umbrüche der vergangenen Jahrzehnte gebracht haben.

Es wird und sollte nie ein einziges Weltmodell geben, auf dem politische und ökonomische Entscheidungen beruhen, es braucht dauerhaft eine Pluralität solcher Modelle, die es erlaubt, mit verschiedensten Annahmen, Rechenverläufen und Ergebnissen zu experimentieren. Die Aussagen des Weltklimarats IPCC gewinnen dadurch an Kraft, dass neuerdings zahlreiche verschiedene Klimamodelle parallel gerechnet werden. Zudem wird inzwischen intensiv über die Grundannahmen gesprochen, etwa die »Klimasensitivität«, also wie schnell und wie empfindlich die Temperatur der Atmosphäre auf steigende CO_2-Konzentrationen reagiert.[240] Klimamodelle sind aber ein gutes Beispiel dafür, wie eine Gesamtsicht der Erde dazu dient, drohende Gefahren zu erkennen und bewusstes Gegensteuern zu ermöglichen. Dass die Politik hinter den Erkenntnissen herhinkt und nicht adäquat handelt, ist ein gigantisches Problem. Aber erst das Netz der Sensoren und Modelle hat den Maßstab dafür geliefert, was überhaupt zu tun ist.

Die Wissenschaft geht in vielen Gebieten, von der Zellbiologie über die Klimaforschung bis zur Astrophysik, dazu über, Billionen Messwerte zu neuen Gesamtbildern zusammenzusetzen. Jahrzehntelang haben Forscher hauptsächlich Eizelteile isoliert, nun beginnt eine Zeit, in der sie das Wissen wieder zusammensetzen. Die »Systembiologie« steht stellvertretend für diesen Wandel: Wenn Forscher in der Lage sind, die »genetische Landschaft einer Zelle« komplett zu beschreiben und darzulegen, dass es im Inneren einer einzigen Bierhefezelle 5,4 Milliarden Interaktionen zwischen jeweils zwei Erbanlagen gibt, dann ist das ein wichtiger Schritt, um zurück zu ganzheitlichen Betrachtungsweisen zu finden, zu einer dynamisch wachsenden Beschreibung des »wimmelnden Kontinuums«, deren Grundlagen Alexander von Humboldt mit seinem *Kosmos* gelegt hat.[241]

Je tiefer die Biologie in die Netzwerke von Zellen, Gehirnen, Organismen und Ökosystemen vordringt, desto leiser wird das alte Loblied auf Egoismus, und desto lauter wird das Lob der Kooperation auf allen Ebenen.[242]

Verwobenheit, Dezentralität und Kooperation sind Wesensmerkmale komplexer natürlicher Systeme. Der Biologe Crawford S. Holling hat dafür den Begriff der »Panarchie« geprägt – die gemeinsame Herrschaft aller, in der Veränderungen in gemeinsam durchlebten adaptiven Zyklen passieren und verschiedenste Ebenen eng miteinander verbunden sind.[243]

Davon zu lernen bietet die Chance, die westlichen Denklinien, die über Jahrhunderte anthropozentrisch gepolt und auf Egoismus und Konkurrenz ausgerichtet waren, neu auszurichten – und zu einem analogen Internet zu verbinden. Denkt man dann das Internet und alles, was zu ihm gehört, primär als analoges Phänomen, dann dreht sich die Perspektive um. Dann geht es nicht mehr, dass einige wenige Geeks und Militärstrategen sich Sozialtechnologien ausdenken, an die sich dann die Gesellschaften weltweit anpassen müssen. Das digitale Netz verwirklicht mit anorganischen Materialien ein Naturprinzip. Es reiht sich in die Entwicklung von vulkanischen Glasfasern, Kohlenstoffkreisläufen, Symbiosen, Nervensystemen ein. Es liegt nahe, dass es besser panarchisch strukturiert wäre, statt von Oligarchen und Militär dominiert zu werden. Das Netz hat die Chance, zu einem digitalen Korallenriff heranzuwachsen, das von Vielfalt und auch Kooperation geprägt ist, zu einem organisch wachsenden Weltnatur- und Weltkulturprojekt, das menschliche Beziehungen untereinander und zur Welt vertieft und bereichert.

Wenn heute das Militär und IT-Konzerne ihre Inspirationen von der »Natur« holen, dann müssen sie sich fragen, welches Netzwerk in der Natur so zentralistisch konzipiert ist wie das Internet, das sie dem Rest der Welt aufzwingen wollen. Wer natürliche Netze als Vorbild nimmt, wird zu einer anderen, einer panarchischen Struktur kommen. Auch biologische Nahrungsnetze, bei denen die Großen die Kleinen fressen, rechtfertigen keine zentralistischen Strukturen. Zumal es die Kleinsten sind, die am Ende die Körper der Löwen und Haie zerlegen.

IV. Allesnetz

Technatur

»Die Welle, die uns durchzieht, hat sich nicht in uns selbst gebildet. Von weit her kommt sie zu uns – sie begann ihren Weg mit dem Licht der ersten Sterne.«
Pierre Teilhard de Chardin, Der Mensch im Kosmos (1955)

Wenn das Internet eine Landschaft wäre, wie würde es aussehen? Als die Medienforscherin Sue Thomas 2010 diese Frage dem amerikanischen Netzwerktheoretiker Leonard Kleinrock stellte, bekam sie von dem Mann, der wichtige Beiträge zur Entstehung des Netzes geleistet hat, eine poetisch klingende Antwort: »Diese Landschaft wäre riesig, sie würde aus rollenden Hügeln und aus Tälern bestehen, und man könnte nie sehen, was sich hinter dem nächsten Hügel verbirgt. Es läge ein dichtes Netz über der Landschaft, mit Kreaturen und Lebewesen, die sich wie Ebbe und Flut bewegen und dabei mit Menschen in Verbindung treten.«[244] Offen, frei, unüberschaubar, lebendig, dynamisch – ein herrliches Landschaftsgemälde, ein Kontrastprogramm zu Monokultur und Wüste. Es fällt jedoch auf, dass Menschen in dieser Beschreibung als statische Größen auftauchen, während sich um sie herum alles bewegt. Das ist die Perspektive des Ingenieurs und Programmierers.

Aber das Netz ist ein Netz von Menschen. Es wird von Menschen gemacht und von Menschen genutzt, und es spricht milliardenfach tiefsitzende menschliche Bedürfnisse an, sonst wäre es nicht so ein Erfolg. Wenn es nicht so gut zum Menschen passte, wäre Sir Tim Berners-Lee, der 1989 die erste WWW-Seite erstellte, ein unbekannter Mann geblieben. Seine ersten Skizzen würden vielleicht irgendwo auf einer Diskette auf dem Dachboden herumdümpeln, oder sie wären schon längst Teil einer Elektroschrottlandschaft, ein kleines Stück zerfallendes magnetisches Gestein. Es kam anders, und alle Prognosen sagen, dass sich der Web-Verkehr in den kommenden Jahren nochmals vervielfachen wird. »The Web we want« heißt deshalb die Kampagne, mit der Berners-Lee die Öffentlichkeit in die Debatte einbeziehen will. Der schlimmere der »beiden Wege«, von denen Berners-Lee angesichts des militärisch-informationellen Komplexes spricht, liegt offen vor allen: ob die monokulturelle Wüste dann Googlonia oder anders heißt, spielt keine wesentliche Rolle.

Viel interessanter ist es, sich beim Nachdenken über »das Netz, das wir wollen«, die Landschaft vorzustellen, in die der zweite Weg führt. Dabei hilft es, das Internet als analoges Phänomen zu sehen, es von den menschlichen Akteuren und den ökologischen Netzen her zu denken. Dann kann man eine Welt sehen, in der die großen Angstquellen – ein ökologischer Kollaps und eine Machtübernahme des NSA-Google-Komplexes – in den Hintergrund treten. Millionen verschiedener Landschaftsbilder, die Menschen entwickeln, sind gefragt, um Alternativen zu erarbeiten – und durchzusetzen.

In der analogen Welt fließen zwei Fragen ineinander: Wenn das Internet eine Landschaft wäre, wie würde es aussehen? Und: Wenn eine Landschaft das Internet wäre, wie würde sie aussehen?

In meinem Gemälde wären nicht nur rollende Hügel und Täler zu sehen, es würde auch Ozeane geben, die Landmassen voneinander trennen. Denn es muss nicht immer nur ein einziges Internet geben. So wie die Erde voll ist von zahlreichen verschiedenen, aber vielfältig miteinander verknüpften Netzwerken, kann es künftig statt einem Internet viele Internets geben. Darunter können auch lokale oder thematische »Meshnets« sein, die vor Zensoren und Überwachern jeder Art geschützt sind. Sie werden für bestimmte Zwecke eingerichtet, um dann wieder zu verschwinden.[245] Jede Landmasse und Insel hat ein Parlamentsgebäude, und auch für das Internet als Ganzes gibt es ein Parlament. Die wichtigsten Infrastrukturen des Netzes werden von demokratischen Strukturen getragen.

Auf dem Gemälde sind Schulen zu sehen, in denen der Informatikunterricht damit beginnt, dass die Schüler Wurzelnetze im Boden untersuchen und die Vielfalt kooperierender Mikroorganismen erforschen. Diese Schulen sind in Gärten, Äcker, Wälder integriert, sodass Mathematik, Chemie, Physik und andere Fächer anschaulich unterrichtet werden können. Die Schüler helfen dabei, zusammen ihr Essen anzubauen und zuzubereiten. Werken, Kunst und Sport nehmen breiten Raum ein, ebenso Achtsamkeitsübungen und Yoga, damit sich bei den jungen Menschen ein waches Körpergefühl, Sensorium und Handwerksgeschick entwickelt, das sie dann im Umgang mit digitalen Technologien einsetzen können. Programmieren ist Pflichtfach, um zu erlernen, wie gestaltbar das Internet ist. Regelmäßige mehrwöchige Lernwanderungen sind ebenso selbstverständlich, um tief in die analoge Welt einzutauchen.

Auf der Halbinsel Europa sind blühende Digitallandschaften zu sehen. Eigene europäische Wissenssysteme und eigene soziale Netzwerke unterscheiden sich stark von den Modellen von Google und Facebook.[246] Die Europäer schaffen es, das verfügbare Wissen in ein werbefreies System einzuspeisen, in dem jeder volle Autonomie über seine Daten hat. Das Geld dafür kommt in Deutschland aus der Umwidmung der großen, mit 7,5 Milliarden Euro gebührenfinanzierten Fernsehanstalten in Einrichtungen, die ganz im Dienst der digitalen Öffentlichkeit stehen und das Unterhaltungsgeschäft privaten Sendern überlassen. Ein neues europäisches soziales Netzwerk dient vor allem der gesellschaftlichen und politischen Partizipation. Von der lokalen bis zur europäischen Ebene gibt es abgestuft eigene Bürgernetze, in denen sich Wähler, Journalisten, Politiker über gesellschaftliche Fragen austauschen und in denen sich Meinungsbilder erzeugen lassen.

In diesen epistemischen Netzen sind die Journalisten der Zukunft unterwegs. Sie verkaufen ihre Arbeit ohne Werbung direkt an die Leser und werden durch Leserfinanzierung, Stiftungsgelder und Abonnements finanziert. Es gibt ein vibrierendes Netz von werbefreien Hochqualitätsmedien, über die Öffentlichkeit, Autoren, intellektuelle Dienstleister sowie gesellschaftliche Akteure in vielfältigen

Foren miteinander verbunden sind. Die Medienlandschaft auf dem Gemälde ist blühend, eine Gründerzeit von digitalem Journalismus ist in Gang. Die Menschen sind bereit, qualitative Informationen und kreative Werke zu bezahlen, statt sie kostenlos abzugreifen. Dafür können sie durch ihre Bezahlung direkt darauf Einfluss nehmen, welche Projekte und Reportagen verwirklicht werden. Was früher *crowd* hieß, ist nun ein Kollektiv von Mitwirkenden. Die Autoren binden ihre Leser in Expertenbeiräte und andere kooperative Strukturen ein.[247] Das Internet macht nicht nur eine kleine Gruppe reich, die Verlage, Computer und Roboter kontrolliert, sondern bringt durch eine »Freelance Economy« neue Bezahlströme hin zu Kreativen, Autoren, Urhebern einen nachhaltigen Wohlstand für die breite Gesellschaft.[248]

Die großen Medienhäuser, in denen Verleger und Chefredakteure vorgeben, was wichtig ist und was nicht, werden ergänzt und überwachsen durch lokale, regionale, nationale und europäische Netzwerke, in denen Journalisten zu Themen, Gebieten oder Ereignissen weniger starre und weniger hierarchische Verbünde eingehen. Diese dynamischen Redaktionen holen für die Leser bei ihren Projekten das Meiste heraus, dann organisieren sie sich neu. Der kritische Auslands-, Umwelt- und Wissenschaftsjournalismus blüht wieder auf, weil genügend Menschen ihre Korrespondenten direkt bezahlen, um ungewöhnliche, intensive Recherchen und langwierige Schreibphasen zu finanzieren. In den Preisen sind die Kosten für intellektuelle Dienstleistungen und Qualitätssicherung enthalten, für Lektoren, Dokumentare, Justitiare, Übersetzer.

Die digitalen Produkte, die in Europa entstehen, sind weder »Weapons of mass surveillance« noch »Weapons of mass distraction«. Sie folgen der Aufforderung des buddhistischen Mönchs Thich Nhat Hanh bei seinem Besuch bei Google, auf Produkte zu verzichten, die »Menschen von sich selbst, von ihren Familien und von der Natur entfernen«, und stattdessen Software und Geräte zu erschaffen, die »Menschen dabei helfen, zu sich selbst zurückzufinden«.[249] Die Menschen kennen ihre digitalen Zwillinge und kontrollieren sie vollständig. Das bringt das Vertrauen zurück, sich im Netz mitzuteilen und zu engagieren. Es ist wieder normal, längere Zeit offline zu sein. Die Zeit, in der ein Großteil der Menschen in öffentlichen Räumen nicht miteinander sprach, sondern auf Bildschirme schaute, wird »die große Apathie« genannt. Datenbrillen öffnen den Blick für die Natur. Sie stehen für den Übergang zu sinnlichen Technologien, die Menschen nicht mehr dazu zwingen, sich an Schreibtischen zusammenzuquetschen. Arbeit wird im Gehen, Stehen und mitten in der Natur gemacht. Wenn Menschen essen oder mit anderen sprechen, schalten sich ihre Geräte automatisch aus.

In dem Landschaftsgemälde bilden Bergwerke ein Geo-Netz. Minen sind zu sehen, die ganz anders aussehen als Bergwerke heute. Arbeiter bewirtschaften die Erdkruste mit einem ähnlichen Ethos wie Biobauern ihr Land. Das Material, das zu Smartphones, Tablets, Servern und Glasfaserleitungen wird, wird mit einer neuen Grundhaltung gewonnen und nicht mehr einfach von unterbezahlten Kräften und gigantischen Maschinen herausgerissen. Die Arbeiten werden gut bezahlt, die Bergwerke werden nie gegen den Willen der örtlichen Bevölkerung erzwungen, und die Frage, wie nach dem Bergbau eine lebendige und vielfältige Landschaft entsteht, bildet den Anfang aller Betrachtungen. IT-CEOs und ihre Firmen lernen, dass sie schon beim *mineral mining* das Leben von Menschen, Tieren und Pflanzen respektieren müssen, weil die Kunden das so einfordern. Das färbt auch auf das ab, was später *data mining* genannt wird. Es gibt nach Bio-Märkten auch »Geo-Märkte«, in denen Elektronikgeräte aus umwelt- und menschenfreundlicher Produktion verkauft werden. Dort kann man Produkte aus dem »Bio-Mining« kaufen, bei dem Bakterien Rohstoffe schonend aus den Gesteinen laugen.[250]

In dem Landschaftsgemälde sind Maschinen unterwegs, die sich komplett in ihre Umwelt integrieren. Es sind harmlose Wesen, deren Anwesenheit niemand stört. Wie Roboter sind sie so programmiert, dass sie zerfallen, wenn jemand sie zu militärischen Zwecken oder zur Massenüberwachung einsetzen will. Sie sind so gebaut, dass sie sofort wieder zu Rohstoffen für die nächste Generation werden, sie können leicht repariert und einem Upgrade unterzogen werden.

Die Materialien, aus denen diese Produkte bestehen, entstammen der Pflanzenwelt und können biotechnisch optimiert sein. Autos sind kompostierbar, Kunststoffe lösen sich im Ozean zu Nährstoffen auf. In der Technatur gibt es Elektroden, die mit körpereigenen Stoffen arbeiten,[251] Farbstoffe nach dem Vorbild von Schmetterlingspigmenten, Plastikersatz aus Insektenprotein,[252] von Meeresschwämmen inspirierte Gebäude,[253] Kraftwerke, die Photosynthese imitieren, Pilze, die Gebäude erzeugen.[254] RoboBienen, RoboFische und ähnliche Maschinen betreiben Umweltmonitoring, beseitigen Schadstoffe, reparieren Korallenriffe, reinigen die Ozeane vom Plastikmüll.[255] Drohnen überwachen das Leben seltener Tiere und greifen ein, um sie zu schützen.[256] Drohnen kommen auch im Journalismus zum Einsatz, um die Öffentlichkeit aufzuklären, helfen bei Rettungseinsätzen, nützen Wissenschaftlern als Beobachtungstool.[257]

Riesige Regenerationsanlagen stechen aus dem Gemälde heraus, sie verwandeln die Müllhalden der Vergangenheit zu neuen Produkten. Millionen von 3-D-Druckern, die sich Familien oder Stadtteile teilen, entlasten nicht nur den Stoffwechsel der Industriegesellschaften, sie tragen zu einer neuen Blüte des Kunsthandwerks bei.[258] Ökokommunen auf dem Land können sich vom Straßen- und Stromnetz lösen, weil sie sich mit 3-D-Druckern und erneuerbaren Energiequellen selbst versorgen.

Das Stromnetz ist selbst eine Art soziales Netzwerk geworden, denn statt Großkonzernen erzeugen die Bürger ihre Energie selbst. Ihre Häuser haben Fassaden aus nachwachsenden Algen und Dächer aus organischen Solarzellen, Batterien und Wassertanks speichern Erdwärme und überschüssigen Windstrom. Auch das Verkehrsnetz ist ein soziales Netz, in dem es fast keinen Individualverkehr mehr gibt. Die Fahrradstraßen, Teilautosysteme, Fernbusnetze und öffentlichen Verkehrssysteme erlauben eine flüssige Mobilität ohne Energieverschwendung.

Zur Technatur des Landschaftsgemäldes gehört das Essensnetz mit seinen vielen Millionen Quadratkilometer Acker- und Weidefläche, die zusammengenommen eine 7000 mal 7000 Kilometer große Fläche einnehmen. Diese Flächen werden nicht mehr nur mit Weizen, Reis, Soja und Kartoffeln bebaut, sondern auch mit Tausenden anderen essbaren Pflanzenarten.[259] Es erscheint im Rückblick absurd, dass zehn große Hersteller von Saatgut zwei Drittel des globalen Saatgutmarkts und 90 Prozent des Handels mit Agrochemikalien kontrollieren konnten, so wie Google, Facebook und Apple den IT-Markt dominierten.[260] Auf immer größeren Flächen wird eine immer größere Vielfalt von Sorten und genetischen Varietäten angebaut. Die Pflanzenzucht ist nicht länger *top-down* organisiert, sondern *bottom-up*. Es ist eine partizipative Pflanzenzucht, bei der die Bedürfnisse von Bauern und Gesellschaft den Anfang bilden und die Agrarnatur prägen.[261]

Auf dem Landschaftsgemälde gedeihen die gezüchteten und gentechnisch veränderten Tiere und Pflanzen aus Biologielabors weltweit, die synthetischen Chromosomen und auch die Lebewesen, die in den Labors von Genomikern entstehen.[262] Der große Unterschied zu früher ist, dass die Praktiken eingebettet sind in eine neue Kultur des Respekts vor dem Leben. Träger der Projekte sind gemeinnützige und öffentliche Organisationen sowie Genossenschaften von Bauern oder Ärzten, nicht Großunternehmen, die immer größeren Profit machen müssen und alles dem Ziel unterordnen, den nächsten Kreditzyklus zu überleben.

Die Städte ragen aus dem Gemälde heraus. Die »Megaregionen« mit mehr als hundert Millionen Einwohnern, die sich wie an der chinesischen Küste, auf Java, an der US-Ostküste oder in Westafrika über Hunderte oder Tausende Kilometer erstrecken, bilden ein urbanes Netz neuartiger Ökosysteme. Sie folgen nicht mehr dem alten Muster, das Stadtleben als Fortsetzung der Fließbandproduktion zu organisieren und die geteilten, offenen Räume so einzuschränken, dass die Menschen nur noch zwischen überteuerten Wohnungen, Arbeit, Konsum und bezahlpflichtigen Freizeitangeboten pendeln. Sie sind vielmehr offene Landschaften – mit *urban gardening* und den »essbaren« Ortschaften, in denen öffentliche Flächen für Obstbäume und Gemüsebeete genutzt werden, mit Fahrradstraßennetzen wie in Dänemark und den Niederlanden, regenerierten

Flussläufen wie in Seoul und München, Bürgervereinen in Stadtvierteln, partizipativer Stadtplanung. Ihre Bewohner sind nicht von den gleichen Marken und Ketten umgeben, die es weltweit gibt, sondern von einer neuen kulturellen Vielfalt. Die Städte sind nicht mehr um den Autoverkehr und um Einkaufszentren herum organisiert, sondern um sozialen Austausch. Die Fahrradstraßen sind das Rückgrat dieser Entwicklung. Die Zeit, in denen der öffentliche Raum von den Produkten einiger weniger Autohersteller dominiert war, ist vorbei. Die Fahrradstraßennetze erlauben es, sicher und schnell ans Ziel zu kommen und Bewegung in den Alltag zu integrieren. Das öffnet den städtischen Raum auch für Kinder und ältere Menschen. Der Einzelhandel, der unter Großmärkten und Onlineshops gelitten hat, blüht entlang der Fahrradstraßen wieder auf.

Das Landschaftsgemälde wimmelt von neuartigen und artenreichen Biotopen.[263] In den Sekundärwäldern finden zwar nicht alle Arten, die in Urwäldern lebten, ein neues Zuhause, aber doch sehr viele, weil sie vor allem im Dienst der Biodiversität bewirtschaftet werden. Neue ökologische Netze von Mooren, Mangrovenwäldern und Feuchtgebieten entstehen rund um die Städte, um sie vor Überschwemmungen zu schützen und der Atmosphäre Kohlendioxid zu entziehen.[264] Einer Initiative namens »Rewilding Europe« gelingt es, Zehntausende Quadratkilometer neuer Naturgebiete entstehen zu lassen.[265] Oftmals sind Truppenübungsplätze oder frühere Bergbauregionen dafür Ausgangspunkt. Staudämme werden zurückgebaut, weil Wind und Sonne regenerative Energien im Überfluss liefern, und Flüsse weltweit erleben eine neue Blüte. Die Neonatur-Gebiete werden von Satelliten und Drohnen beobachtet, kleine und kleinste Roboter leben ihn ihnen, um die Regeneration zu überwachen.[266] Ausgerechnet menschlich überformte Gebiete erweisen sich als artenreicher als menschenleere. In Nepal wachsen die Tigerpopulationen ausgerechnet dort, wo die Zahl der Menschen am stärksten zugenommen hatte. Der Grund ist, dass Naturschutzmanager die Einheimischen nicht wie früher mit Verboten überzogen, was die Tiger unbeliebt machte und Wilderer auf den Plan rief. Wo die Gemeinden selbst das Sagen hatten, entwickelten sie eigenständig Strategien, um Tiger zu schützen.[267] Gebiete, in die über Jahrzehnte die Reststoffe der Städte entsorgt wurden, verwandeln sich in neue Hotspots der Artenvielfalt.[268]

Das Netz der Anthrome ist so konzipiert, dass sich Tiere und Pflanzen leicht über weite Strecken hinweg fortbewegen und fortpflanzen können. Es gibt ein weltweites Gen-Flow-Netz aus ökologischen Korridoren, damit Arten inmitten des Klimawandels neue Territorien besiedeln können. Landwirte werden dafür bezahlt, Landeplätze für Zugvögel zu pflegen, und die Betreiber von Flughäfen machen es sich zur Aufgabe, ein Netz an Vogelschutzgebieten zu unterstützen. Das weltweite Netz der Sensoren, von den Satelliten über die biogeochemischen Netze auf der Erde bis hinab zu Tiefenmessgeräten im Inneren der Erde, schaffen rund um die Uhr ein planetares »We-fie«, ein Abbild der Erdprozesse. Selfies sind komplett aus der Mode, Narzissmus gilt als eine Kinderkrankheit der digitalen Revolution.[269]

Neuartige wissenschaftliche Institute sind über die Landschaft verteilt, Zentren für die Erforschung des global verteilten Bewusstseins, Forschungslabors für Kleinbauern und Stadtgärtner, Institute für Neurogeologie, in denen die Auswirkungen des Bewusstseins auf die Erde erforscht werden und für »Ökolomie«, wo frühere Biologen und Ökonomen zusammenarbeiten. Ein globales Netz der Biosoziogeoneurotechnochemopsycho-Wissenschaften entsteht.

Die vielfältigen Netze liegen übereinander, greifen ineinander, verstärken sich in ihren positiven Wirkungen. Weil das demokratische Netz den Gemeinsinn fördert, setzt eine große, globale Regeneration ein. Im Zentrum aller Netze steht der Kohlenstoff. Das Element des Lebens wandelt sich vom Angstelement zum Hoffnungsträger. Die Menschheit beginnt, durch kluge Landwirtschaft und wiederbelebte Wälder und Feuchtgebiete überschüssigen Kohlenstoff aus der Atmosphäre zu holen und sicher im Boden zu binden. Peak CO_2 wird erreicht. Dann tritt hervor, dass Kohlenstoff für die meisten Probleme Antworten bietet: Er wird weltweit gezielt im Boden von Kleinbauern angereichert, um die Fruchtbarkeit zu erhöhen. Kohlenstoffverbindungen wie Karbon und Graphen bieten Materialien für Hightech-Produkte aller Art, bis hin zu Brillen, die das ganze elektromagnetische Spektrum sichtbar machen. Nachdem es Forschern gelungen ist, alle Shakespeare-Sonette in DNS-Sequenzen zu speichern und wieder abzurufen, gehen sie daran, Computer mit den Nukleinsäuren rechnen zu lassen.[270] Das Leben auf der Erde erscheint als großes Kohlenstoffnetzwerk, das Gesteine, Pflanzen, Tiere, Menschen und die neuen Maschinen miteinander verbindet.

Diese Landschaft ist riesig, sie besteht aus rollenden Hügeln und Tälern mit üppiger Vegetation, aus Gebirgen und Korallenriffen. Man kann nie sehen, was sich hinter dem nächsten Hügel, dem nächsten Riff verbirgt. Es liegt ein dichtes Netz aus Glasfasern und aus Empathie über der Landschaft, ein Netz aus Menschen, die miteinander und mit Steinen, Pflanzen, Tieren, Luft, Weltall und Maschinen verbunden sind und sich wechselseitig weben.

Szenario: Tag Omega

Die Sonne stand tief über dem Berliner Zentrum und ließ die Sumpfzypressen am Ufer der Spree leuchten, als stünden sie in Flammen. Gautam und Preyansi liebten es, auf dem Weg nach Hause diesen Weg zu nehmen, sie hatten es sich zur Routine gemacht, jeden Abend die Buchten abzulaufen, die sich entlang des Flusses aneinanderreihten. Die Menschen hier waren so herrlich ausgelassen und glücklich, dass sie das für ein paar Minuten von ihrer Arbeit ablenkte. Auch kannten alle hier die beiden Zoogle-Direktoren, lächelten und nickten ihnen zu. Gautam konnte bei den Spaziergängen tun, was ihn am meisten entspannte: Vögel beobachten. Als sie an der Friedrichstraße zur S-Bahn-Brücke kamen, flatterte ein Schwarm Uferschwalben um sie herum, zwei Eisvögel schossen knapp über das Wasser. Ihr Partner folgte mit glänzenden Augen dem Flug der zwei kristallblauen Pfeile. Für einen Moment war er wie entrückt, als er um sich das pulsierende Zwitschern der Schwalben hörte. Der Anblick war so schön, dass auch sein persönlicher Assistent innehielt. Die Rabendrohne, die ihn immer begleitete und oft auf seinen Schultern saß, war hinauf zum Brückengeländer geflogen, von wo sie die Szenerie überblickte und beglückte Töne von sich gab.

Ein Freund hatte ihnen erzählt, dass das Ufer der Spree früher aus schroffen Steinmauern bestanden hatte und der ganze Fluss eine ziemlich leblose Brühe gewesen war. Für die beiden

Inder klang das fast so absurd wie die Geschichte mit der Berliner Mauer. Der flache Sand, die Brutwände der Schwalben, die kleinen Schilfgürtel, die Zypressen, alles sah so aus, als ob es schon immer hier gewesen wäre.

Die beiden streiften ihre Kleidung ab und sprangen ins Wasser. Als Preyansi ihre Augen öffnete, sah sie Fische vorbeiziehen, das System zeigte ihr Plötzen, elegante Wesen mit roten Augen, einen Hecht, der sich in einem Büschel Pflanzen versteckte, Rapfen, Alande, Güster. Sie fokussierte. Wasserflöhe sprangen wild umher, Kugeln, Fäden und Netze von Grünalgen schwebten durch das Wasser. Sie ließen sich auf dem Rücken liegend ein Stück den Fluss hinabtreiben. Preyansi bewunderte das Magnetfeld der Erde, das wegen eines Sonnensturms ungewöhnlich vibrierte. Seine schwingenden Bögen bildeten herrlich bunte Muster. Kraniche, die in den Kohlendioxidspeichern rund um die Stadt brüteten, kreisten am Himmel.

Ihre Zeit in Berlin neigte sich dem Ende zu. In einem Monat stieg in Delhi die große Party, auf die sie mit ihrem Team sieben Jahre hingearbeitet hatten. Wie angespannt Gautam war, merkte Preyansi daran, dass er seit Monaten analog gegangen war. Früher hatte er immer damit herumgespielt, seine Gesichter zu wechseln, mal waren es die von Vögeln, mal von indischen Göttern, und er hatte seinen Mitmenschen viel über sich verraten, weil er gern mit Fremden ins Gespräch kam. Wenn ihm im Berliner Greenway-Netz ein anderer Vogelliebhaber entgegengeradelt kam, konnte es lange dauern, bis es weiterging. Aber Gautam hatte alles abgeschaltet, sich komplett verschlüsselt und entzogen. Er dachte an nichts anderes mehr als an den Tag Omega.

Sie waren ihrem Ziel sehr nahe, doch seit einigen Wochen kam es ihnen vor, als wateten sie in Beton. Es gab ein Hindernis, das sie einfach nicht überwinden konnten. Bei ihren Testläufen entstanden Störsignale, die das System ins Wanken brachten, plötzliche Impulswellen, die sich wie Erdbeben im ganzen Allesnetz fortpflanzten. Sogar das metallische Zwitschern der Uferschwalben erinnerte Gautam daran. »Das klingt so ähnlich wie unser Signal, kurz bevor die Rückkopplungen einsetzen«, sagte er, als sie sich wieder anzogen. Das feine Lächeln fehlte, das seine ironischen Bemerkungen sonst begleitete.

Zoogles Lebensnetz breitete sich wie ein digitales Nervensystem rund um den Globus aus, verästelte sich in Gebirgen, Wäldern, Mooren, Äckern, Seen, Riffen, Ozeanen. Ihre Biostatistiker hatten ihnen gesagt, dass 2 Prozent der Erdoberfläche reichen würden, aber die globalen Volksabstimmungen hatten ergeben, dass die Menschen 5 Prozent des Landes und 10 Prozent des Meeres verbinden und als Omega-Regionen ausweisen wollten. Das Crowdfunding brachte ihnen 10 Milliarden Euro mehr ein, als sie veranschlagt hatten.

Hunderte Millionen von Sensoren konnten sie mit diesem Budget ausbringen, münzgroße Nanobiogeräte, die in der Lage waren, chemische Analysen zu machen, Mikroorganismen zu identifizieren, Tierstimmen aufzufangen, Klimadaten zu sammeln. Ihren Materialforschern war es gelungen, die Teile so zu konstruieren, dass sie sich nach einigen Jahren in Zucker und Proteine auflösten. Die organischen Sensoren konnten sich teilen, vermehren, ihre Daten in die Life Cloud integrieren und später wieder auflösen. Im Meer sanken sie entweder in die Tiefsee und sendeten von dort Daten über Temperaturen, Sedimente und Lebewesen, oder sie wurden von Fischen verschluckt, um mit ihnen auf Reisen zu gehen und immer neu von Räuber zu Beute zu wandern. Aus den Mooren schickten sie unaufhörlich Daten, wie schnell die Torfmoose wuchsen und wie viel Kohlendioxid sie aufnahmen. Aus den Flüssen Asiens kamen die Signale, wie rasch die Giftwerte und die Plastikdichte zurückgingen. Im Allesnetz konnten Menschen die Perspektiven von Tieren einnehmen, die mit Mikrokameras ausgestattet waren, durch ferne Klanglandschaften wandern, und es war ungeheuer populär geworden, sich selbst für die Blicke anderer in Tiere, Pflanzen und Gesteine zu verwandeln. Die Straßen Berlins und anderer Großstädte glichen, wenn man die Zoogle-Brillen trug, bunten Wildnislandschaften.

Gautam und Preyansi hatten mit ihrem Team Schwärme von biorobotischen Insekten konstruiert, die darauf programmiert waren, seltene Pflanzen zuverlässig zu bestäuben, Schadstoffe aufzuspüren und DNS-Proben zu entnehmen. Die plastikfressenden Fische, die seit einiger Zeit in den Weltmeeren unterwegs waren, waren mit Sensoren bestückt, die den Rückgang der Säurewerte im Meer dokumentieren konnten. Vom Van-Allen-Gürtel bis in den Kern reichte das Sensorennetz der Erde, und auf der Oberfläche der Erde war jeder Lebensraum und jede Klimazone abgedeckt, von den Tiefen der polaren Ozeane über die gemäßigten Zonen bis tief in die wieder wachsenden tropischen Regenwälder.

Ihre Vorgänger im Zoogle-Projekt hatten schon die riesigen Datenbanken des Weltklimarats eingespeist, die Genomanalysen, die Tierstimmenarchive aus Berlin, vom Cornell Lab, vom Scripps Institute und der Chinesischen Akademie. Sie hatten die weltweiten Herbarien und Samenbanken eingebaut, alles, was es an chemischen Daten, Umweltmessungen und mikrobiologischen Analysen gab. Die Datenströme der Satelliten, die um die Erde kreisten, und alles, was in den wissenschaftlichen Messstationen rund um die Welt beobachtet wurde, flossen in diesem System zusammen: die kosmischen Ereignisse, das Geschehen in der Milchstraße, die Sonnenaktivität, die Neuigkeiten von den anderen Planeten und ihren Monden, die Schwankungen des Magnetfelds der Erde, die chemische Zusammensetzung der Atmosphäre, die Temperaturen, die Meeresströmungen, die Tierwanderungen, die Blütezeiten, das große Ein- und Ausatmen der Erde.

Das Ziel des Omega-Projekts war es nun, die Menschheit in dieses System zu integrieren. Das Lebensnetz sollte um mehrere Millionen menschliche Teilnehmer erweitert werden, die einmal pro Monat neu ausgewählt würden, um die Bedürfnisse und Lebenslagen der Menschheit zu repräsentieren und mit den Daten aus der Natur zu kombinieren.

Das war kein leichtes Unterfangen. Die Sensoren sollten Alltag, Stimmungen, Gesundheitszustände und eigentlich alles, was die Probanden taten, für jeweils vier Wochen aufzeichnen. Auch wenn die analoge Revolution schon eine Weile her war und Zoogle mit dem alten Google nur noch wenig zu tun hatte, saßen die Vorbehalte und Ängste noch tief. Die Historiker in ihrem Team legten ihnen akribisch dar, was in der Frühzeit des Netzes falsch gelaufen war, welche Fehler es nun zu vermeiden galt. Preyansi und Gautam konnten sich nicht wirklich vorstellen, wie es jemals möglich gewesen war, dass eine kleine Gruppe von Firmen die Menschheit regelrecht digital versklavt hatte.

Es gab so viele Dinge aus den früheren Jahrzehnten, die den beiden Mittdreißigern heute unfassbar erschienen, nicht nur die Berliner Mauer. Kohlendioxid in die Atmosphäre zu pumpen, ohne die Folgen zu kennen. Dinge wegzuwerfen, die nicht abbaubar waren. Kleidung und Elektrogeräte zu kaufen, die aus Zwangsarbeit stammten, und Lebensmittel aus brutalen Fabriken. Am rätselhaftesten kam es ihnen vor, was ihre Historiker ihnen über die Mentalitäten von früher erzählten: Wie das Internet dazu genutzt wurde, aus der analogen Welt zu fliehen. Wie die Menschen beim Streicheln ihrer Smartphones nie an die Erdkruste dachten, die sie zwischen ihren Fingern hielten. Wie es den Konzernen gelungen war, das Netz als Werkzeug der Konsumsucht einzusetzen. Wie Geheimdienste und Militärs es zum Kriegsschauplatz aufbauten. Und wie über Jahre das Naturdefizitsyndrom zu einer gigantischen Volkskrankheit angewachsen war, ohne dass die Mediziner das bemerkten. Ein Satz war bei ihnen besonders hängengeblieben: »Die Menschen definierten ihr Selbst unabhängig von Mikroorganismen, Pflanzen, Geologie und Kosmos, sie lebten in der Annahme, getrennt von der Welt zu existieren.«

Diese finsteren Zeiten waren lange vorbei, sie erschienen heute wie aus einer anderen Welt.

Weil Zoogle inzwischen eine demokratische Organisation war und von gewählten Bürgerkomitees gesteuert wurde, kamen die Vorbehalte gegen ihr Projekt ungefiltert zu ihnen. Ihr Plan, das Netz des Lebens so mit der Menschensphäre zu verbinden, dass eine neue Form globaler Demokratie entstand, hatte viele Unterstützer, aber es gab auch radikale Kritiker. Die Daten, die Menschen über ihre Lebensqualität, ihre Zufriedenheit, ihre Ideen und Ziele einspeisten, sollten fortlaufend darauf geprüft werden, ob in einem Stadtteil, einer Stadt, einer Region, einem Land, einem Kontinent oder auf der ganze Welt Ideen und Ziele konvergierten. Dann würde das System eine Reihe von Szenarien und Alternativen errechnen. Das »Allesnetz«, wie sie es nannten, sollte eine Demokratie werden, in der Pflanzen, Tiere und Gesteine ein indirektes Mitbestimmungsrecht hatten. Es sollte für jeden Menschen sichtbar werden, was mit den anderen Lebewesen geschehen könnte, wenn diese oder jene Richtung eingeschlagen wird. Wie es üblich war bei Zoogle, sollten die Ergebnisse der Volksabstimmungen den staatlichen Parlamenten vorgelegt werden, damit diese Beschlüsse fassen oder ordentliche Plebiszite abhalten könnten.

Gautam und Preyansi hatten das Omega-Projekt selbst demokratisch organisiert. Regelmäßig stellten sie Alternativen zur

Abstimmung, und wenn eine neue Welle von Kritik aufbrandete und sich eine Mehrheit bildete, bauten sie das System entsprechend um. Mühsam hatten sie so ihre Gegner einbeziehen und deren Einwände überwinden können. Das System ruhte, wie alles bei Zoogle, auf dem Prinzip der Datenautonomie. Jeder Mensch konnte sich für den Rest der Welt mit Hilfe von Quantenschlüsseln oder durch simple Entstöpselung unsichtbar machen, jeder konnte Daten, die es über ihn gab, löschen, jeder konnte mitbestimmen, welche Werte und Ziele in die Algorithmen einflossen, mit denen die großen, tiefen, weiten und langfristigen Datenschätze strukturiert und aufbereitet wurden.

Auf diesem Weg hatten sie schon viel erreicht. Die Sabotage durch Hacker schrumpfte kontinuierlich. Die Menschen organisierten sich immer weniger entlang von alten Ländergrenzen, sondern taten sich in Naturräumen zusammen, in Flusstälern, Klimazonen, Vogelzugkorridoren. Weil jeder seine Daten kontrollierte, stieg die Bereitschaft sich mitzuteilen. Instrumente, um emotionale Zustände im Netz zu ermitteln, kamen erstmals nach der analogen Revolution wieder zum Einsatz – und die beiden Projektleiter sahen mit Genugtuung, dass die Hasswerte kontinuierlich sanken und die Empathiewerte stark anstiegen.

Aber das alles löste nicht ihr größtes Problem. In ihren Testläufen stürzte das System regelmäßig ab. Immer wenn sie das Lebensnetz mit menschlichen Daten verbanden, baute sich eine gigantische Rückkopplung auf. Wenn ihre Ingenieure die Störsignale als Töne umsetzten, war eine Weile ein metallisches Zwitschern zu hören, dann überschlugen sich die Frequenzen so brutal, dass sie abschalten mussten.

Gautam saß am Spreestrand und ließ seine Beine ins Wasser hängen. Er war so in seine Gedanken versunken, dass er einen Bienenfresser, der auf der anderen Seite des Flusses eine Robo-Biene nach der anderen vertilgte, gar nicht bemerkte. Plötzlich fixierte er Preyansi mit einem starrem Blick: »Wir müssen Paul finden.«

Preyansi wusste sofort, wen er meinte. Aber lebte Paul überhaupt noch? Die beiden waren wie elektrisiert. Sie packten ihre Sachen und machten, was sie schon oft gemacht hatten, wenn sie eine neue Idee hatten. Sie liefen zum Green Park hinüber, um sich die Düfte der Gewürzpflanzen um die Nase streichen zu lassen. Sie wollten sofort wissen, wo der Erfinder des Lebensnetzes steckte. Die Stufen des früheren Parkhauses nahmen sie im Laufschritt, ließen sich auf dem Dach des weitläufigen Gartenrestaurants in einen weichen Sessel fallen und legten schweigend los. Sie liebten es, in solchen Wettbewerben gegeneinander anzutreten. Sieben Jahre arbeiteten sie nun zusammen, aber es war immer noch wie am ersten Tag, als Preyansi Gautam herausgefordert hatte, wer von ihnen besser den Ruf des Sumatrahäherlings nachahmen konnte. Sie neckten sich, wann immer es ging. Nun aber schauten sich die beiden, nachdem sie eine Weile gesucht hatten, ratlos an.

Paul musste an die hundert Jahre alt sein. Seine Spuren hatten sich vor zwanzig Jahren verloren. Nachdem seine Meditationsschulen und sein Brillenprojekt sich verselbstständigt und den Alltag von Milliarden Menschen weltweit verändert hatten, war er wie vom Erdboden verschwunden. Alle Daten mit seinem Namen waren gelöscht.

Das Einzige, was die beiden von ihm fanden, war ein Schnappschuss, auf dem ein Stück Wald und ein paar Berge zu sehen waren. »Ein uraltes Landschaftsbild von irgendwo, und auch das Geo-Tag ist gelöscht, das hilft uns nicht weiter«, sagte Gautam enttäuscht.

Preyansi schaute sich das Bild genauer an. Sie zoomte das System auf einen Busch am unteren Bildrand, dessen Blüten gelbrosa leuchteten. »Vermutlich Rhododendron arboreum.«

Eine Landkarte mit dem Verbreitungsgebiet, das sich über den ganzen Himalaja ausdehnte, erschien in ihrem Display. »Zumindest wissen wir jetzt schon mal, welches Gebirge das ist«, sagte sie trocken. Sie fokussierte weiter. Ganz unten links stand ein Busch mit rötlich gelben Blüten und auffallend langen Blättern. »Kombinieren«, sagte sie zum System. Ein Bild von Gautam erschien mit einem breiten Grinsen, ihr Symbol für einen Treffer.

»Ich sehe dich gerade grinsen«, sagte sie.

»Aber ich lächle doch nicht mal.«

»Meizotropis pellita, eine der seltensten Pflanzen der Welt; und es gibt sie nur an einem Ort: bei Patwadanger, zwölf Kilometer von Nainital. Okay, und in fünfzig botanischen Gärten.«

Jetzt grinste er wirklich: »Dann schau doch mal, ob es in Nainital einen botanischen Garten gibt, und fang dort an«, sagte Gautam. »Ich weiß nicht viel von Paul, aber was ich weiß, sagt mir, dass dieses Bild kein Zufall ist.«

Preyansi nippte an ihrem Cocktail, dann ließ sie sich zurückfallen und flog los.

Sie begann als Kranich mit 20 Meter Spannweite in 10 Kilometern Höhe. Sonst war sie gern langsamer unterwegs, am liebsten als Braunkehlchen, aber es musste jetzt schnell gehen, so schnell, wie es ihr gelang, das Land zwischen Berlin und Nainital mit einem Minimum an Achtsamkeit zu durchqueren. Sie flog zuerst nach Süden über die Lausitz, wo die Torfmoosfarmen in den früheren Kohlefelder in Tausenden Grüntönen leuchteten, über die riesigen neuen Wälder und Windfarmen in der Slowakei und Rumänien, über die Bergwerke, die von leuchtenden Bakterienmatten überzogen waren. Auf den Verkehrswegen unter ihr funkelten die organischen Solarzellen, die Autos, Fahrräder, Züge und Schiffe antrieben. An der Küste des Schwarzen Meeres verwandelte sie sich in einen Stör, tauchte in die dunklen

Fluten ein, verschmolz kurz mit einer Gruppe der Fische, die sich dort gerade auf dem Weg zum Laichen befand. Sie ging in Georgien als Leopard an Land und galoppierte durch die neuen Zedernwälder, die sich von Nordafrika bis Afghanistan erstreckten. Als der Himalaja vor ihr auftauchte, verwandelte das System sie wieder in einen Kranich, und nun war sie nicht mehr allein. Preyansi erblickte die Tiere 6 Kilometer tiefer, sie waren mit Zooglesensoren ausgestattet und auf dem Weg ins indische Winterquartier. Gemeinsam glitten sie über die Pässe des Himalaja. Wenig später sah sie Nainital unter sich, den schimmernden See, der nach einem Auge der Göttin Sati benannt ist.

Der Himalayan Botanic Garden lag südwestlich des Ortes, an einem steilen Abhang. Unter blauen Folien erstreckte sich das Orchidarium, in dem riesige Atlasmotten und Vogelfalter herumflatterten, daneben die Samenbank, in der die seltenen Pflanzen der Himalajaregion lagerten. Preyansi landete im Herbarium vor Neha Verma, der Leiterin des Gartens. Sie wurde erwartet, Preyansi hatte sich bei ihr angemeldet mit der Bitte, sich Meizotropis pellita anschauen zu können.

Die Botanikerin war eine anmutige Frau, sie trug ein langes lilafarbenes Kleid und einen schwarzen Schal, vor ihr auf dem Tisch lagen getrocknete Rhododendronzweige. Preyansi wollte ihre Frage nicht sofort stellen, das wäre unhöflich gewesen. Und was Neha ihr erzählte, war alles andere als langweilig. Von der Fabrik und dem Steinbruch, die hier einmal gewesen waren, mit der Folge, dass der Bach verschmutzt war und die Hänge ins Rutschen gerieten. Wie der Garten das Land auffing und die Gegend sich seither erholen konnte. Wie die Menschen im Tal jetzt vor Schlammlawinen sicher waren und davon lebten, Heilpflanzen anzubauen, die im Garten kultiviert wurden.

Neha zeigte ihr die Highlights unter den Pflanzen, wie den Essgagelstrauch, der das Blut reinigte, und die Pfeifenblumen, die nach Schlangenbissen halfen. Am Ende ihres Rundgangs standen sie vor dem kleinen Strauch mit den rötlich gelben Blüten, den sie auf Pauls Foto gefunden hatte.

»Meizotropis pellita«, sagte Preyansi, »ein schönes Geschöpf. Aber um ehrlich zu sein, bin ich nicht exakt deswegen hier. Ich suche einen Mann namens Paul, er muss sehr alt sein und war vor zwanzig Jahren hier in der Gegend.«

Sie zeigte Neha das Foto der Landschaft. Ihre Miene blieb unverändert, aber Preyansi sah, dass die Botanikerin kurz zu einem Hochplateau am anderen Ende des Tals blickte. Die Zacken der Berge, die Formen der Wälder waren identisch. Das Foto stammte genau von dem Ort, an dem nun der botanische Garten stand.

»Kennst du ihn vielleicht?«

Neha schwieg für eine gefühlte Ewigkeit. »Ja, der Patwastrauch ist wirklich ein schönes Geschöpf«, sagte sie, »und es ist wunderbar, wie er nun wieder in der Landschaft blüht. Wenn du ihn in der freien Natur sehen willst, müsstest du selbst kommen und in den Hügeln dort drüben suchen. Und jetzt entschuldige mich bitte, schau dich gern noch um, ich hoffe, dir gefällt es bei uns.«

Wenig später flog, galoppierte und schwamm Preyansi zurück. Während sie unterwegs war, hatte Gautam Braunkehlchen und Steinschmätzer gefüttert, die von den benachbarten Dachbiotopen herübergeflattert waren.

»Sie wollte nicht lügen, vielleicht hat sie ihm etwas versprochen«, sagte sie, »wenn wir Paul wirklich finden wollen, dann müssen wir hinfahren, und zwar jetzt, um in diesen Hügeln nach ihm zu suchen, da ist noch nichts verbunden, das geht nur analog. Dann sind wir eben früher zurück in Indien als geplant.«

»Und wenn er tot ist? Oder schon so alt, dass er sich an nichts mehr erinnert? Jetzt ist jeder Tag kostbar.«

»Hast du denn sonst eine Idee, was wir mit den Rückkopplungen machen sollen?«, erwiderte Preyansi.

Am nächsten Tag rollten sie um fünf Uhr mit dem Express zum Flughafen, dessen Fassaden gerade von der Morgenbläue in einen zartrosa Morgenhimmel changierten. Sie inhalierten die Düfte der Gewürzgärten, die entlang der Gänge wuchsen, um die abfliegenden Passagiere zu beruhigen, und pflückten für unterwegs eine Tüte Marillen. Ihre Laune stieg noch, als sie sahen, dass sie als Flugzeug ein Libellenmodell erwischt hatten. Senkrechtstart mit Algentreibstoff, das war ganz nach ihrem Geschmack. Sie instruierten ihr Team, dass sie für einige Tage abtauchen würden, aber die Vorbereitungen für den Tag Omega auf Hochtouren weiterlaufen sollten. Von Delhi aus flogen sie nach Dehradun, einen halben Tag später standen sie an der Stelle, von der aus das Foto aufgenommen worden war. Neha begrüßte sie herzlich. Aber auf alle Fragen nach Paul antwortete sie ausweichend. Wenn sie von ihm sprachen, sprach sie von der Patwapflanze. Auf einer Landkarte zeigte sie ihnen einen Ort, an dem der Strauch erfolgreich aus dem Garten ausgewildert worden war, dann entschuldigte sie sich mit der gleichen höflichen Geste wie zwei Tage zuvor, denn ihre Pflanzen bräuchten ihre Aufmerksamkeit.

Gautam und Preyansi waren gut durchtrainiert. Sie waren auf den Greenways von Berlin so viel Fahrrad gefahren wie in ihrem ganzen Leben nicht. An den Wochenenden hatten sie lange Läufe auf den Pfaden unternommen, die das Netz regenerierter Biotope miteinander verbanden. Aber der Anstieg zu dem Plateau, das Neha ihnen gezeigt hatte, brachte sie an den Rand der Erschöpfung. Kehre um Kehre ging es auf einem kleinen Pfad steil bergauf, und wenn Gautam anhielt, um Vögel zu beobachten, tat er das in Wahrheit, um zu verschnaufen. Drei Stunden liefen sie durch einen lockeren Bergwald. Schmetterlinge setzten sich auf sie, um an ihrem Schweiß zu lecken, Eidechsen liefen über ihre Füße, und Preyansi musste ihr System abschalten, weil sie die Namen neuer und interessanter Arten gar nicht so schnell wegstreichen konnte, wie sie auf ihrem Display auftauchten. Schließlich waren sie nicht als Naturforscher hier. Sie hatten eine Mission, den Tag Omega.

Für das Präsidium von Zoogle hing von dem Projekt viel ab. Wahlen standen an, und die Partei des Vorsitzenden, die Enzyklopädisten, schwächelte in den Umfragen. Die Geeks wurden stärker, die an holistischen Strategien wie dem Omega-Projekt wenig Interesse hatten. Sie traten dafür ein, alle Ressourcen in den Aufbau virtueller Sphären zu stecken, in die geologischen Paradiese, in denen sie die wahre Destination der Menschheit sahen. Die Geeks waren nach der analogen Revolution für viele Jahrzehnte fast verschwunden, aber nun gewannen sie unter den 3,5 Milliarden Menschen, die dem Zooglenetz angehörten, an Unterstützung. Die Koalition der Enzyklopädisten mit der kleinen Partei der Panarchisten hatte in den acht Jahren, die sie nun an der Macht war, alles darauf gesetzt, das Allesnetz aufzubauen und mit den anderen Netzen kompatibel zu machen. Sie hatten die Kräfte kleingehalten, die zurück zum Mononetz wollten, um das schnelle Geld zu verdienen. Trotzdem verlor die Koalition Woche für Woche einen Prozentpunkt an die Geeks, und wenn sich dieser Trend bis zu den Wahlen fortsetzte, bestand keine Hoffnung mehr auf einen Sieg.

Die Zeremonie für den Tag Omega sollte der Höhepunkt der Kampagne werden. Staats- und Regierungschefs, Industrievertreter, Philosophen, Unsweltforscher, Mindpeace-Aktivisten, Vertreter von Religionen würden aus aller Welt zusammenkommen, um dabei zu sein, wie das Lebensnetz, das eine Zoogle-Initiative in den Jahren nach der analogen Revolution gestartet hatte, zum Allesnetz zu machen. Die Systeme sollten endlich vollständig verschmelzen. Von den Rückkopplungen hatte der Präsident nichts erfahren. Als seine Assistentin ihn damit überraschte, dass sein Schicksal gerade in der Hand zweier junger Leute lag, die im Himalaja einen Berg erklommen, stieg eine Flut von Wutmolekülen in ihm auf, was schon lange nicht mehr passiert war. Sein erster Gedanke war, sie zu feuern. Doch als er erfuhr, wen sie suchten, zog er sich in seine Studierkammer zurück und begann mit den Übungen, die er als Kind in einer von Pauls Schulen gelernt hatte. Die Dinge lagen nicht in seiner Hand. Sie hatten noch nie in seiner Hand gelegen. Zoogle gehörte ihm nicht, die Enzyklopädisten gehörten ihm nicht, nicht einmal er selbst gehörte sich. Er war nur Diener einer Sache. Darüber wollte er seine Gelassenheit nicht verlieren.

Der Anstieg wurde flacher, und als Preyansi und Gautam dem Plateau nahe waren, versperrte ein Gatter ihren Weg. Ein rostiges Schild hing an einem der Holzpfosten: »Willkommen in Panarchia.« Das konnte nur von einem stammen, sie waren am richtigen Ort. Paul musste hier oben der Chef von irgendetwas sein, vielleicht einer Art Kommune.

Sie fanden ihn in der Küche beim Gemüsewaschen. Er war wirklich alt, sein Körper dünn und seine Haut faltig, aber als sein klarer Blick sie traf, durchlief beide ein warmer Schauder. Sie stellten sich vor, und Paul stellte ihnen zuerst seine Freunde vor. Die Auberginenbauern, die Tomatenzüchterinnen, die Mitarbeiter der Pflanzensammlungen, die Hüter des Patwa.

»Wir kochen immer zusammen, und wie ihr ausseht, könntet ihr eine Mahlzeit gebrauchen.«

Ihr Magen knurrte so, dass die halbstündige Stille, die dem Essen vorausging, etwas weniger still ausfiel, als das wahrscheinlich sonst der Fall war.

Über ihre Entschuldigungen schmunzelte Paul: »Ihr müsst euch hier oben für nichts entschuldigen, wir leben hier sehr frei. Vielleicht geht es euch besser, wenn ich einen fahren lasse?«

Jetzt lachten alle. Die beiden Besucher begannen, sich zu entspannen.

Nach dem Essen erzählte Paul ihnen, was er in den vergangenen zwanzig Jahren gemacht hatte, seit er alle seine Daten in einen Quantenkoffer gepackt hatte und wieder nach Indien gegangen war, das Land, das ihn lange vor der analogen Revolution davor bewahrt hatte, verrückt zu werden. Auf seiner Wanderung durch den Himalaja hatte er Neha kennengelernt, und als sie ihm ihren botanischen Garten zeigte, wusste er, dass er sein Ziel gefunden hatte: »Ein Ort, an dem jemand wie ich meditieren kann, an Pflanzen forschen, mit den Menschen aus der Umgebung Heilpflanzen züchten, ihr Wissen erlernen, ich hatte mein Paradies gefunden.« Das Projekt auf dem Berg war die Folge einer schweren Erkrankung. »Ich wusste, wenn ich nicht sterben wollte, musste ich etwas Neues anpacken, etwas Anstrengendes, von dem ich keine Ahnung hatte. Und so wurde ich zum Hüter der Patwas, dieser wunderschönen Geschöpfe, wegen denen ihr nicht gekommen seid.« Preyansi und Gautam nickten, sie fühlten sich ertappt wie zwei Schüler, die gemogelt hatten. »Aber bevor wir darüber sprechen, solltet ihr ihnen doch einen Besuch abstatten.«

Sie liefen für eine Stunde über das Plateau, und sie hatten Mühe, mit Pauls Tempo mitzuhalten. Unterwegs zeigte er ihnen Pflanzen, Käfer, Schlangen und erklärte ihnen, was den Boden dieses Bergs so besonders machte. Auf der Suche nach einem Grund dafür, warum der Strauch mit den gelben Blüten so selten geworden war und sich im Labor nicht vermehren ließ, waren Neha und er auf die Bodenbakterien gestoßen, die in den Wurzeln der Patwas mit ihnen zusammenlebten. Hier lag der Schlüssel.

»Und das ist das Ergebnis«, sagte Paul, und holte mit seinen Armen weit aus. Vor ihnen wuchsen in einem kleinen Hain zwei Dutzend Patwa-Sträucher. Es waren, wie Paul erzählte, die letzten ihrer Art gewesen. Doch hinter dem Hain begann ein riesiges Gebiet, das von jungen Sträuchern bedeckt war. Junge Menschen waren auf der Plantage unterwegs und brachten Erde aus. In der Mitte stand ein Haus, in dem die Gärtner zusammenlebten, sehr komfortabel, wie Paul sagte, weil sie sich mit einem 3-D-Drucker Werkzeuge und vieles andere herstellen konnten, was es sonst nur weit entfernt unten im Tal gab. Selbst das Material für den Drucker konnten sie hier oben gewinnen. Mit dem Gemüse, das sie auf dem Plateau anbauten, konnten sie an den Märkten der nahen Städte gute Preise erzielen.

Hinter dem Haus erhoben sich schroff die Gipfel des Hochgebirges. Die lieblichen Farbtöne direkt vor ihnen und der harte, kalte Schnee oben in den Bergen bildeten einen umwerfenden Anblick.

»Mancher würde das ›atemberaubend‹ nennen, ich nenne es lieber ›atemspendend‹«, sagte Paul.

»Was habt ihr mit den Bakterien gemacht?«, fragte Preyansi.

»Es war nur ein kleiner biotechnischer Kniff, wir fanden ihn in einem Menschengen, und schon haben Boden und Bakterien wieder harmoniert«, antwortete Paul.

»So etwas bräuchten wir auch, nicht gerade Gentechnik, aber einen Kniff.«

Während sie durch die Patwa-Plantage liefen und ein süßlicher, erheiternder Duft sie einhüllte, berichteten die beiden vom Omega-Projekt und von dem Problem, vor dem sie standen. Paul hatte seit vielen Jahren keine Nachrichten mehr gehört. Was aus dem System geworden war, das er einst entworfen hatte, gefiel ihm sehr. Der Omega-Plan auch.

»Ich denke darüber nach«, sagte er, »geht ihr schon mal zurück, ich komme dann nach.«

Es dauerte drei Wochen, bis sie ihn wiedersahen. Sie hatten ihm davon erzählt, dass sie in Eile waren, aber seine Freunde meinten, sie hätten ihn in Richtung Gebirge wandern sehen, wohin er sich öfter für längere Zeit zurückzog. Gautam und Preyansi hatten jetzt keine Wahl mehr. Ihr Projekt lag völlig in den Händen dieses asketischen Greises. Sie nutzten die Zeit und packten in der Gemeinschaft mit an, kochten ein köstliches Getränk aus den Blüten des Rhododendron, halfen beim Kompostieren für neue Solarzellen, warteten die Roboter, sammelten Früchte und legten sie ein, halfen bei der Gentech-Zucht der Bodenbakterien und verstreuten sie zusammen mit den anderen jungen Indern in der Plantage. Es tat ihnen gut anzupacken. Sie waren so auf das Programmieren fixiert gewesen, dass sie es fast schon vergessen hatten, wie herrlich es war, mit seinen eigenen Händen einem anderen Lebewesen etwas Gutes zu tun.

Paul hatte hier oben zusammen mit Kleinbauern aus der ganzen Region und Hunderten Freiwilligen aus ganz Indien einen herrlichen Ort geschaffen, an dem Menschen, Technik und Natur so fließend ineinander übergingen, dass Gautam und Preyansi bald das Gefühl bekamen, in einem eigenständigen Organismus zu leben. Sie fühlten sich frei, machten mit, wurden nach ihrer Meinung gefragt und in Ruhe gelassen, wenn sie das wollten.

Nach einer Weile ertappte sich Gautam bei dem Gedanken, sie könnten einfach in Panarchia bleiben und alles zurücklassen. Vielleicht würde die Welt auch ohne das Omega-Projekt auskommen. Vielleicht war es nicht so schlimm, wenn bei Zoogle für ein paar Jahre die Geeks regierten. Vielleicht würde es Preyansi und ihm guttun, nicht immer nur über die Arbeit zu reden, sondern endlich einfach Zeit füreinander zu haben.

Doch Paul kam zurück. Unerwartet stand er vier Tage vor dem Datum des Omega-Fests in der Tür ihres Zimmers.

»Wir packen«, sagte er bestimmt, »wir müssen noch vor Sonnenaufgang los. Ich glaube, ich weiß einen Weg.«

Am nächsten Morgen führte der alte Mann sie sicher den steilen Hang hinab. Im botanischen Garten, wo der Pfad endete, hinterließ er einen Brief an Neha. Im Zug nach Delhi erzählte er ihnen, dass das Gen, das sie in die Bodenbakterien eingebaut hatten, von ihr stammte.

Der Festakt sollte an dem Zoogle-Institut stattfinden, das seit einigen Jahren Wissenschaftssysteme des alten Indiens erforschte. Der Präsident begründete die Wahl des Orts mit dem gigantischen Beitrag, den indische Philosophen und Forscher über die Jahrtausende dazu geleistet hatten, Mensch und Natur zu verbinden. Die 700 Millionen Zoogle-Wähler des Landes spielten aber wohl auch eine Rolle.

Sie hatten kaum noch Zeit, jetzt zählte jeder Handgriff. Ihr Team hatte Maschinen und Leitungen aufgebaut, die Datenbanken waberten in Wolken durch die Magnetosphäre, die Verbindungen standen. Überall auf der Welt sendeten Tiere, Pflanzen, Steine, Böden Signale in der digitalen Sprache der Menschen aus. Das System spürte es, wenn seltene Tiere zur Welt kamen, wenn in Böden der Humus wuchs, wenn Moore Kohlendioxid aufsaugten, wenn in Gebirgen etwas schneller als sonst verwitterte. Jeder Mensch konnte sich in das System einloggen, konnte die seismischen Wellen der Erde spüren, in Echtzeit mit Vogelschwärmen fliegen und mit Fischen schwimmen. Bald sollten auch Menschen die Sensoren schlucken können und ihre eigenen Zustände in das System füttern.

Wenn da nicht die Rückkopplungen wären. Bei ihrem Problem waren die Bioinformatiker in den drei Wochen, in denen Preyansi und Hautam in Panarchia waren, keinen Schritt weitergekommen. Jedes Mal, wenn sie den Fusionsprozess auch nur in einem kleinen Teil des Netzes ausprobierten, kamen die spontanen Wellen in Bewegung, die aussahen, als würden sie das gesamte Netz zerstören. Egal, auf welche Art sie die Impulse in Töne verwandelten, sie klangen furchterregend, nach einem Beben, einem Klirren, einem Schrei.

Paul ließ sich alles zeigen, er las den kilometerlangen Code und steuerte durch das Netz der Sensoren, hörend, fühlend, staunend. Er hörte nicht auf, das Team zu loben. Sonst sagte er nicht viel, außer, dass sie ihm vertrauen sollten. Preyansi und Gautam waren sich nicht so sicher.

In der Nacht vor dem Festakt gingen sie hinauf auf das Dach des Forschungsinstituts und sprachen darüber zu flüchten. Es würde alles ihre Schuld sein. Die Ehrengäste waren längst angereist, die Festreden lagen unten im Auditorium schon auf den Stühlen, Medien weltweit ließen auf ihren Seiten Countdowns bis zum Tag Omega laufen. Der Campus war mit einer riesigen Musikanlage verkabelt, um den Sound des Allesnetzes zu übertragen. Nur sie, die beiden Hauptverantwortlichen, hatten keine Ahnung, wie ihr Werk funktionieren sollte. Sie hatten den Präsidenten angelogen, als er sie fragen ließ, ob nach ihrem Besuch bei Paul alles geregelt sei.

»Vielleicht sollten wir so etwas wie Panarchia starten«, sagte Gautam, »ich kenne da ein kleines Vogelreservat im Süden, in der Nähe von Kochi, da würde uns keiner finden.«

»Ich bin dabei«, antwortete Preyansi, »vielleicht war es wirklich ein Fehler, einem alten Mann, der zwanzig Jahre keinen Code gesehen hat, unser System anzuvertrauen.«

Ein markerschütterndes Schreien breitete sich über das ganze Viertel aus. Es klang nach Gewalt, Verzweiflung, einem Mord. Sie sprangen die Treppen hinunter, und je näher sie den Stockwerken kamen, in denen ihre Geräte aufgebaut waren, desto lauter wurde das Schreien. Die Tür war von ihnen verschlossen und mit Büromöbeln verriegelt. Sie klopften, rüttelten, traten gegen die Scheibe, keine Reaktion. Das Schreien steigerte sich zu einem Inferno, das in einem weiten Umkreis die Alarmanlagen von Autos und Bürogebäuden anspringen ließ. Als sie den Hausmeister fanden, der sich im Heizungskeller verkrochen hatte, da wusste der sich nicht anders zu helfen, als einen großen Vorschlaghammer aus seiner Werkstatt zu holen.

Während sie nach oben liefen, ebbte das Schreien ab. Zuerst war es nur ein leises Brummen, das aus dem Lärm hervorging, dann wurde es stärker, klangvoller. Die Menschen, die gerade noch aus dem Hochhaus flüchten wollten, blieben wie gebannt im Treppenhaus stehen. Sie hörten nun eine Musik ohne Konturen und Grenzen, einen Ton, der alles umfasste und ihre Körper zittern ließ.

Als sie mit dem Vorschlaghammer zur Tür des Labs kamen, sperrte Paul gerade von innen auf, grinsend, beseelt, glücklich: »Leute, ihr habt nicht schlecht programmiert, sondern einfach zu gut«, rief er, »das Ganze brauchte einfach etwas Zeit, um miteinander in Schwingung zu kommen.«

Gautam und Preyansi schauten ihn ungläubig an. Sie versuchten zu verstehen, was er sagte.

»Was hast du dann am Code geändert?«

»Nichts.«

»Du hast drei Wochen gebraucht, nur um alles so laufen zu lassen, wie wir es geplant hatten?«

»Ihr saht so abgekämpft aus, ich dachte, ein paar Wochen in Panarchia würden euch guttun.«

Sie feierten den Start des Allesnetzes auf der Dachterrasse des Instituts. Der Himmel über ihnen war tiefschwarz und gefüllt mit kleinen Sonnenbällen, funkelnden, verschlackenden Sternhaufen. Sie fühlten sich zu Hause in dieser Schwärze. Licht glomm aus ihnen. Am Himmel über dem Campus flogen Vögel mit Federn aus Glasfaserkabeln.

Das Menschenbild der Technik, das Menschenbild der Natur

Dieses Buch beschreibt einen Verschmelzungsprozess. Mensch, Natur, Technologie – drei Sphären, die in der westlichen Denktradition fein säuberlich voneinander ferngehalten wurden – verbinden sich im 21. Jahrhundert zu neuen Phänomenen, die bereits heute nicht nur das menschliche Leben, sondern alles Leben auf der Erde verändern.

Die Frage, wie sich jeder Einzelne und wie sich ganze Gesellschaften künftig untereinander und mit der Welt verbinden werden, steht aus meiner Sicht dabei im Zentrum. Schließlich sind wir entgegen allem, was die klassische Ökonomie in ihrer ganzen Primitivität dazu zu sagen hat, keine isolierten Einzelwesen, sondern von Natur aus verbundene, soziale, vielschichtige Lebewesen. Der frühere Evolutionsbiologe Richard Dawkins mag sich in den Dienst des Neoliberalismus stellen, wenn er den Egoismus und die Optimierung des eigenen Vorteils als Naturgesetze preist. Als Sprecher der Naturwissenschaft taugt er damit nicht, denn hier treten, von den Genen über die Stoffströme, Mikroben, Tiere und Pflanzen bis hin zum Menschen, immer stärker soziale Phänomene in den Mittelpunkt des Interesses. Das Internet ist nur die neueste technologische Ausformung einer seit Milliarden Jahren wachsenden »Komplexifizierung« der Materie.

Verbundensein wird damit zum Lebensgefühl des 21. Jahrhunderts. Aber mit wem? Wie? Durch was? Dies habe ich versucht auszuleuchten. Die Gefahr ist real, dass sich zentralisierte Machtgebilde mit Hilfe eines kalten Systems künstlicher Intelligenz der gewachsenen, vielfältigen Verbindungen bemächtigen und den Erdbewohnern eine globale, repressive Monokultur aufzwingen, ohne Rücksicht auf katastrophale Folgen, ob nun für die Kultur oder das Weltklima. Doch zugleich besteht die in der Evolutionsgeschichte bisher einmalige Chance, das wachsende Netz der analogen und digitalen Verbindungen in den Dienst von demokratischen, humanistischen und ökologischen Idealen zu stellen. Technologie würde dabei zum Mittel, um menschliches Bewusstsein in die Lebens- und Langzeitzyklen des Erdsystems zu weben. Wissenschaft wäre ein Weg, mit den vitalen materiellen Kräften – vom Atom bis zur Erde als Ganzem – in Kommunikation zu treten. Demokratie wäre eine Plattform, um auch die Interessen anderer Erdbewohner – der Tiere, Pflanzen und geophysikalischen Systeme – in Entscheidungen einfließen zu lassen.

Um diesen heute noch fern wirkenden Zielen näher zu kommen, sind neue Perspektiven auf das nötig, was beim Verschmelzen von Mensch, Natur, Technologie entsteht. Wie gelangt man zu solchen neuen Blickwinkeln?

Hier stößt vor allem die Naturwissenschaft an Grenzen bisheriger Methoden: Dass Beobachter und Beobachtetes verbunden sind, ist nicht mehr allein eine Frage der Quantentheorie, sondern eine grundsätzliche. Die scharfen, über Jahrhunderte eingeübten Trennungen von Subjekt und Objekt werden quer durch alle Lebensprozesse porös. Begibt man sich auf die Ebene der Stoffströme, wo die Dinge am einfachsten messbar sind, sind heute menschlich geprägte Stoffe überall eingedrungen und prägen auch das, was früher »Natur« war. Umgekehrt dringt, je mehr Menschen die Ressourcen der Erde mobilisieren, das, was früher »Natur« war, in die Sphäre des Menschlichen vor. Die Kulturalisierung der Natur ist zugleich eine Naturalisierung der Kultur.

Wenn wir dann auch noch anderen Lebewesen Bewusstsein zuschreiben können, also Grade von Freiheit, lösen sich alte deterministische, mechanistische, reduktionistische Gewissheiten in Luft auf. Es geht nicht länger, um mit dem Gehirnforscher Giulio Tononi zu sprechen, Erde, Tiere, Pflanzen als reine Zombies, als reine Mittel zum menschlichen Zweck zu behandeln. Zugleich taucht die Frage auf, was für die Technikzukunft besser wäre: wenn die künstlichen, sprich anthropogenen Intelligenzien der Zukunft unbewusst blieben oder wenn sie anfangen dürften, Bewusstsein zu entwickeln? Was wäre aus menschlicher Sicht wünschenswerter, sollten sich solche Gebilde später auf gewisse Weise noch mehr und radikaler verselbstständigen, als dies heute schon der Fall ist?

Tononi hat mit seiner Idee eines »Qualiaskops« beschrieben, wie künftig ein Mensch in der Lage sein könnte, das Bewusstsein um ihn herum, von anderen Menschen, aber auch von Tieren oder vielleicht sogar Maschinen, als Form und Landschaft zu sehen. Ich möchte dem als Ausblick noch eine weitere technisch-philosophische Herausforderung hinzufügen: Wenn die Verschmelzung von Mensch, Natur und Technik voranschreitet und wenn dabei kein stumpfer Einheitsbrei entstehen soll, sondern ein plurales Gebilde, dann ist es notwendig, unterwegs ein »Anthroposkop« zu entwickeln: ein Gerät, mit dem sich der Blick der Natur und der Blick der Maschinen *auf uns Menschen* erfassen, erahnen, erforschen und schließlich vielleicht sogar auch begreifen lässt.

Über Jahrhunderte hat die westliche Wissenschaft allein den Blickwinkel des Menschen eingenommen. Doch je mehr Menschen beeinflussen, was Natur ist, und je mehr sich die Welt mit Technik und deren kausaler Kraft füllt, desto wichtiger wird das Menschenbild der Natur und das Menschenbild der Technik. Als Alexander von Humboldt eine botanische Geisteswissenschaft entwarf, ging es ihm darum, den Einfluss der Vegetation auf das Gemüt der Menschen zu erkunden. Dieser Ansatz sollte in einer Welt, in der die Sphären nicht mehr trennbar sind, erweitert werden. Den Menschen aus dem Blickwinkel der Pflanzen und Tiere zu beschreiben wäre dabei eine wichtige Aufgabe. Wer eine ruhige Minute hat, kann dies an einem beliebigen Ort selbst im Kleinsten erkunden: Wie mögen die nichtmenschlichen Lebewesen um mich herum, einzeln und in Summe, meine eigene Anwesenheit empfinden?

Ähnlich akut ist die Frage, welches Menschenbild die wachsende Technosphäre in sich trägt. Was »sehen« die Algorithmen, wenn sie unsere Daten verarbeiten? Welche Prämissen über das Menschliche sind den Maschinen implantiert, die als Sonden oder Roboter auf das Leben der Gesellschaft einwirken? Wer bestimmt das Menschenbild der Maschinen und wie ließe es sich verändern? Das Menschenbild von Natur und Technik ist in der beginnenden analogen Revolution einer der zentralen Schauplätze, und wir wissen noch so gut wie nichts darüber.

Anmerkungen

1 Jaron Lanier, *You Are Not a Gadget*, Penguin Books 2010.
2 Sue Thomas, *Technobiophilia. Nature and Cyberspace*, Bloomsbury 2013.
3 Dieses Buch enthält vier Szenarien. Es ist wichtig zu beachten, dass solche Szenarien keine Prognosen der Zukunft sind und keinerlei Tatsachenbehauptungen aufstellen, sondern als Werkzeuge dienen, um heute bekannte Trends schärfer wahrzunehmen. Ihr Ziel und der damit verbundene Anspruch sind also grundsätzlich anders als bei prognostischen Verfahren. Szenarien sind besonders sinnvoll, wenn sie Alternativen bieten: Wie sich leicht erschließt, sind »Googlonia« und Mindpeace« solche alternative Szenarien, ebenso »Taifun Thomas Tyrell« und »Tag Omega«. Szenarien sagen mehr über die gegenwärtige Vorstellungswelt ihrer Autoren aus als über den tatsächlichen Verlauf der Zukunft – darin liegt ihr Reiz.
4 Margaret Wertheim, *The Pearly Gates of Cyberspace: A history of space from Dante to the internet*, Virago 1999.
5 Frank Schirrmacher, »Der verwettete Mensch«, *Frankfurter Allgemeine Sonntagszeitung*, 16. Juni 2013. Marcel Rosenbach und Holger Stark, *Der NSA-Komplex: Edward Snowden und der Weg in die totale Überwachung*, DVA 2014. Glenn Greenwald, *Die globale Überwachung: Der Fall Snowden, die amerikanischen Geheimdienste und die Folgen*, Droemer 2014.
6 Sascha Lobo, »Das Internet ist nicht das, wofür ich es gehalten habe«, *Frankfurter Allgemeine Zeitung*, 12. Januar 2014, http://www.faz.net/

aktuell/feuilleton/medien/sascha-lobo-das-internet-ist-nicht-das-wo-fuer-ich-es-gehalten-habe-12747989.html.

7 Roland Lindner, »Erst die Chinesen, dann die NSA«, *Frankfurter Allgemeine Zeitung*, 8. März 2014, http://www.faz.net/aktuell/wirtschaft/googles-eric-schmidt-greift-auf-sxsw-regierung-an-12837330.html.

8 Michael Riley, »NSA Said to Exploit Heartbleed Bug for Intelligence for Years«, *Bloomberg News*, 12. April 2014, http://www.bloomberg.com/news/2014-04-11/nsa-said-to-have-used-heartbleed-bug-exposing-consumers.html.

9 Martin Schulz, »Warum wir jetzt kämpfen müssen«, *Frankfurter Allgemeine Zeitung*, 6. Februar 2014, http://www.faz.net/aktuell/feuilleton/debatten/technologischer-totalitarismus-warum-wir-jetzt-kaempfen-muessen-12786805.html.

10 Shoshana Zuboff, »Die neuen Massenausforschungswaffen«, *Frankfurter Allgemeine Zeitung*, 13. Februar 2014.

11 Jeremy W. Peters, »Rand Paul, warning about spying, faults Obama«, *New York Times*, 19. März 2014, http://www.nytimes.com/2014/03/20/us/politics/rand-paul-speaks-at-berkeley.html?hpw&rref=us&_r=0.

12 Martin Hocjk, »Deutsche Google-Aktionäre müssen für Gratis-Aktien Steuern zahlen«, *FAZ.Net*, 8. April 2014, http://www.faz.net/aktuell/finanzen/aktien/google-aktiensplit-bringt-abgeltungsteuer-12886502.html.

13 Eric Schmidt, »Die Chancen des Wachstums«, *Frankfurter Allgemeine Zeitung*, 10. April 2014.

14 Eric Schmidt und Jared Cohen, *Die Vernetzung der Welt. Ein Blick in unsere Zukunft*, Rowohlt 2013.

15 Adam Fisher, »Google's Road Map to Global Domination«, *New York Times*, 11. Dezember 2013, http://www.nytimes.com/2013/12/15/magazine/googles-plan-for-global-domination-dont-ask-why-ask-where.html.

16 Marcus Theurer, »Über Irland Gewinne in Steueroasen schleusen«, *Frankfurter Allgemeine Zeitung*, 28. August 2011. George Meck, »Ab in die Steueroase«, *Frankfurter Allgemeine Zeitung*, 18. August 2013.

17 BBC News, 12. März 2014, http://www.bbc.com/news/uk-26540635.

18 Trevor Paglen, *Blank Spaces on the Map*, New American Library 2010.

19 Siehe http://nationalpriorities.org/.

20 Sam Perlo-Freeman und Carina Solmirano, *Trends in world military expenditure*, Stockholm International Peace Research Institute, 2013, http://www.sipri.org/.

21 Center for Civilians in Conflict (früher CIVIC) and Human Rights Clinic at Columbia Law School, *The civilian impact of drones: unexamined costs, unanswered questions*, 2012, http://web.law.columbia.edu/sites/default/files/microsites/human-rights-institute/files/The%20Civilian%20Impact%20of%20Drones.pdf und The Bureau of Investigative Journalism, http://www.thebureauinvestigates.com/category/projects/drones/. Charlie Savage und Laura Poitras, »How a Court Secretly Evolved, Extending U.S. Spies' Reach«, *New York Times*, 10. März 2014, http://www.nytimes.com/2014/03/12/us/how-a-courts-secret-evolution-extended-spies-reach.html?hp&_r=0.

22 Künstler haben in Pakistan mit großformatigen Bildern gegen Drohnenangriffe protestiert: http://rt.com/news/drones-children-artist-pakistan-885/.

23 Sascha Lobo, »Daten, die das Leben kosten«, *Frankfurter Allgemeine Zeitung*, 2. April 2014, Feuilleton, S. 11.

24 Schmidt/Cohen, *Die Vernetzung der Welt*, a. a. O.

25 Trevor Paglen, *Invisible – Covert operations and classified landscapes*, aperture foundation 2010. (»Sie sollen mich ruhig hassen, solange sie mich fürchten«: Das Motto ist uns schon im »Szenario: Googlonia« begegnet.)

26 Marcus Wohlsen, »Internet Revolt Begins as Condi Rice Joins Dropbox Board«, *Wired*, 10. April 2014, http://www.wired.com/2014/04/dropbox-rice-controversy.

27 Christian Stöcker, »Die Welt des Eric Schmidt«, *Spiegel Online*, 8. März 2014, http://www.spiegel.de/netzwelt/netzpolitik/eric-schmidt-und-jared-cohen-bei-sxsw-2014-in-austin-a-957656.html.

28 Linda Stone, »The Connected Life: From Email Apnea To Conscious Computing«, *The Huffington Post*, 5. Juli 2012, http://www.huffingtonpost.com/linda-stone/email-apnea-screen-apnea-_b_1476554.html.

29 Alex Soojung-Kim Pang, *The Distraction Addiction: Getting the Information You Need and the Communication You Want, Without Enraging Your Family, Annoying Your Colleagues, and Destroying Your Soul*, Little, Brown and Company 2013.

30 Janna Anderson, Lee Rainie, Maeve Duggan, *The Web at 25 in the US. Pew Research Center Report*, 11. März 2014, http://www.pewinternet.org/2014/03/11/15-theses-about-the-digital-future/.

31 Ebenda.

32 Erik Brynjolfson und Andrew McAfee, *The Second Machine Age, Work,*

Progress and Prosperity in a Time of Brilliant Technologies, W. W. Norton & Company 2014.

33 Eduard Kaeser, »Sehnsucht nach einem Leben ohne Internet«, *Neue Züricher Zeitung*, 19. Februar 2014, http://www.nzz.ch/aktuell/feuilleton/uebersicht/sehnsucht-nach-einem-leben-ohne-internet-1.18246107. Christoph Koch, *Ich bin dann mal offline. Ein Selbstversuch: Leben ohne Internet und Handy*, Blanvalet 2010.

34 Hans Magnus Enzensberger, »Wehrt euch«, *Frankfurter Allgemeine Zeitung*, 1. März 2014.

35 »Google verfolgt die Kunden auch im Laden«, *Frankfurter Allgemeine Zeitung*, 14. April 2014, http://www.faz.net/aktuell/wirtschaft/netzwirtschaft/onlinewerbung-google-verfolgt-die-kunden-auch-im-laden-12895071.html.

36 Janna Anderson, Lee Rainie, Maeve Duggan, »The Web at 25 in the US«, *Pew Research Center Report*, 11. März 2014, http://www.pewinternet.org/2014/03/11/15-theses-about-the-digital-future/.

37 Schmidt/Cohen, *Die Vernetzung der Welt*, a. a. O.

38 »The third industrial revolution, The digitilisation of manufacturing will transform the way goods are made – and change the politics of jobs too«, *The Economist*, 21. April 2012, http://www.economist.com/node/21553017.

39 Joshua Pearce et al., »Life-Cycle Economic Analysis of Distributed Manufacturing with Open-Source 3-D Printers«, *Mechatronics*, 2013, http://www.academia.edu/4067796/Life-Cycle_Economic_Analysis_of_Distributed_Manufacturing_with_Open-Source_3-D_Printers.

40 Siehe http://www.faz.net/aktuell/wirtschaft/unternehmen/technologiefestival-south-by-southwest-im-jahr-2050-wird-es-mehr-roboter-geben-als-menschen-12838572.html.

41 Gaby Wood, *Edison's Eve, A magical history of the quest for mechanical life*, Anchor Books 2002.

42 Koert van Mensvoort und Allison Guy, »Die anthropozäne Explosion«, in: Nina Möllers und Christian Schwägerl (Hg.), *Willkommen im Anthropozän. Unsere Verantwortung für die Zukunft der Erde*, Deutsches Museum 2014. Koert van Mensvoort und Hendrik-Jan Grievink, *Next Nature – Nature changes along with us*, Actar 2011.

43 Christian Schwägerl, »Das Kichern des Prometheus«, *Frankfurter Allgemeine Zeitung*, Feuilleton, 20. Juni 2006, http://www.faz.net/aktuell/feuilleton/roboter-das-kichern-des-prometheus-1329874.html.

44 Brynjolfson/McAfee, a. a. O.

45 Beispiele dafür sind der *Deh Bala wedding party airstrike* im Jahr 2008, siehe http://news.bbc.co.uk/2/hi/south_asia/7501538.stm, und der Angriff auf eine Hochzeitsgesellschaft im Dezember 2013 im Jemen, siehe http://www.theatlantic.com/international/archive/2014/01/the-wedding-that-a-us-drone-strike-turned-into-a-funeral/282936/.

46 Siehe http://www.darpa.mil/Our_Work/TTO/Programs/Legged_Squad_Support_System_%28LS3%29.aspx.

47 Siehe http://www.talos-border.eu/ und http://www.spiegel.de/video/grenzroboter-talos-soll-gegen-fluechtlinge-eingesetzt-werden-video-1302390.html.

48 Siehe http://robobees.seas.harvard.edu/.

49 Regina Dugan, »From mach-20 glider to hummingbird drone«, *TED-Talk*, März 2012, http://www.ted.com/talks/regina_dugan_from_mach_20_glider_to_humming_bird_drone.

50 Noah Strycker, *The thing with feathers. The surprising lives of birds and what they reveal about being human*, Riverhead Books 2014.

51 Allen McDuffee, »Army Scores a Super-Stealthy Drone That Looks Like a Bird«, *Wired*, 27. November 2013, http://www.wired.com/danger-room/2013/11/army-maveric-microdrone/.

52 Firmenauftritt: http://www.prioria.com/products/maveric-uas/design.html.

53 John Markoff, »Google Puts Money on Robots, Using the Man Behind Android«, *New York Times*, 4. Dezember 2013, http://www.nytimes.com/2013/12/04/technology/google-puts-money-on-robots-using-the-man-behind-android.html.

54 John Markoff, »Google Adds to Its Menagerie of Robots«, *New York Times*, 14. Dezember 2013, http://www.nytimes.com/2013/12/14/technology/google-adds-to-its-menagerie-of-robots.html.

55 Siehe http://robohub.org/darpas-gill-pratt-on-googles-robotics-investments/.

56 Andreas Rinke und Christian Schwägerl, *11 drohende Kriege – künftige Konflikte um Technologien, Rohstoffe, Territorien und Nahrung*, C. Bertelsmann 2012.

57 Thomas Schulz, »Larry und die Mondfahrer«, *Der Spiegel*, 1. März 2014.

58 Rinke/Schwägerl, *11 drohende Kriege*, a. a. O.

59 Steven Levy, *In the plex – how Google thinks, plans and shapes our lives*, Simon & Schuster 2011.

60 Daniel Yergin, *Der Preis – Die Jagd nach Öl, Geld und Macht*, S. Fischer 1991.
61 Constanze Kurz, »Die Firma, die Ihnen neue Welten andrehen will«, *Frankfurter Allgemeine Zeitung*, 4. April 2014, S. 11.
62 Jaron Lanier, *Who Owns the Future?*, Allen Lane 2013.
63 Frank Schirrmacher, *Ego. Das Spiel des Lebens*, Karl Blessing 2013.
64 Joseph Nye, *Macht im 21. Jahrhundert*, Siedler 2011. Sandro Gaycken, *Cyberwar – Das Wettrüsten hat längst begonnen: Vom digitalen Angriff zum realen Ausnahmezustand*, Goldmann 2012. Sowie http://www.whitehouse.gov/cyberreview/documents.
65 Vgl. Schulz, »Larry und die Mondfahrer«, a. a. O.
66 Ray Kurzweil, *The Singularity is near*, Penguin 2005.
67 Ebenda, S. 421 f.
68 Carole Cadwalladr, »Are the robots about to rise? Google's new director of engineering thinks so ...«, *The Guardian*, 22. Februar 2014, http://www.theguardian.com/technology/2014/feb/22/robots-google-ray-kurzweil-terminator-singularity-artificial-intelligence.
69 Für eine sehr weitsichtige Beschreibung der ideologischen Tendenzen siehe Kevin Phillips, *American Theocracy, The Peril and Politics of Radical Religion, Oil, and Borrowed Money in the 21st Century*, Penguin 2006.
70 Alexandra Topping und Miriam Elder, »Britain admits ›fake rock‹ plot to spy on Russians«, *The Guardian*, 19. Januar 2013, http://www.theguardian.com/world/2012/jan/19/fake-rock-plot-spy-russians.
71 DARPA News Release, »DARPA advances electronics that dissolve completely in liquid«, 27. September 2012, http://www.darpa.mil/NewsEvents/Releases/2012/09/27.aspx. Spencer Ackerman, »Darpa wants to create dissolvable spy hardware«, 29. Januar 2013, http://www.wired.co.uk/news/archive/2013-01/29/dissolvable-spy-hardware.
72 Kevin Kelly, »Why You Should Embrace Surveillance, Not Fight It«, *Wired Online*, 10. März 2014, http://www.wired.com/opinion/2014/03/going-tracked-heres-way-embrace-surveillance/.
73 Mathias Döpfner, »Warum wir Google fürchten«, *Frankfurter Allgemeine Zeitung*, 16. April 2014. Der Namensbeitrag von Mathias Döpfner erschien an dem Tag, an dem ich das Manuskript für dieses Buch abgegeben habe. Ich hätte nie gedacht, dass ich einmal von einem Springer-Chef in meiner Arbeit bestätigt würde.
74 Peter Galison, »Wir werden uns nicht wiedererkennen«, *Frankfurter Allgemeine Zeitung*, 7. April 2014. W. Brian Arthur, *The Nature of Technology, What it is and how it evolves*, Free Press 2009.

75 Jim Al-Khalili, *Im Haus der Weisheit. Die arabischen Wissenschaften als Fundament unserer Kultur*, S. Fischer 2010.
76 Steven Levy, *In the Plex. How Google thinks, plans and shapes our lives*, Simon & Schuster 2011, S. 239.
77 Marshall McLuhan, *Understanding Media*, Signet 1964, S. 73.
78 Schmidt, »Die Chancen des Wachstums«, a. a. O.
79 Brynjolfson/McAfee, *The Second Machine Age*, a. a. O.
80 *Zeit Magazin*, 49/2012.
81 Antonio Stoppani, *Corso di Geologia*, G. Bernardoni, E. G. Brigola Editori 1871–1873, zitiert nach W. C. Clarke et al., »Sustainable Development of the Biosphere«, *Environment*, Vol. 29, Issue 9, 1987, S. 25 ff. George P. Marsh, *Man and Nature*, C. Scribner 1864, zitiert nach der von David Lowenthal editierten Ausgabe von 1965, The Harvard University Press. Ernst Fischer, »Der Mensch als geologischer Faktor«, *Zeitschrift der Deutschen Geologischen Gesellschaft*, Bd. 67, 1915, S. 106–149.
82 Vaclav Smil, *Enriching the Earth*, MIT Press 2000.
83 Vaclav Smil, *The Earth's Biosphere: Evolution, Dynamics, and Change*, MIT Press 2002, zitiert nach Gaia Vince, »A Global Perspective on the Anthropocene«, *Science*, 7. Oktober 2011, S. 32–37.
84 Vgl. Anthony Barnosky et al., »Has the Earth's sixth mass extinction already arrived?«, *Nature*, Vol. 471, 3. März 2011, S. 51–57; Elizabeth Kolbert, *The Sixth Extinction. An Unnatural History*, Bloomsbury 2014.
85 M. C. Hansen et al., »High-Resolution Global Maps of 21st-Century Forest Cover Change, *Science* 342, 850 (2013); doi: 10.1126/science.1244 693; http://www.fao.org/forestry/28808/en/.
86 UNEP, *Growing greenhouse gas emissions due to meat production*, Oktober 2012, www.unep.org/pdf/UNEP-GEAS_OCT_2012.pdf.
87 PBL Netherlands Environmental Assessment Agency, *Trends in global* CO_2 *emissions: 2013 Report*, Den Haag 2013.
88 Thomas Wiedmann et al., *The material footprint of nations*, 3. September 2013, doi: 10.1073/pnas.1220362110, PNAS.
89 Roberto A. Ferdmann, »All the Countries That Contribute to a Single Jar of Nutella«, *The Atlantic*, 13. Dezember 2013, http://www.theatlantic.com/business/archive/2013/12/map-all-the-countries-that-contribute-to-a-single-jar-of-nutella/282252/. Koen De Backer und Sébastien Miroudot, *Mapping Global Value Chains*, OECD Paris 2013.
90 Jana Gioia Baurmann, »Die lange Reise unserer Waren«, *Der Tagesspiegel*, 4. September 2011.

91 *Oxfam Briefing Paper, Working for the few*, 20. Januar 2014, http://www.oxfam.org/sites/www.oxfam.org/files/bp-working-for-few-political-capture-economic-inequality-200114-en.pdf.

92 Andrian Kreye, »Eine Welt aus Erde, Glas und Licht«, Interview mit Andrew Blum, *Süddeutsche Zeitung*, 22. Oktober 2012.

93 Vaclav Smil gibt das Volumen des Bergs mit 400 Kubikkilometern an, und 80 Milliarden Tonnen Stoffumsatz ergeben laut seiner Umrechnungsformel 34 Kubikkilometer.

94 Alle Zahlen und mineralischen Beispiele aus Jan Zalasiewicz et al., »The techno-fossil record of humans«, *The Anthropocene Review*, Bd. 1, Nr. 1, 2014, S. 34–43.

95 Jan Zalasiewicz, *Planet in a Peeble. A Journey into Earth's Deep History*, Oxford University Press 2010.

96 Peter K. Haff, *Technology as a geological phenomenon: implications for human well-being*, Geological Society Special Publication 2013.

97 Siehe http://step-initiative.org/index.php/WorldMap.html.

98 Mathias Schlüp et al., *Recycling – from e-Waste to resources*, UNEP 2009.

99 T. G. Goonan, *Rare earth elements – End use and recyclability: U.S. Geological Survey Scientific Investigations Report 2011–5094*, 2011, zugänglich nur unter http://pubs.usgs.gov/sir/2011/5094/. EPA, *Rare Earth Elements: A Review of Production, Processing, Recycling, and Associated Environmental Issues*, EPA/600/R-12/572, Dezember 2012.

100 Siehe https://www.youtube.com/watch?v=nSbPjtY2YPg.

101 Daniel Hornweg et al., »Environment: Waste production must peak this century«, *Nature*, 30. Oktober 2013.

102 Greet Janssens-Maenhout, *Trends in global CO_2 emissions: 2013 Report*, PBL Netherlands Environmental Assessment Agency, Den Haag 2013, http://edgar.jrc.ec.europa.eu/news_docs/pbl-2013-trends-in-global-co2-emissions-2013-report-1148.pdf.

103 IndustriAll Global Union, *Rio Tinto in Africa – global citizen or corporate shame*, Report vom Juni 2012, http://www.industriall-union.org/sites/default/files/uploads/documents/industriall-rio-tinto-africa-report.pdf. Siehe auch Berichte der internationalen Gewerkschaft der Bergarbeiter über Bergbauunfälle: http://www.industriall-union.org/issues/building-strong-unions/health-and-safety/c176-mine-safety.

104 Keit Bradsher, »China Tries to Clean Up Toxic Legacy of Its Rare Earth Riches«, *New York Times*, 22. Oktober 2013.

105 Vaclav Smil, *Making the modern world – materials and dematerialization*, Wiley 2014, S. 74.

106 Sruthi Ramakrishnan und Edwin Chan, *Apple's new finance steward Maestri takes over $160 billion cash haul*, Reuters, 4. März 2014, http://www.reuters.com/article/2014/03/04/us-apple-cfo-idUSBREA2315T20140304.

107 Jan Zalasiewicz et al., »Mineral evolution on Earth: from the Hadean to the Anthropocene«, *Mineralogia, Special Papers*, 38, 2011, S. 33–36.

108 Erle Ellis und Navin Ramankutty, »Putting people in the map: anthropogenic biomes of the world«, *Frontiers in Ecology and the Environment*, Bd. 6, Nr. 8, 2008, S. 439–447. Erle Ellis und Navin Ramankutty, »Anthropogenic biomes«, in: Cutler J. Cleveland (Hg.), *Encyclopedia of Earth*, Washington, D. C., 2009.

109 Jan Zalasiewicz, *Die Erde nach uns – der Mensch als Fossil der fernen Zukunft*, Spektrum 2010.

110 Emma Fitzsimmons, »Snowy Owls to Be Trapped Instead of Shot at New York Area Airports«, *New York Times*, 10. Dezember 2013, http://www.nytimes.com/2013/12/10/nyregion/snowy-owls-to-be-trapped-instead-of-shot-at-new-york-area-airports.html.

111 Jürgen Goldstein, *Die Entdeckung der Natur. Etappen einer Erfahrungsgeschichte*, Matthes & Seitz 2013.

112 Robert Boyle, *A free enquiry into the vulgarly received notion of nature*, 1686, Nachdruck in Edward B. Davis und Michael Hunter, Cambridge University Press 1996.

113 Günther Anders, *Die Antiquiertheit des Menschen*, C. H. Beck 1987.

114 Arno Brandlhuber, *Kim Jong Il, Kimilsungia*, Pyongyangstudies IV, AdbK Nürnberg 2008, http://www.a42.org/fileadmin/_img/disko/disko_11.pdf.

115 Siehe zum Beispiel Libby Robin et al., *The Future of Nature*, Yale University Press 2013. Joachim Radkau, *Die Ära der Ökologie – eine Weltgeschichte*, C. H. Beck 2011. Sowie sehr kompakt Reinhard Piechocki, *Landschaft, Heimat, Wildnis. Schutz der Natur, aber welcher und warum?*, C. H. Beck 2010.

116 Stephen Emmott, *Zehn Milliarden*, Suhrkamp 2013.

117 David R. Loy, »Healing Ecology – what can Buddhism contribute to our understanding of the ecological crisis?«, *Tricycle Magazine*, Winter 2012, adaptiert aus David R. Loy, *Money, Sex, War, Karma: Notes for a Buddhist Revolution*, Wisdom Publications 2008.

118 Aradhna K. Tripati et al., »CO_2 and Miocene Climate Change, *Science*, Bd. 326, Nr. 5958, 4. Dezember 2009, S. 1315. Aktuelle Messwerte der US-amerikanischen Agentur für Ozean- und Atmosphärenforschung: http://www.esrl.noaa.gov/gmd/ccgg/trends/weekly.html. PBL Netherlands Environmental Assessment Agency, *Trends in global CO_2 emissions: 2013 Report*, Den Haag 2013. Global Carbon Project, *International Geosphere-Biosphere Programme*, 19. November 2013, http://www.igbp.net/news/news/news/annualglobalcarbonemissionssettoreachrecord-36billiontonnesin2013.5.30566fc6142425d6c91195a.html.

119 NASA, *Haze Blows Across Northeastern Asia*, 27. Februar 2014, http://earthobservatory.nasa.gov/IOTD/view.php?id=83213.

120 Wang Yiqiong, »Smog gone ›in less than 30 years‹«, *Global Times*, http://www.globaltimes.cn/content/846219.shtml.

121 Matthew England et al., »Recent intensification of wind-driven circulation in the Pacific and the ongoing warming hiatus«, *Nature Climate Change*, Bd. 4, 9. Februar 2014, S. 222–227.

122 Jeremy Jackson, »Ecological extinction and evolution in the brave new ocean«, *Proceedings of the National Academy of Sciences*, Bd. 105, Suppl. 1, 12. August 2008, S. 11458–11465. Andreas J. Andersson et al., »Partial offsets in ocean acidification from changing coral reef biogeochemistry«, *Nature Climate Change*, Bl. 4, 2014, S. 56–61, online veröffentlicht am 17. November 2013. Einen so journalistisch hochwertigen wie erschreckenden Report zur Ozeanversauerung hat die *Seattle Times* mit Hilfe des Pulitzer Center on Crisis Reporting erarbeitet: *Sea Change*, veröffentlicht am 12. September 2013, http://apps.seattletimes.com/reports/sea-change/2013/sep/11/pacific-ocean-perilous-turn-overview/.

123 IPCC, *Climate Change 2013. The physical Science Basis*, Genf 2013.

124 Naomi Oreskes und Erik M. Conway, *Merchants of Doubt. How a Handful of Scientists Obscured the Trutz on Issues from Tobacco to Global Warming*, Bloomsbury Press 2010

125 PBL Netherlands Environmental Assessment Agency, *Trends in global CO_2 emissions: 2013 Report*, Den Haag 2013.

126 Indian Ministry of Environment, *Snow and Glaciers of the Himalays, inventory and monitoring, Discussion Paper II*, Neu-Delhi 2011.

127 Jane Qiu, »Mesauring the Smeltdown«, *Nature*, 11. November 2010.

128 K. Dow und T. Downing: *Weltatlas des Klimawandels*, Europäische Verlagsanstalt 2007.

129 Siehe http://www.pnas.org/content/early/2013/08/28/1302570110.full.pdf+html.

130 Siehe die Darstellung der NASA unter http://earthobservatory.nasa.gov/Features/WorldOfChange/sea_ice.php.

131 David Archner, *The long thaw – how humans are changing the next 100,000 years of Earth's climate*, Princeton University Press 2010. Curt Stager, *Deep Future – The next 100,000 years of Life on Earth*, Thomas Dunne Books 2011.

132 Eli Kintisch, »The Geopolitics of Geoengineering«, *MIT Technology Review*, 17. Dezember 2013, http://www.technologyreview.com/review/522676/the-geopolitics-of-geoengineering. Eli Kintisch, *Hack the Planet*, Wiley 2010. A. Corner und N. Pidgeon, »Geoengineering the climate: the social and ethical implications«, *Environment*, Bd. 52, Januar/Februar 2010, S. 24–37. RAND, *Governing Geoengineering Research: A Political and Technical Vulnerability Analysis of Potential Near-Term Options*, RAND/TR-846-RC 2011.

133 Toby Miller, »Big data: friend or foe of sustainability?«, *The Guardian*, 18. Februar 2014, http://www.theguardian.com/sustainable-business/big-data-sustainability-podcast. Siehe auch Mark P. Mills, *The Cloud begins with Coal, Big Data, Big Infrastructure, Big Networks and Big Power*, August 2013, http://www.tech-pundit.com/wp content/uploads/2013/07/Cloud_Begins_With_Coal.pdf?c761ac.

134 Siehe https://www.google.com/green/energy/investments/.

135 Suzanne Goldenberg, »Social media explosion powered by dirty energy, report warns«, *The Guardian*, 2. April 2014, http://www.theguardian.com/environment/2014/apr/02/social-media-explosion-powered-dirty-coal-greenpeace-report. Siehe auch http://www.apple.com/de/environment/.

136 Brian L. Fisher, »A New Species of Discothyrea from Mauritius and a New Species of Proceratium from Madagascar (Hymenoptera: Formicidae)«, *PCAS*, Bd. 56, Nr. 35, 30. Dezember 2005, S. 657–667.

137 Siehe http://www.digitalglobe.com/industries/other-industries/mining#mining.

138 Michael Braungart und William McDonough, *Cradle to Cradle*, Vintage 2009. Dies., *The Upcycle – Beyond Sustainability, Designing for Abundance*, North Point Press 2013.

139 Christian Schwägerl, »Faule Kredite, Finanzkrise und Umweltausbeutung«, *Der Spiegel*, 43/2008.

140 Siehe https://www.youtube.com/watch?v=9zkdS1XkkgA.

141 Reiner Klingholz, *Sklaven des Wachstums*, Campus 2014.

142 Reinhold Leinfelder, »Von der Umweltforschung zur Unsweltforschung«, *Frankfurter Allgemeine Zeitung*, 12. Oktober 2011.

143 Paul J. Crutzen und Eugene F. Stoermer, *IGBP Newsletter 41*, Mai 2000, http://www.igbp.net/news/opinion/opinion/haveweenteredthe-anthropocene.5.d8b4c3c12bf3be638a8000578.html. Paul J. Crutzen, »Geology of mankind«, *Nature*, Bd. 415, Nr. 23, 2002. Christian Schwägerl, *Menschenzeit. Zerstören oder gestalten? Wie wir heute die Welt von morgen erschaffen*, Goldmann 2012.

144 Paul J. Crutzen und Christian Schwägerl, »Living in the Anthropocene: Toward a New Global Ethos«, *Yale Environment 360*, http://e360.yale.edu/feature/living_in_the_anthropocene_toward_a_new_global_ethos/2363/.

145 Will Steffen, Paul J. Crutzen und John R. McNeill, »The Anthropocene: Are Humans Now Overwhelming the Great Forces of Nature?«, *Ambio*, Band 36, Nr. 8, Dezember 2007, S. 614–621.

146 Siehe zum Beispiel Andreas Weber, *Enlivenment, Towards a fundamental shift in the concepts of nature, culture and politics*, Heinrich Böll Foundation 2013, http://www.boell.de/en/content/enlivenment. Eileen Crist, »On the poverty of our nomenclature«, *Environmental Humanities*, Bd. 3, 2013, S. 129–147. Oder Kathleen Dean Moore, »Anthropocene is the wrong word«, *Earth Island Journal*, Frühjahr 2013, http://www.earthisland.org/journal/index.php/eij/article/anthropocene/.

147 Philippe Descola, *Jenseits von Natur und Kultur*, Suhrkamp 2011. Ders., *The Ecology of Others*, Prickly Paradigm Press 2013.

148 Keynote-Speech beim Eröffnungsdinner von »Das Anthropozän-Projekt«, einem Gemeinschaftsvorhaben von Haus der Kulturen der Welt, Deutschem Museum und Max-Planck-Gesellschaft im Januar 2013. Siehe auch http://www.hkw.de/de/programm/projekte/2014/anthropozaen/anthropozaen_2013_2014.php.

149 Vortrag von Erle Ellis bei der Eröffnung des Anthropozän-Projekts am Haus der Kulturen der Welt im Januar 2013, siehe auch http://www.youtube.com/watch?v=uJ3FUA2jU6c und http://www.youtube.com/watch?v=zNKcKuT92uo sowie persönliche Korrespondenz. Diese Passage beruht auf Christian Schwägerl, »Planet der Menschen«, *Zeit Wissen*, 1/2014, mit freundlicher Genehmigung von Andreas Lebert.

150 Heinrich Bahlburg und Christoph Breitkreuz, *Grundlagen der Geologie*, Springer Spektrum 2012. James Underwood, »Anthropic rocks as a fourth Base Class«, *Environmental & Engineering Geoscience*, Bd. 7, Nr. 1, Februar 2001, S. 104–110.

151 Persönliche Kommunikation mit Peter Chair, Commission on New Minerals, Nomenclature and Classification (CNMNC) of the International Mineralogical Association (IMA), University of Western Sydney, Australien.

152 Jan Zalasiewicz et al., »The techno-fossil record of humans«, *The Anthropocene Review*, Bd. 1, Nr. 1, 2014, S. 34–43. Jan Zalasiewicz, *Die Erde nach uns – der Mensch als Fossil der fernen Zukunft*, Spektrum 2010.

153 Erle Ellis und Navin Ramankutty, »Putting people in the map: anthropogenic biomes of the world«, *Frontiers in Ecology and the Environment*, Bd. 6, Nr. 8, 2008, S. 439–447. Erle Ellis und Navin Ramankutty, »Anthropogenic biomes«, a. a. O.

154 Erle Ellis, »Conserving a Used Planet: Embracing Our History as Transformers of Earth«, http://www.snap.is/magazine/embracing-our-history-as-transformers-of-earth/.

155 Christian Schwägerl, »Der Weg in die andere Zukunft«, *Geo*, 8/2013. Ders., *Menschenzeit*, a. a. O.

156 Bernward Gesang, *Klimaethik*, Suhrkamp 2011.

157 Arianna Huffington, *Thrive: The Third Metric to Redefining Success and Creating a Life of Well-Being, Wisdom, and Wonder*, Harmony 2014. Noah Shachtman, »Enlightenment Engineer, In Silicon Valley, Meditation Is No Fad. It Could Make Your Career«, *Wired Magazine*, 18. Juni 2013, http://www.wired.com/2013/06/meditation-mindfulness-silicon-valley/.

158 Die Wortschöpfung »Technobiophilia« stammt von Sue Thomas, *Technobiophilia*, a. a. O.

159 Jón Steingrímsson, *Fires of the Earth – The Laki Eruption 1783–1784*, Nordic Volcanological Institute and the University of Iceland Press, Reykjavík 1998.

160 Richard Stone, »Iceland's doomsday scenario?«, *Science*, Bd. 306, 19. November 2004.

161 Siehe United States Geological Service, http://volcanoes.usgs.gov/images/pglossary/PeleHair.php, abgerufen am 11. März 2014; sowie Center for the Study of Active Volcanoes, University of Hawaii at Hilo, https://www.youtube.com/watch?v=OEMyYNziXrc.

162 Titus Munson Coan, »Eruptions of Kilauea«, *Science*, Bd. 32, 19. November 1910.

163 Siehe http://www.submarinecablemap.com/.

164 Dorothea Kuhn und Wolf von Engelhardt (Hg.), *Goethe – Die Schriften zur Naturwissenschaft. Erster Band, 1770–1810*, Hermann Böhlaus Nachf., Weimar 1989.

165 Johann Wolfgang Goethe, *Faust. Der Tragödie erster Teil*, Reclam 1986, Zeilen 501–509.

166 Rudolf Hoffmann, *Thüringer Glas aus Lauscha und Umgebung*, E.A. Seemann 1993, S. 113f.

167 N.N., »Gläserne Kleider«, *Laibacher Zeitung*, 13. Juli 1893, S. 1149.

168 Gustav Lehmann, *Die Lauschaer Glasindustrie*, Inaugural-Dissertation an der Ruprecht-Karls-Universität zu Heidelberg 1922.

169 Johann Wolfgang Goethe, *Faust. Der Tragödie zweiter Teil*, Reclam 1986, Zeile 11187.

170 Ebenda, Zeile 11275.

171 Nilay Patel, »The Internet is fucked«, *The Verge*, 25. Februar 2014, http://www.theverge.com/2014/2/25/5431382/the-internet-is-fucked.

172 Pierre Teilhard de Chardin, *Der Mensch im Kosmos*, C.H.Beck 2005.

173 Vladimir Vernadsky, *Geochemistry and the Biosphere*, Synergetic Press 2006. Jonathan Oldfield und D. Shaw, »V.I. Vernadsky and the noosphere concept: Russian understandings of society-nature interaction«, *Geoforum*, Bd. 37, Nr. 1, S. 145–154.

174 Boris Groys et al., *Die Neue Menschheit. Biopolitische Utopien in Russland zu Beginn des 20. Jahrhunderts*, Suhrkamp 2005.

175 Siehe http://www.washingtonpost.com/blogs/the-switch/wp/2014/07/11/what-a-quarter-century-of-internet-growth-looks-like-underwater/?tid=sm_fb.

176 Das materielle Netz ist hervorragend und unterhaltsam beschrieben in Andrew Blum, *Kabelsalat. Wie ich einem kaputten Kabel folgte und das Innere des Internets entdeckte*, Knaus 2012.

177 Thomas, *Technobiophilia*, a.a.O.

178 Mark Coleman, *Awake in the Wild, Mindfulness in Nature as a Path of Self-Discovery*, New World Library 2006. Ralph Müller, *Die Geheime Sprache der Vögel*, AT Verlag 2010. Svenja Zuther, *Die Sprache der Pflanzenwelt*, AT Verlag 2010.

179 Richard Louv, *The Nature Principle*, Algonquin Books 2011.

180 Alfred Döblin, *Schriften zu Leben und Werk*, Walter Verlag 1986, S. 50.

181 Ebenda.

182 Ebenda, S. 52.

183 Alfred Döblin, *Berge Meere und Giganten*, hg. von Gabriele Sander, Walter Verlag 2006.

184 Die folgenden wörtlichen Zitate stammen aus Döblin, *Berge Meere und Giganten*, a. a. O.

185 Volker Klotz, »Alfred Döblins ›Berge Meere und Giganten‹«, Nachwort zu Alfred Döblin, *Berge Meere und Giganten*, Suhrkamp 2001, S. 531.

186 Döblin, *Berge Meere und Giganten*, Sander-Ausgabe, a. a. O., S. 386 f.

187 Ebenda, S. 556.

188 Ebenda, S. 631.

189 Alfred Döblin, *Das Ich über der Natur*, S. Fischer 1928. Bedauerlicherweise gibt es keine aktuelle Ausgabe dieses wichtigen Werkes, der Interessierte findet es in Bibliotheken und antiquarisch als Erstausgabe.

190 Gabriele Sander, *An die Grenzen des Wirklichen und Möglichen. Studien zu Alfred Döblins Roman »Berge Meere und Giganten«*, Peter Lang 1988.

191 Döblin, *Das Ich über der Natur*, a. a. O., S. 20

192 »Lichtmaulwurf«, in: ebenda, S. 62. Döblin, *Berge Meere und Giganten*, Sander-Ausgabe, a. a, O., S. 386 f.

193 Döblin, *Das Ich über der Natur*, a. a. O., S. 193.

194 Derek R. Lovley et al., »Extracellular electron transfer via microbial nanowires«, *Nature*, Bd. 435, 23. Juni 2005, S. 1098–1101. Nikhil S. Malvankar und Derek R. Lovley, »Microbial nanowires for bioenergy applications«, *Current Opinion in Biotechnology*, Bd. 27, Juni 2014, S. 88–95.

195 Lars Peter Nielsen et al., »Filamentous bacteria transport electrons over centimetre distances«, *Nature*, Bd. 491, 8. November 2012, S. 218–221.

196 Siehe dazu auch Brian Jay Stanley, »I Am Not This Body«, *New York Times*, 6. Mai 2013, http://opinionator.blogs.nytimes.com/2013/05/06/i-am-not-this-body/?_php=true&_type=blogs&_r=0.

197 Winfried Helm und Martin Ortmeier (Hg.), »Millionenbauern«. Bäuerlicher Graphitbergbau im Unteren Bayerischen Wald, Freilichtmuseum Finsterau, Landshut, 2011.

198 L. R. M. Cocks und T. H. Torsvik, »European geography in a global context from the Vendian to the end of the Palaeozoic«, in: D. G. Gee und R. A. Stephenson (Hg.), *European Lithosphere Dynamics*, *Memoirs*, Bd. 32,

Geological Society London 2006, S. 83–95. Sowie Gérard Stampfli et al., »Paleozoic evolution of pre-Variscan terranes: From Gondwana to the Variscan collision«, in: Martínez Catalán et al. (Hg.), *Variscan-Appalachian dynamics: The building of the late Paleozoic basement*, Geological Society of America Special Paper 364/2003, S. 263–280.

199 Nick Bilton, »End It, Charge It, Dunk It: Graphene, the Material of Tomorrow«, *New York Times*, 13. April 2014, http://bits.blogs.nytimes.com/2014/04/13/bend-it-charge-it-dunk-it-graphene-the-material-of-tomorrow. Christian J. Meier, Chips vom Blatt, Max-Planck-Forschung, Januar 2014, https://www.mpg.de/7690160/chips_vom_blatt. Peter Hergersberger, Rechnen mit Kohlenstoff, Max-Planck-Forschung, Januar 2014, https://www.mpg.de/7691485/rechnen_mit_kohlenstoff. Chang-Hua Liu et al., »Graphene photodetectors with ultra-broadband and high responsivity at room temperature«, *Nature Nanotechnology*, 16. März 2014, http://www.nature.com/nnano/journal/vaop/ncurrent/full/nnano.2014.31.html, siehe auch http://m.phys.org/news/2014-03-thermal-vision-graphene-detector-span.html.

200 Eva Bianconi et al., »An estimation of the number of cells in the human body«, *Annals of Human Biology*, 5. Juli 2013, http://informahealthcare.com/doi/abs/10.3109/03014460.2013.807878. Carl Zimmer, »How many cells are in your body«, *National Geographic – The Loom*, 23. Oktober 2013, http://phenomena.nationalgeographic.com/2013/10/23/how-many-cells-are-in-your-body/.

201 Siehe dazu den Blogeintrag des Bioinformatikers Neil Saunders, http://nsaunders.wordpress.com/2013/10/31/were-only-10-human-according-to-who/.

202 Elaine Y. Hsiano et al., »Microbiota Modulate Behavioral and Physiological Abnormalities Associated with Neurodevelopmental Disorders«, *Cell*, Bd. 155, Nr. 7, S. 1451–1463.

203 Vgl. http://nyti.ms/1ygUdWW.

204 Dieser Gedanke stammt aus Loy, »Healing Ecology«, a. a. O. Siehe auch Christian Schwägerl, »Die Kraft der Gemeinschaft – Weshalb sich Asiaten und US-Amerikaner ganz unterschiedlich selbst wahrnehmen«, *GEOkompakt*, Nr. 32/2012.

205 Zum Eintauchen: Hugh Aldersley Williams, *Das wilde Leben der Elemente. Eine Kulturgeschichte der Chemie*, Hanser 2011. John Emsley, *Nature's Building Blocks, An A–Z Guide to the Elements*, Oxford University Press 2011.

206 Den Deutschen sitzt zu Recht die völkische Blut-und-Boden-Ideologie als blanker Horror im Nacken, der Untergrund gilt seit den Nazis als politisch verdächtig. In der Tat waren auch die Nazis geologische Akteure in großem Stil: Sie haben in Steinbrüchen wie denen des bayerischen Flossenbürg wehrlose Menschen durch Arbeit vernichtet, sie haben Monumentalbauten in die Landschaft geklotzt, die bis heute jedem Sprengungsversuch widerstehen, sie haben den Boden flächendeckend mit Bomben und Kriegsgerät verseucht und in ganz Europa Totenfelder ausgebreitet. Kann es da richtig sein, den Untergrund und kulturelle Bezüge zu ihm zu tabuisieren? Das hieße, den Nazis dauerhaft das Feld zu überlassen, das Menschen in feinen Geweben mit der Erde verbindet.

207 Döblin, *Das Ich über der Natur*, a. a. O., S. 62.

208 Das erste Bild aus dem Jahr 1967: http://library.ssec.wisc.edu/spinscan/images/1024cc/ATSIII_10NOV67_153107.jpg. Fred Turner, *From counterculture to cyberculture. Stewart Brand, the Whole Earth Network, and the Rise of Digital Utopianism*, University of Chicago Press 2006. Diedrich Diedrichsen et al., *The Whole Earth, California and the disappearance of the Outside*, Sternberg Press 2013.

209 Zitiert nach U. Heise, *Sense of Place and Sense of Planet. The environmental imagination of the global*, Oxford University Press, 2008, S. 23.

210 Für die Bilder siehe http://www.nasa.gov/mission_pages/juno/news/juno20110830.html und http://www.jpl.nasa.gov/news/news.php?release=2014-039.

211 Für die Aufnahme siehe http://visibleearth.nasa.gov/view.php?id=52392, Carl Sagans Inspiration für seinen berühmten Text »The Pale Blue Dot«, https://www.youtube.com/watch?v=wupToqz1e2g.

212 Siehe zum Beispiel das Video »Earth« der NASA, http://vimeo.com/32001208.

213 James Lovelock, *Gaia. Die Erde ist ein Lebewesen*, Scherz 1992.

214 Ursula K. Heise, *Sense of Place and Sense of Planet, The environmental imagination of the global*, Oxford University Press 2008.

215 Für eine Übersicht der Aufnahmen siehe http://earthobservatory.nasa.gov/Features/WorldOfChange/.

216 Zitiert nach Plato, *Plato in Twelve Volumes*, William Heinemann Ltd. 1966, http://www.perseus.tufts.edu/hopper/text?doc=Plat.+Phaedo+109&fromdoc=Perseus%3Atext%3A1999.01.0170.

217 Tim Ingold, *The perception of the Environment. Essays in livelihood, dwelling and skill*, Routledge 2000. Dank an Flora Lysen für ein instruktives

Arbeitspapier zu diesem Thema im Rahmen des »Anthropozän-Projekts«.

218 Baron d'Holbach, *The System of Nature or, The Laws of the moral and physical world. Translated from the original French of M. de Mirabaud*, Thomas Davison Publisher 1820, http://www.philosophy-index.com/d-holbach/system-nature/i-vi.php.

219 Jonathan N. Pauli et al., »A syndrome of mutualism reinforces the lifestyle of a sloth«, Proceedings of the Royal Society B, Bd. 281, Nr. 1778, 7. März 2014. Nicholas Wade, »The Sloth's Busy Inner Life«, *New York Times*, 27. Januar 2014, http://www.nytimes.com/2014/01/28/science/the-sloths-busy-inner-life.html.

220 Lovelock, *Gaia*, a. a. O.

221 Edward O. Wilson und Jean-Christophe Vié et al., *Wildlife in a Changing World – An Analysis of the 2008 IUCN Red List of Threatened Species*, IUCN 2009. Arthur D. Chapman, *Numbers of living species in Australia and the world*, Australia Biodiversity Information Service 2009. Camilo Mora et al., »How many Species are there on Earth and in the Ocean«, *PLoS Biology*, 9 (8), August 2011.

222 Quasom-Projekt, *Quantifying and modeling pathways of soil organic matter as affected by abiotic factors, microbial dynamics, and transport processes*, http://www.bgc-jena.mpg.de/bgp/index.php/Main/QuasomField Experiment.

223 Siehe zum Beispiel das Walrus-Projekt, http://www.caida.org/tools/visualization/walrus/ und das Opte-Projekt http://www.visualcomplexity.com/vc/project.cfm?id=70. Für eine schöne Darstellung des Bodenlebens: James B. Nardi, *Life in the Soil – A Guide for Naturalists and Gardeners*, The University of Chicago Press 2007. Sowie David Montgomery, *Dreck – warum unsere Zivilisation den Boden unter den Füßen verliert*, oekom 2010.

224 »Peak Soil – die unterschätzte Krise der Böden«, *Politische Ökologie*, Ausgabe 119, 2010. Simon Jeffery et al., *European Atlas of Soil Biodiversity*, Gemeinsame Forschungsstelle EU-Kommission 2013, http://bookshop.europa.eu/de/european-atlas-of-soil-biodiversity-pbLBNA24375/. R. Jandl et al., »Current status, uncertainty and future needs in soil organic carbon monitoring«, Science of the Total Environment, Bd. 468–469, 2014, S. 376–383.

225 Christof Koch, »Is Consciousness Universal?«, *Scientific American*, 19. Dezember 2013, http://www.scientificamerican.com/article/is-consci-

ousness-universal. Ders., *Bewusstsein. Bekenntnisse eines Hirnforschers*, Springer Spektrum 2013.

226 Brandon Keim, »A Neuroscientist's Radical Theory of How Networks Become Conscious«, *Wired*, 14. November 2013, http://www.wired.com/wiredscience/2013/11/christof-koch-panpsychism-consciousness/.

227 Giulio Tononi und Christof Koch, *Consciousness – here, there, but not everywhere*, gemeinsames Arbeitspapier vom 26. Mai 2014, noch unveröffentlicht.

228 Giulio Tononi, *Phi – A Voyage from the Brain to the Soul*, Pantheon 2012. Ders., »Consciousness as integrated information – a provisional manifesto«, *Biological Bulletin*, Bd. 216, 2008, S. 216–242.

229 Ich durfte im Sommer 2014 für einen Artikel in der Zeitschrift *Geo* Koch und Tononi an ihren Wirkstätten in Seattle und Madison besuchen – mein Dank an die Redaktion.

230 Teilhard de Chardin, *Der Mensch im Kosmos*, a. a. O. Ders., *Geheimnis und Verheißung der Erde. Reisebriefe 1923–1939*, Herder 1958.

231 Jane Bennett, *Vibrant Matter, A political ecology of things*, Duke University Press 2010, S. 99.

232 James C. Sullivan, »A High Percentage of Introns in Human Genes Were Present Early in Animal Evolution: Evidence from the Basal Metazoan Nematostella vectensis«, *Genome Informatics*, Bd. 17, Nr. 1, 2006, S. 219–229. Jeff Reneker, »Long identical multispecies elements in plant and animal genomes«, *PNAS*, 19. März 2012, www.pnas.org/cgi/doi/10.1073/pnas.1121356109.

233 Michael Gazzaniga, *Die Ich-Illusion. Wie Bewusstsein und freier Wille entstehen*, Hanser 2011.

234 Lobo, »Daten, die das Leben kosten«, a. a. O.

235 Andreas Weber, *Enlivenment, Towards a fundamental shift in the concepts of nature, culture and politics*, Heinrich Böll Foundation 2013, http://www.boell.de/en/content/enlivenment.

236 Pavan Sukhdev et al., *TEEB – The Economics of Ecosystems and Biodiversity for National and International Policy Makers – Summary: Responding to the Value of Nature*, TEEB, Bonn 2009. TEEB, *The Economics of Ecosystems and Biodiversity: Mainstreaming the Economics of Nature, a synthesis of the approach, conclusions and recommendations of TEEB, Bonn* 2010. Eileen Crist, »On the poverty of our nomenclature«, *Environmental Humanities*, Bd. 3, 2013, S. 129–147.

237 Gary Marcus und Ernest Davis, »Eight problems with Big Data«, *New York Times*, 6. April 2014, http://www.nytimes.com/2014/04/07/opinion/eight-no-nine-problems-with-big-data.html.

238 Kelly Servick, »Eavesdropping on Ecosystems«, *Science*, Bd. 343, Nr. 6173, 21. Februar 2014, S. 834–837. Bernie Krause, *The Great Animal Orchestra. Finding the Origins of Music in the World's Wild Places*, Profile Books 2012.

239 Alexander Pschera, »Ein Wildvogel mit Facebook-Freunden«, *Cicero*, August 2013. Ders., *Das Internet der Tiere*, Matthes & Seitz, 2014.

240 IPCC, *Climate Change 2013. The physical Science Basis*, Genf 2013. Dies., *Climate Change 2014. Impacts, Adaptation and Vulnerability*, Genf 2014.

241 Michael Constanzo et al., »The Genetic Landscape of a Cell«, *Science*, Bd. 327, Nr. 425, 22. Januar 2010, S. 425–431. Alexander von Humboldt, *Kosmos. Entwurf einer physischen Weltbeschreibung*, Cotta'scher Verlag 1847.

242 Christoph Adami und Arend Hintze, »Evolutionary instability of zero-determinant strategies demonstrates that winning is not everything«, *Nature Communications*, Bd. 4, 1. August 2013. Und dazu Melissa Hogenboom, »Selfish traits not favoured by evolution, study shows«, BBC News, 2. August 2013. Kim Sterlny et al., *Cooperation and Its Evolution*, MIT Press, 2013.

243 Lance H. Gunderson und C. S. Holling, *Panarchy. Understanding Transformations in Human and Natural Systems*, Island Press 2002.

244 Thomas, *Technobiophilia*, a. a. O.

245 Siehe https://projectmeshnet.org/.

246 Neelie Kroes, »Ich bin nicht naiv, und Europa darf es auch nicht sein«, *Frankfurter Allgemeine Zeitung*, 24. März 2014. Christian Lindner, »Warum Europa digitale Autonomie braucht«, *Frankfurter Allgemeine Zeitung*, 6. März 2014. Frank Schirrmacher, »Die offene Gesellschaft braucht neue Freunde«, *Frankfurter Allgemeine Zeitung*, 7. März 2014.

247 Malcolm D. Hyman und Jürgen Renn, »Towards an epistemic Web«, in: Jürgen Renn (Hg.), *The Globalization of Knowledge in History*, Max Planck Institute for the History of Science 2012.

248 Vgl. auch Kurz, »Die Firma, die Ihnen neue Welten andrehen will«, a. a. O.

249 Jo Confino, »Thich Nhat Hanh: is mindfulness being corrupted by business and finance?«, *The Guardian*, 28. März 2014, http://www.theguar-

dian.com/sustainable-business/thich-nhat-hanh-mindfulness-google-tech?commentpage=1.

250 Dechema, *Geobiotechnologie – Stand und Perspektiven*, Frankfurt 2013, http://www.dechema.de/dechema_media/Downloads/Positionspapiere/PP_Geobiotechnologie_einzel.pdf.

251 Philip Ball, »Silk lasers: ›Edible‹ electronics move closer«, *BBC Future*, 14. September 2012, http://www.bbc.com/future/story/20120907-lasers-made-from-silk. Christopher J. Bettinger, »Biologically derived melanin electrodes in aqueous sodium-ion energy storage devices«, *PNAS*, 24. Dezember 2013, Bd. 110, Nr. 52, S. 20 912–20 917.

252 Javier G. Fernandez und Donald E. Ingber, »Unexpected Strength and Toughness in Chitosan-Fibroin Laminates Inspired by Insect Cuticle«, *Advanced Materials*, Bd. 24 (4), S. 480–484, 24. Januar 2012.

253 Peter Fratzl et al., »Micromechanical properties of biological silica in skeletons of deep-sea sponges«, *Journal of Material Research*, Bd. 21, Nr. 8, August 2006.

254 Ian Steadman, »Giant fungus towers will be grown in New York City this summer«, *New Statesman*, 6. Februar 2014, http://www.newstatesman.com/future-proof/2014/02/giant-fungus-towers-will-be-grown-new-york-city-summer.

255 RoboFish-Projekt an der Michigan State University: http://msutoday.msu.edu/news/2013/robofish-grace-glides-with-the-greatest-of-ease/. Adam Piore, »Rise of the Insect Drone«, *Popular Science*, 29. Januar 2014, http://www.popsci.com/article/technology/rise-insect-drones?src=SOC&dom=fb. Caroline Perry, »Robots to the rescue, This automated construction crew, inspired by termite colonies, needs no foreman«, *Harvard Gazette*, 13. Februar 2014, http://news.harvard.edu/gazette/story/2014/02/robots-to-the-rescue-2/ sowie http://www.coralbots.org/. Tyler Cowen, »The Robots are here«, *Politico Magazine*, November 2013, http://www.politico.com/magazine/story/2013/11/the-robots-are-here-98995.html.

256 Zusammenfassung von Projekten weltweit: http://conservationdrones.org/.

257 Zusammenfassung von Projekten: http://www.dronejournalism.org/ und http://journalism.unl.edu/drone-journalism-lab.

258 Adele Peters, »Is 3-D Printing Better For The Environment?«, *Fast CoExist*, 29. Januar 2014, http://www.fastcoexist.com/3024867/world-changing-ideas/is-3d-printing-better-for-the-environment.

Hod Lipson und Melba Kurman, *Fabricated. The New World of 3D Printing. The Promise and Peril of a Machine that Can Make (almost) Anything*, John Wiley & Sons 2013.

259 N. Myers, »Biodiversity's genetic library«, in: G. Daily, *Nature's Services. Societal Dependence on Natural Ecosystems*, Island Press 1997. Zwanzig Arten stellen heute 90 Prozent der Welternährung, und das, obwohl von den 270 000 beschriebenen höheren Pflanzen ganze 75 000 als essbar eingestuft werden, siehe Reinhard Lieberei und Christoph Reisdorff, *Nutzpflanzenkunde*, Thieme 2007.

260 ETC Group, *Who owns Nature? Corporate Power and the Final Frontier in the Commodification of Life*, 12. November 2008, http://www.etcgroup.org/content/who-owns-nature.

261 Europäisches Parlament, *Technology options for feeding 10 billion people. Plant breeding and innovative agriculture*, Studie IP/A/STOA/FWC/2008-096/Lot7/C1/SC1 -SC3, Oktober 2013, S. 121-123, http://www.europarl.europa.eu/RegData/etudes/etudes/join/2013/513521/IPOL-JOIN_ET%282013%29513521_EN.pdf.

262 Srinivasan Chandrasegaran et al., »Total Synthesis of a Functional Designer Eukaryotic Chromosome«, *Science Magazine*, online 27. März 2014, http://www.sciencemag.org/content/early/2014/03/26/science.1249252. Craig Venter et al., »Creation of a Bacterial Cell Controlled by a Chemically Synthesized Genome«, *Science*, Bd. 329, Nr. 5987, 2. Juli 2010, S. 52–56.

263 Matthew Hansen et al., »High-Resolution Global Maps of 21st-Century Forest Cover Change«, *Science*, 15. November 2013, Bd. 342, Nr. 6160, S. 850–853. Betsy Mason, »Incredible High-Resolution Interactive Map of the World's Shrinking Forests«, *Wired Online*, 14. November 2013, http://www.wired.com/wiredscience/2013/11/google-earth-deforestation/.

264 Emma Marris, *Rambunctious Garden – Saving Nature in a Post-Wild World*, Bloomsbury 2011.

265 Siehe Jelte van Andel und James Aronson, *Restoration Ecology: The New Frontier*, John Wiley & Sons 2012. Und die Internetseite der Society for Ecological Restoration: http://www.ser.org/ und http://www.rewilding-europe.com/.

266 Etienne Benson, *Wired Wilderness: Technologies of Tracking and the Making of Modern Wildlife*, Johns Hopkins University Press 2010. Stefan Zerbe und Gerhard Wiegleb (Hg.), *Renaturierung von Ökosystemen in Mitteleuropa*, Spektrum Akademischer Verlag 2009.

267 Richard Conniff, »People or Parks: The Human Factor in Protecting Wildlife«, *Yale Environment 360*, 7. November 2013, http://e360.yale.edu/feature/people_or_parks_the_human_factor_in_protecting_wildlife/2707/.

268 Christian Schwägerl, »Willkommen in der Neo-Natur«, *Frankfurter Allgemeine Zeitung*, 2. Juli 2013. Ders., »Reviving Europe's Biodiversity By Importing Exotic Animals«, *Yale Environment 360*, 10. Januar 2013, http://e360.yale.edu/feature/reviving_europes_biodiversity_by_importing_exotic_animals/2608/.

269 Joel Stein, »The Me Me Me Generation & The New Greatest Generation. Why Millenials will save us all«, *Time Magazine*, 20. Mai 2013.

270 Nick Goldman et al., »Towards practical, high-capacity, low-maintenance information storage in synthesized DNA«, *Nature*, Bd. 494, 7. Februar 2013, S. 77–80.

FSC
www.fsc.org
MIX
Papier aus verantwortungsvollen Quellen
FSC® C014496

Verlagsgruppe Random House FSC® N001967
Das für dieses Buch verwendete FSC®-zertifizierte Papier
Munken Premium Cream liefert Arctic Paper Munkedals AB, Schweden.

1. Auflage
Originalausgabe

Lektorat: Ralf Lay, Mönchengladbach
Satz: EDV-Fotosatz Huber/Verlagsservice G. Pfeifer, Germering
Druck und Bindung: GGP Media GmbH, Pößneck
Printed in Germany
ISBN 978-3-570-50137-5
www.riemann-verlag.de